U0155124

Origin 2023 科学绘图与数据分析从入门到精通

李瑞鸿　胡建华　编著

机械工业出版社
CHINA MACHINE PRESS

全书以Origin 2023中文版为基础，结合高等学校的教学经验和计算科学的应用，讲解科学绘图与数据分析可以灵活掌握的各种方法和技巧。让学生与零基础读者最终脱离书本，应用于工程实践中。

本书主要内容包括Origin入门，表格管理，数据管理，矩阵管理，数据可视化，三维数据可视化，数学统计分析，数据运算，数据分析等内容，覆盖了科学绘图与数据分析的各个方面，实例丰富而典型，将重点知识进行融入应用，指导读者有的放矢地进行学习。

本书既可作为初学者的入门用书，也可作为工程技术人员、本科生、研究生的教材用书。

图书在版编目（CIP）数据

Origin 2023 科学绘图与数据分析从入门到精通 / 李瑞鸿，胡建华编著 . —北京：机械工业出版社，2023.10

ISBN 978-7-111-74309-5

Ⅰ . ① O⋯　Ⅱ . ①李⋯②胡⋯　Ⅲ . ①数值计算 – 应用软件

Ⅳ . ① O245

中国国家版本馆 CIP 数据核字（2023）第 225180 号

机械工业出版社（北京市百万庄大街 22 号　邮政编码 100037）

策划编辑：王　珑　　　　　责任编辑：王　珑

责任校对：马荣华　李　婷　　责任印制：任维东

北京中兴印刷有限公司印刷

2024 年 1 月第 1 版第 1 次印刷

184mm × 260mm · 20.75 印张 · 524 千字

标准书号：ISBN 978-7-111-74309-5

定价：89.00 元

电话服务　　　　　　　　　网络服务

客服电话：010-88361066　机 工 官 网：www.cmpbook.com

　　　　　010-88379833　机 工 官 博：weibo.com/cmp1952

　　　　　010-68326294　金 书 网：www.golden-book.com

封底无防伪标均为盗版　机工教育服务网：www.cmpedu.com

前　言

Origin 是 OriginLab 公司出品的专业函数绘图软件。自 1991 年问世以来，由于其操作简便，功能开放，既可以满足一般用户的制图需要，也可以满足高级用户数据分析、函数拟合的需要，很快就成为国际流行的分析软件之一，是公认的快速、灵活、易学的工程制图软件。

Origin 软件是全球超过 50 万名商业行业、学术界和政府实验室的科学家和工程师的首选数据分析和绘图软件。目前最新版本为 2023。

为了帮助零基础读者快速掌握 Origin 的使用方法，本书从基础着手，详细对 Origin 的基本功能进行介绍，同时根据不同学科读者的需求，编者在科学绘图和数据分析等不同的领域进行了详细的介绍。

一、本书特色

作者权威

本书由 CAD/CAM/CAE 专家胡仁喜博士指导，资深专家教授团队执笔编写。本书是编者总结多年的设计经验以及教学的心得体会，历时多年，精心编著，力求全面细致地展现出 Origin 在科学绘图和数据分析应用领域的各种功能和使用方法。

实例专业

书中的很多实例是科学绘图和数据分析项目案例，经过编者精心提炼和改编，不仅保证了读者能够学好知识点，更重要的是能帮助读者掌握实际的操作技能。

提升技能

本书从全面提升 Origin 科学绘图和数据分析能力的角度出发，结合大量的案例来讲解如何利用 Origin 进行科学绘图和数据分析，真正让读者懂得计算机辅助科学绘图和数据分析。

内容全面

本书共 9 章，分别介绍了 Origin 入门、表格管理、数据管理、矩阵管理、数据可视化、三维数据可视化、数学统计分析、数据运算、数据分析等内容。

知行合一

本书提供了使用 Origin 解决工程问题的实践性指导，它基于 Origin 2023 版本，内容由浅入深，特别是本书对每一条命令的使用格式都做了详细而又简单明了的说明，并为读者提供了大量的例题加以说明其用法，因此，对于初学者自学是很有帮助的，也可作为科技工作者的科学计算工具书。

二、电子资料使用说明

本书除利用传统的纸面讲解外，还随书配送了电子资料包，包含全书讲解实例和练习实例的源文件素材，并制作了全程实例动画同步 AVI 文件。为了增强教学的效果，更进一步方便读者的学习，编者亲自对实例动画进行了配音讲解，可以通过扫描封四或者下方二维码（提取码 swsw），下载本书实例操作过程视频 AVI 文件，读者可以像看电影一样轻松愉悦地学习本书。

　　本书由陆军装备部驻重庆地区第六军代室胡建华高级工程师和中国电子科技集团公司第五十四研究所的李瑞鸿编写，其中胡建华执笔编写了第 1~5 章，李瑞鸿执笔编写了第 6～9 章。

　　读者在学习过程中，若发现错误，请联系 714491436@qq.com，编者将不胜感激。欢迎加入三维书屋 Origin 图书学习交流群 QQ：638728249 交流探讨。

编　者

目　录

第 1 章　Origin 入门

Origin 是一款功能非常强大的图形可视化和数据分析软件。在正式使用 Origin 之前，应该对它有一个整体的认识。本章主要介绍了 Origin 的发展历程、Origin 新版本的主要特点及其使用方法。

1.1　Origin 简介

Origin 2023 是由 OriginLab 公司开发的一款图形可视化和数据分析软件，既可以满足一般用户的制图需要，也可以满足高级用户数据分析、函数拟合的需要。该软件是全球超过 50 万名商业行业、学术界和政府实验室的科学家和工程师的首选数据分析和绘图软件。

1.1.1　Origin 的发展历程

Origin 是由 MicroCal 公司开发的软件，最初是一个专门为微型热量计设计的软件工具，主要用来将仪器采集到的数据作图，进行线性拟合以及各种参数计算。1992 年，MicroCal 公司正式公开发布 Origin，公司后来改名为 OriginLab。公司位于美国马萨诸塞州的汉普顿市。

Origin 自 1992 年问世以来，版本从 Origin 4.0、5.0、6.0、7.0、8.0 到 2022 年推出的 2023 Pro，软件不断推陈出新，逐步完善。在这 30 多年的时间里，Origin 为世界上数以万计需要科技绘图、数据分析和图表展示软件的科技工作者提供了一个全面解决方案。

1.1.2　Origin 的主要功能

Origin 不但支持各种各样的 2D/3D 图形，还具有强大的数据分析功能。下面详细介绍 Origin 的主要功能。

1. 绘图功能

（1）拥有超过 100 种内置和扩展的图形类型以及所有元素的单击式自定义，可以轻松创建和自定义出版质量的图形。

（2）可以添加额外的轴和面板，添加、删除绘图等，批量绘制具有相似数据结构的新图形，或将自定义图形保存为图形模板或将自定义元素保存为图形主题。

2. 迷你工具栏

Origin 2023 支持迷你工具栏，可快速轻松地对图形和工作表 / 矩阵进行操作。

3. 输入功能

OriginPro 2023（OriginPro 2023 是 Origin 2023 专业版的一种表达方式）通过充分利用处理器的多核架构来实现速度的提升，导入大文本文件既简单又快速，导入速度是 Excel 的 10 倍或更多。

4. 探索性分析

OriginPro 2023 通过与在图形中的数据进行交互，执行探索性分析。

（1）使用感兴趣区域（ROI）框以交互方式选择数据范围。

（2）移动或调整 ROI 大小时查看即时结果。

（3）从分析生成详细报告。

（4）自定义视觉结果和报告设置的选项。

（5）将设置另存为主题以供重复使用。

（6）对图形量或页面的全部效据图重复分析。

（7）相同或不同的小工具可以在同一图中多次应用。

（8）暂时隐藏 ROI 框以进行打印和导出。

5. 曲线和曲面拟合

OriginPro 2023 提供了各种用于线性、多项式和非线性曲线和曲面拟合的工具。

6. 峰值分析

OriginPro 2023 为峰分析提供了多种功能，从基线校正到峰发现、峰积分、峰解卷积和拟合。

7. 统计分析

Origin 提供了大量用于统计分析的工具，帮助用户以交互方式选择合适的统计测试，如描述性统计、非参数测试、方差分析、多变量分析等。

1.2　启动 Origin 2023

安装 Origin 2023 之后，就可以在操作系统中启动 Origin 2023 了，在 Windows 10 中启动 Origin 2023 有以下几种方法：

（1）单击桌面左下角的"开始"按钮，在"开始"菜单的程序列表中单击"Origin 2023"程序，如图 1-1 所示，启动 Origin 2023。

（2）将"开始"菜单"Origin 2023"图标拖动到桌面上或开始屏幕，创建"Origin 2023"快捷方式，如图 1-2 所示。双击该快捷方式，启动 Origin 2023 应用程序。

图 1-1　启动 Origin 2023

图 1-2　快捷方式

（3）在"开始"菜单的程序列表中定位到"Origin 2023"，单击鼠标右键，在弹出的快捷菜单中选择"固定到'开始'屏幕"命令，即可在"开始"屏幕中显示快捷方式，如图 1-3 所示。双击该快捷方式，启动 Origin 2023。

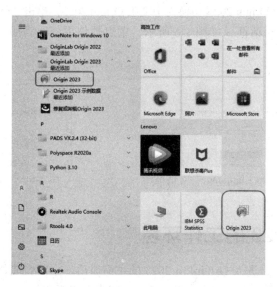

图 1-3　"固定到'开始'屏幕"命令

执行上述步骤，即可打开 Origin 2023 应用程序，进入 OriginPro 2023 的编辑窗口，如图 1-4 所示。OriginPro 是 Origin 的专业版，它包含了 Origin 标准版本的所有功能，同时还有一些附加的高级分析工具和功能。

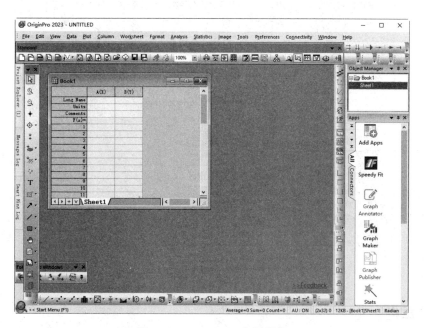

图 1-4　Origin 2023 应用程序

默认情况下，安装后的软件界面是英文状态，为了方便读者学习，一般需要切换成中文界

3

面。下面介绍具体的操作步骤。

选择菜单栏中的"Help（帮助）"→"change language（切换语言）"命令，系统将弹出"Utilities\System：language"对话框，在"Language Setting"下拉列表中选择"Chinese"选项，如图 1-5 所示，将英文版 Origin 2023 切换为中文版 Origin 2023，单击"OK"按钮，关闭对话框。

弹出"Attention!"对话框，如图 1-6 所示，重启软件更新语言版本，单击"确定"按钮，关闭对话框。

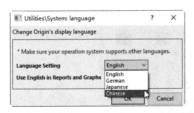

图 1-5 "Utilities\System：language"对话框

图 1-6 "Attention!"对话框

1.3 Origin 2023 的工作环境

启动 Origin 2023 后，进入 OriginPro 2023 的主窗口后，立即就能领略到 OriginPro 2023 界面的漂亮、精致、形象和美观，如图 1-7 所示。从图中可以看出，Origin 2023 的工作界面由标题栏、菜单栏、工具栏、工作区、导航器标签、状态栏、对象管理器等组成。

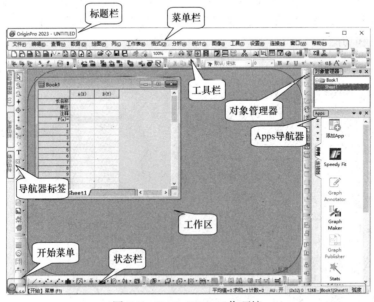

图 1-7 Origin 2023 工作环境

1.3.1 菜单栏

菜单功能区位于标题栏的下方，如图 1-8 所示，使用菜单栏中的命令可以执行 Origin 的所有命令。

菜单栏和菜单命令随着窗口类型变化，菜单栏仅显示与活动窗口相关的菜单。例如，打开工作表窗口与图形窗口、矩阵窗口，用户界面中的菜单栏不同，如图 1-8 所示。

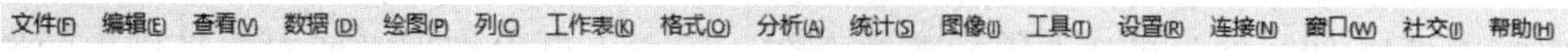

文件(F)　编辑(E)　查看(V)　数据(D)　绘图(G)　列(C)　工作表(W)　格式(O)　分析(A)　统计(S)　图像(I)　工具(T)　设置(R)　连接(N)　窗口(W)　社交(O)　帮助(H)

a）工作表窗口

文件(F)　编辑(E)　查看(V)　数据(D)　绘图(G)　矩阵(M)　格式(O)　图像(I)　分析(A)　工具(T)　设置(R)　连接(N)　窗口(W)　社交(O)　帮助(H)

b）图形窗口

文件(F)　编辑(E)　查看(V)　图(G)　格式(O)　插入(I)　数据(D)　分析(A)　快捷分析(S)　工具(T)　设置(R)　连接(N)　窗口(W)　社交(O)　帮助(H)

c）矩阵窗口

图 1-8　菜单栏

1.3.2　开始菜单

开始菜单位于工作区左下角，在默认情况下包含查找命令。

选择菜单栏中的"帮助"→"激活开始菜单"命令，或单击工作区左下角的放大镜图标，或按"F1"键，系统将弹出如图 1-9 所示的"开始菜单"。

（1）在"查找"框中输入关键字和短语，以返回相关的菜单条目、应用程序、常见问题解答、视频和 X 函数。打开最近打开的文件、菜单和应用程序。若需要缩小搜索范围，在搜索词前面键入以下字母：

1）m = 仅搜索 菜单条目

2）a = 仅搜索应用程序

3）h = 仅搜索 帮助 + FAQ

4）v = 仅搜索 视频

5）x = 仅搜索 X 函数

6）p = 搜索您最近的项目

7）s = 搜索示例项目

8）e = 搜索菜单 + 应用程序 + X 函数（仅限可执行文件）

（2）单击搜索字段旁的按钮，弹出"设置"对话框，如图 1-10 所示，可以限制搜索结果并调整其他搜索设置。

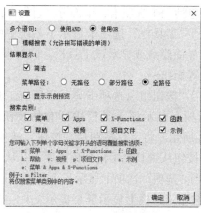

图 1-10　"设置"对话框

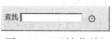

图 1-9　"开始菜单"

1.3.3 工具栏

工具栏是一组具有一定功能的操作按钮的集合。工具栏位于工作区四周，上、下、左、右均可放置。工具栏中包含大部分常用的菜单命令，用户也可以根据需要对工具栏中的按钮进行添加或删除，也可以根据指定规则创建新的工具栏。

1. 常用工具栏

Origin 2023 提供了丰富的工具栏，其中如图 1-11 所示的常用工具栏介绍如下：

（1）"标准"工具栏中为用户提供了一些常用的文件操作快捷方式，如打印、缩放、复制、粘贴等，以按钮图标的形式表示出来。如果将光标悬停在某个按钮图标上，则该按钮所要完成的功能就会在图标下方显示出来，便于用户操作。

（2）"工作表数据"工具栏主要用于计算工作表中的行、列数据。

（3）"工具"工具栏用于设置视图、在图中绘制所需要的标注信息。

（4）"2D 图形"工具栏提供了一些常用的统计图绘制操作快捷方式。

（5）"3D 和等高线图形"工具栏用于绘制三维曲面图、图像。

图 1-11　常用工具栏

2. 显示或隐藏工具栏

选择菜单栏中的"查看"→"工具栏"命令，或单击任意工具栏右下角"工具栏选项"按钮 ，在弹出的下拉列表中选择"添加或删除按钮"命令，在弹出的下一级菜单中选择"自定义"命令，系统将弹出如图 1-12 所示的"自定义"对话框。

在该对话框中可以对工具栏中的功能按钮进行设置，以便用户创建自己的个性工具栏。该对话框包括三个选项卡，下面分别进行介绍。

（1）"工具栏"选项卡显示了系统中所有的工具栏，取消或勾选工具栏前的复选框，表示在用户界面隐藏或显示该工具栏。同时根据右侧按钮，可以对工具栏的设置进行重置、导出和初始化等操作。

（2）"按钮组"选项卡显示了所有工具栏中的按钮，在该列表中选择指定工具栏，在"按钮"选项下显示该工具栏中所有的按钮组合，在"按钮"选项中显示选中按钮的功能，如图 1-13 所示。将工具按钮从"按钮"选项下拖动到工具栏中，从工具栏中添加该按钮；相反，将工具按钮从工具栏中拖到该选项下，从工具栏中删除该按钮。

（3）"选项"选项卡显示了工具栏的基本编辑命令，如图 1-14 所示。

1）在工具栏上显示屏幕提示（T）：选择该项，将鼠标光标放置在按钮上时，显示该按钮的提示信息，主要是介绍工具按钮的功能。

图 1-12　"自定义"对话框

图 1-13　"按钮组"选项卡

2）在屏幕提示中显示快捷键（K）：选择该项，在按钮提示信息中显示快捷键。

3）使用大图标：选择该项，工具栏中的按钮使用大图标。

4）对大系统字体缩放工具栏：选择该项，放大工具栏中必要的文本字体。

5）背景使用渐变色：选择该项，工具栏使用渐变色为背景色。

6）强制停靠菜单栏：选择该项，将工具栏固定在菜单栏下方。

3. 添加工具按钮

下面讲解为标准工具栏添加工具操作按钮，如图 1-15 所示。

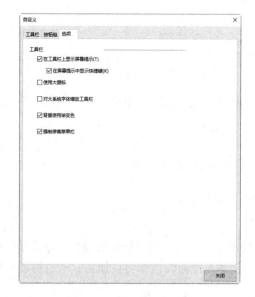

图 1-14　"选项"选项卡

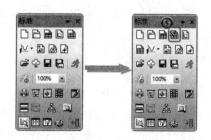

图 1-15　添加按钮

单击任意工具栏右下角"工具栏选项"按钮₹，在弹出的下拉列表中选择"添加或删除按钮"命令，如图 1-16 所示。

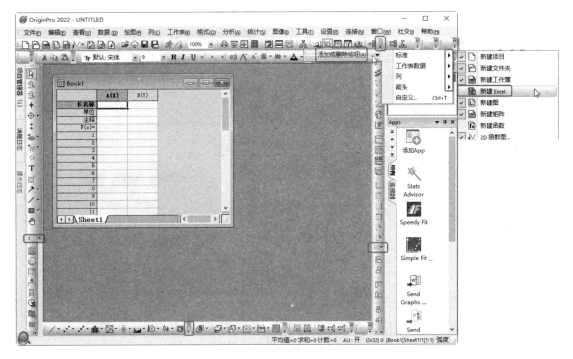

图 1-16　添加或删除工具按钮

在弹出的下一级菜单中显示该工具栏组中的工具栏名称，选择"标准"工具栏，显示该工具栏中所有操作按钮，按钮名称前显示√符号，表示工具栏中显示该按钮图表，没有该符号表示工具栏中没有该按钮。

选择"新建 Excel"命令，即可将对应的命令按钮添加到"标准"工具栏上。

4. 切换工具栏显示方式

工具栏的显示方式包括固定式和浮动式，两种方式可相互转换。

（1）双击固定显示工具栏的最左端部位可将其切换为浮动方式，或通过将固定工具栏直接拖离工具栏区将其切换为浮动显示。

（2）双击浮动工具栏的标题栏可将其切换为固定工具栏，或拖动浮动工具栏到工具栏区将其切换为固定工具栏。

5. 改变工具栏位置

改变工具栏位置最简单的方法是直接拖动工具栏从初始拖动到目的位置。

1.3.4　导航器

在 Origin 2023 中，为了便于设计过程中的快捷操作，使用了大量导航器面板。导航器包括系统型导航器和编辑器导航器两种类型，系统型导航器在任何时候都可以使用，而编辑器导航器只有在相应类型的文件被打开时才可以使用。

1.3.5　工作区

工作区是用户编辑各种文件、输入和显示数据的主要工作区域，占据了 Origin 窗口的绝大部分区域，如图 1-17 所示。

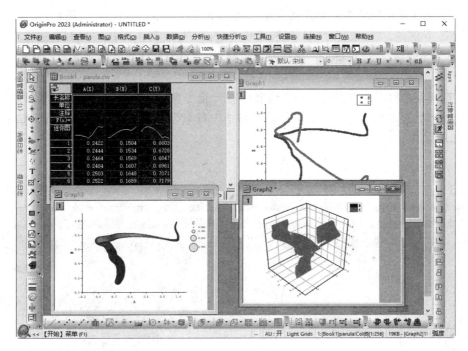

图 1-17　工作区

1.3.6　状态栏

状态栏位于应用程序窗口底部，用于显示与当前操作有关的状态信息。例如，显示消息、自动更新状态、当前选择的工作表单元格、子窗口主题（如果有）、最后一个活动的工作簿、当前窗口和弧度单位指示器的摘要统计信息（可使用的用户）。

在状态栏单击鼠标右键，弹出状态栏自定义菜单，如图 1-18 所示，命令前添加√符号，表示在状态栏显示该信息；相反，命令前没有√符号，表示在状态栏不显示该信息。

图 1-18　状态栏自定义菜单

1.3.7　对象管理器

"对象管理器"导航器默认停靠在工作区域的右侧，使用对象管理器可对激活的图形窗口或者工作簿窗口进行快速操作。

实例——用户界面设置

 操作步骤

（1）启动 Origin 2023 后，系统将自动激活"项目管理器"导航器、"消息日志"导航器、"提示日志"导航器、"对象管理器"导航器和"Apps"导航器。其中，"项目管理器"导航器、"消息日志"导航器、"提示日志"导航器隐藏显示，"对象管理器"导航器和"Apps"导航器固定显示。

（2）选择菜单栏中的"查看"→"结果日志""命令窗口"命令，显示"结果日志""命令窗口"导航器，在工作区显示浮动的"结果日志"导航器和隐藏的"命令窗口"导航器，如图 1-19 所示。

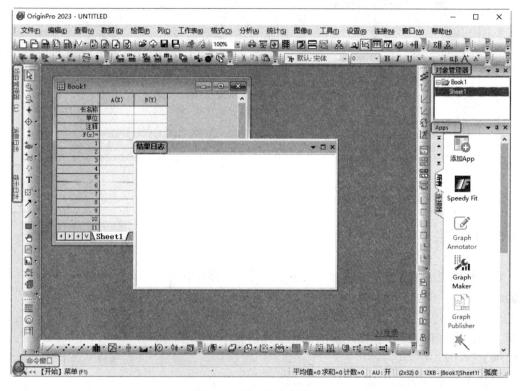

图 1-19　默认导航器显示

（3）将光标指针放置在"消息日志"标签上，自动显示该导航器，单击导航器右上角的"禁用自动隐藏"按钮，该导航器在工作区左侧固定显示，如图 1-20 所示。导航器左侧显示两个选项卡，单击"项目管理器"标签，固定显示"项目管理器"导航器。

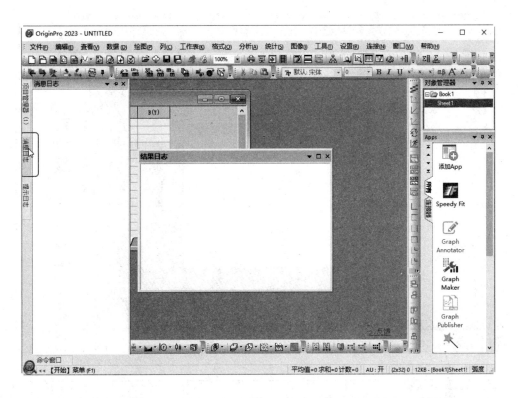

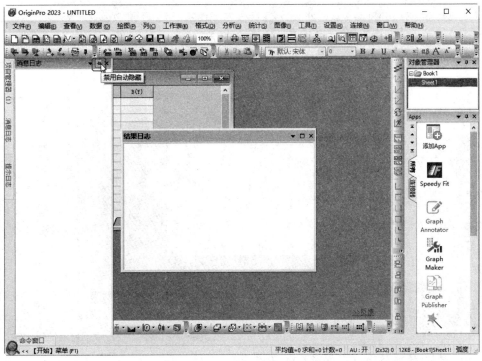

图 1-20　固定显示导航器

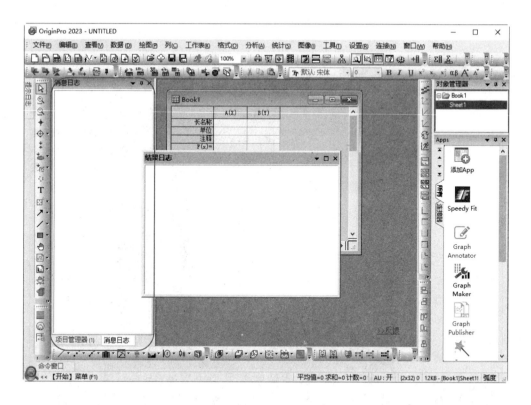

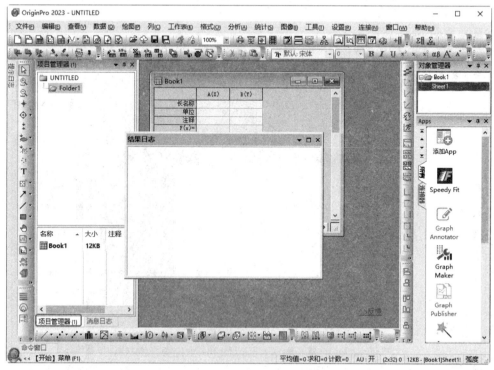

图 1-20　固定显示导航器（续）

（4）打开"消息日志"导航器，向外拖动"项目管理器"标签栏，在"消息日志"导航器显示方向按钮组，将导航器位置分为上、中、下、左、右和左侧。将该导航器拖动到"上"按钮 ，松开鼠标，将该导航器固定放置到"消息日志"导航器上方，如图 1-21 所示。

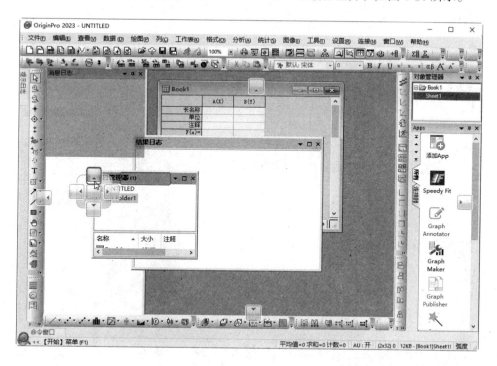

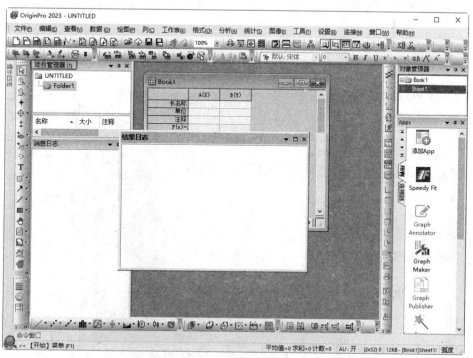

图 1-21　调整"项目管理器"导航器位置

（5）向外拖动"提示日志"标签栏，在"消息日志"导航器中显示方向按钮组，将该导航器拖动到"上"按钮 ▣ 上，松开鼠标，将该导航器固定放置到"消息日志"导航器上方，如图 1-22 所示。

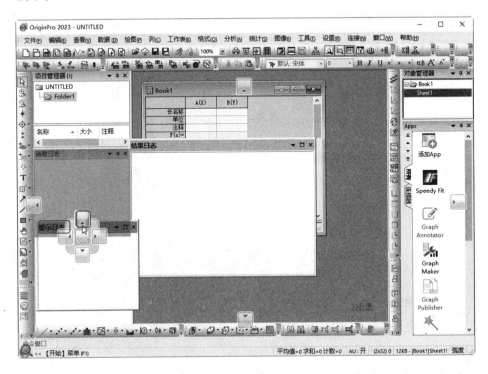

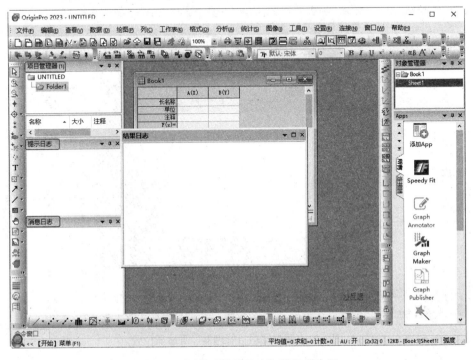

图 1-22　调整"提示日志"导航器位置

（6）拖动"结果日志"标签栏，在工作区中显示方向按钮组，将该导航器拖动到"下"按钮 上，松开鼠标，将该导航器固定放置到工作区下方，如图 1-23 所示。

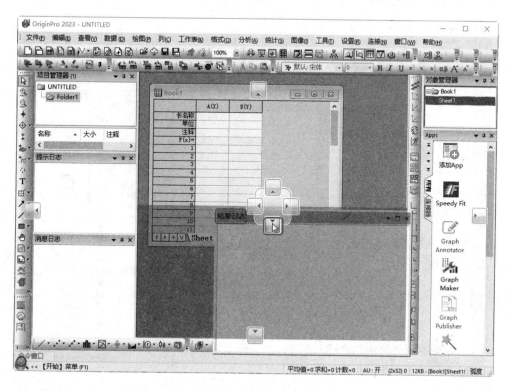

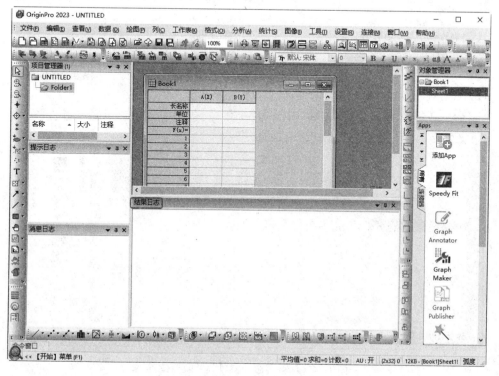

图 1-23　调整"结果日志"导航器位置

（7）拖动"命令窗口"标签栏，在"结果日志"导航器中显示方向按钮组，将该导航器拖动到"左"按钮■上，松开鼠标，将该导航器固定放置到"结果日志"导航器左侧，如图1-24所示。

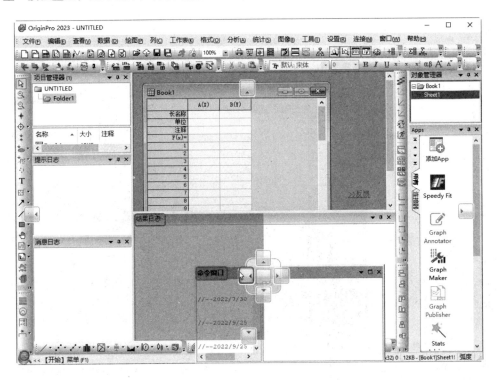

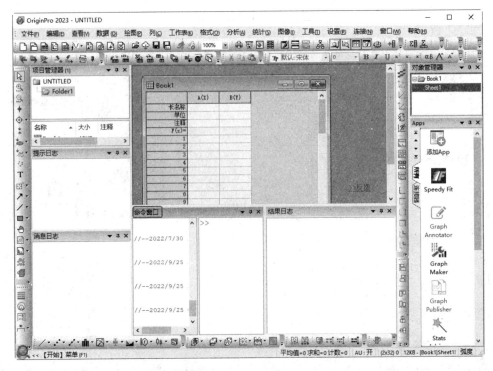

图 1-24　调整"命令窗口"导航器位置

1.4　设置工作环境

在数据分析绘图过程中，其效率和正确性往往与数据文件的工作环境的设置有着十分密切的联系。本节将详细介绍数据文件工作环境的设置，以使读者能熟悉这些设置，为后面根据数据绘图打下一个良好的基础。

选择菜单栏中的"设置"→"选项"命令，或按 Ctrl+U 键，弹出"选项"对话框，如图 1-25 所示。

在该对话框的有 10 个选项卡页面，即数值格式、文件位置、坐标轴、图形、文本字体、页面、其他、Excel、打开 / 关闭和系统路径。下面对常用的两个页面进行具体的介绍。

图 1-25　"选项"对话框

1.4.1　设置工作表数值格式

工作表中数据的参数设置通过"数值格式"选项卡来实现，如图 1-26 所示。

（1）转换为科学记数法：当数字为科学记数法格式时，设置指数的位数的上、下限。

（2）位数：设置小数位数或有效位数。

（3）分隔符：选择数字的书写形式是 Windows 设置还是其他。

（4）ACSII 导入分隔符（A）：选择 ASCII 数字的书写形式是 Windows 设置还是其他。

（5）数据库导入使用的日期格式：设置数据库导入日期格式。

（6）使用英文版报告表以及图表：选择该复选框，创建的报告表以及图表中的文字为英文；不选择该复选框，输出中文报告和图表。

（7）角度单位：选择角度的单位是弧度、角度和百分度。

（8）报告中的数据位数：设置输出报告中小数位数或有效位数。

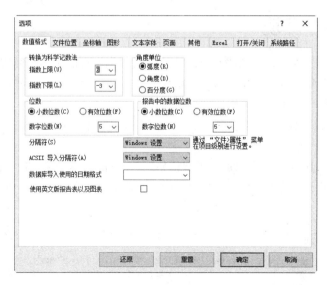

图 1-26 "数值格式"选项卡

1.4.2 设置图形编辑环境参数

图形编辑环境的参数设置通过"图形"选项卡来实现,如图 1-27 所示。

1. "符号"选项组

(1)符号边框宽度(%)(S):用于设定图像中点的方框大小,按点的百分比来计算。

(2)默认符号的填充颜色(T):用于默认点的颜色。

(3)线符号间距(%)(L):设定在 Line+Symbol 图像中点与线之间的距离,按点的百分比来计算。

(4)符号库中提供字符选项(C):用于设定在设定数据点样式时是否可选字体。

2. "Origin 划线"选项组

(1)划线定义(D):设置虚线的格式。选择虚线的种类后,可以在后面设置格式。

(2)页面预览时使用 Origin 划线(U):选择该复选框,在页面视图模式下显示虚线。

(3)根据线条宽度调整划线图案(P):选择该复选框,依据虚线后的空隙按比例缩放虚线。

3. "条形图/柱状图"选项组

(1)条形图显示 0 值(B):选择该复选框,在图像的 Y=0 处显示一条线。

(2)Log 刻度以 1 为基底(F):选择该复选框,在坐标轴刻度以 Log 方式显示时,以 1 为底数,用于对数值小于 1 时的柱型数据图中。

4. 二分搜索点(B)

选择是否以对分法搜索点的标准,以提高搜索速度。当该值大于图像的点的数目时,则使用连续搜索,否则使用对分法搜索。默认值为 500。

5. "用户自定义符号"选项组

用于自定义图标。其中,快捷键 Ctrl+X 为删除,快捷键 Ctrl+C 为复制,快捷键 Ctrl+V 为粘贴。可以先把图标复制到剪贴板,再贴到列表中,这些图标可以用来表示数据点。

6.“2D 抗锯齿”选项组

选择应用消除锯齿效果的对象，包括图形、线条对象和轴与网格线。

7.“默认拖放绘图”“当前”选项组

（1）快速模式显示水印：选择该复选框，在快速模式下显示水印。

（2）通过插值计算百分位数（V）：选择该复选框，在统计分析中使百分数的分布平滑。

（3）启用 OLE 就地编辑（E）：选择该复选框，激活嵌入式修改其他文件的功能（一般不推荐使用）。

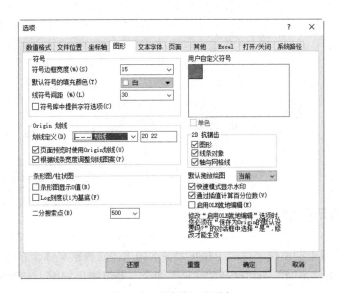

图 1-27　“图形”选项卡

1.5　使用帮助

帮助系统是以查询为驱动的，Origin 2023 提供了强大、便捷的帮助系统，可帮助用户快速了解 Origin 各项功能和操作方式。Origin 2023 一般使用在线帮助文档，这样可以帮助用户快速获取关于 Origin 2023 操作使用的帮助，并查看在线培训和学习内容。

1.5.1　帮助文件

当没有安装本地帮助文件时，软件自动勾选了使用在线帮助文档，打开网页版的帮助文档；若安装本地帮助文件，使用本地帮助文件进行自主学习。

选择菜单栏中的“帮助”→“origin”命令，系统将弹出如图 1-28 所示的子菜单，选择帮助文件类型，显示相关的帮助文档。

选择“主帮助文档”命令，使用在线帮助文档，打开网页版的主帮助文档，如图 1-29 所示。

图 1-28　子菜单　　　　　　　　　　　　　图 1-29　主帮助文档

1.5.2　Origin 演示数据

在 Origin 2023 自带的系统文件夹中存在大量不同用途的数据文件，方便大家学习时使用。

选择菜单栏中的"帮助"→"打开文件夹"命令，系统弹出如图 1-30 所示的子菜单，选择"示例文件夹"命令，打开 Samples 文件夹，其中存有大量的示例数据，如图 1-31 所示。

图 1-30　子菜单　　　　　　　　　　　　　图 1-31　示例文件

1.5.3　视频操作教程

为方便用户快速掌握 Origin 的操作，Origin 提供了丰富的视频教程，不仅可帮助用户快速找到不了解的功能和操作的详细介绍，还提供了大量的示例，方便用户学习使用。

选择菜单栏中的"帮助"→"入门视频"命令，系统将弹出如图 1-32 所示的快捷菜单，选择"入门视频"命令，显示相关的视频教程，如图 1-33 所示。

图 1-32　快捷菜单

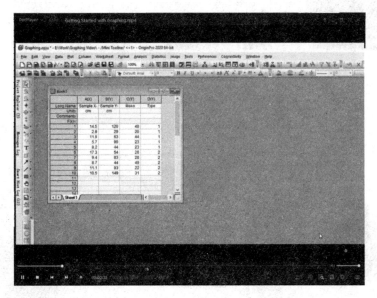

图 1-33　视频教程

1.5.4　学习中心

要想掌握好 Origin，一定要学会使用它的帮助系统，因为任何一本书都不可能涵盖它的所有内容，更多的命令、技巧都是要在实际使用中摸索出来的，而在这个摸索的过程中，Origin 的帮助系统是必不可少的工具。

选择菜单栏中的"帮助"→"Learning Center"命令，或按 F11 键，系统弹出如图 1-34 所示的"Learning Center 对话框"，该界面中包含三个选项卡：绘图示例、分析示例和学习资源，可快速调用绘图和分析实例模板。双击任一图片加载对应的绘图示例，如图 1-35 所示。最常用的是在搜索栏根据关键词搜索。

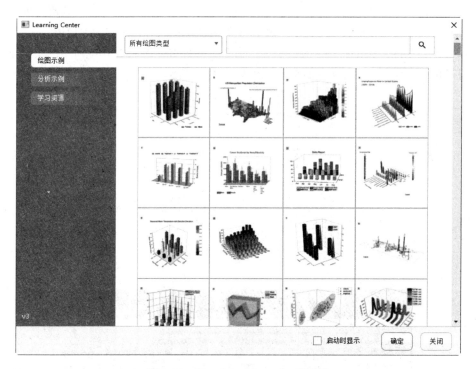

图 1-34 "Learning Center"对话框

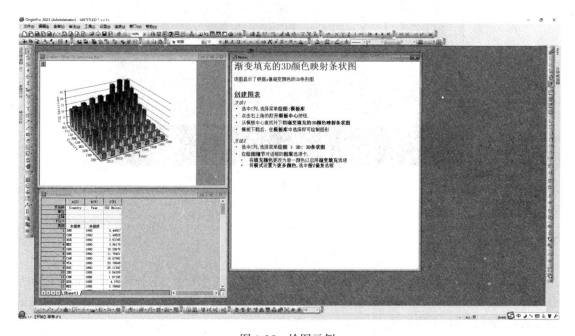

图 1-35 绘图示例

1.6 文件操作与管理

文件操作与管理是测试系统软件开发的重要组成部分，数据存储、参数输入、系统管理都离不开文件的建立、操作和维护。Origin 为文件的操作与管理提供了一组高效的函数集。

1.6.1 认识项目管理器

在 Origin 中，项目管理器的作用是将一些相关的文件、数据、文档等集合起来，用图形与分类的方式来管理。

"项目管理器"导航器类似资源管理器，显示出项目文件各部分名称以及它们之间的相互关系如图 1-36 所示。

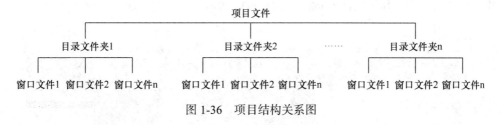

图 1-36 项目结构关系图

项目管理器包含上下两部分，上半部分以树形式显示整个项目文件及子目录文件夹，下部以列表形式显示选中文件夹中的所有窗口文件，可以方便地切换各个文件窗口，如图 1-37 所示。

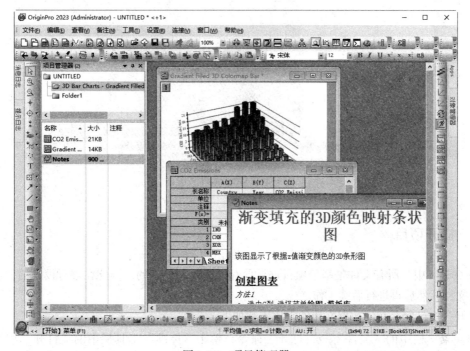

图 1-37 项目管理器

图中项目文件名称为 UNTITLED，该项目文件下创建两个目录文件夹 3D Bar Charts-Gradient Filled、Folder1，文件夹中包含工作簿文件 CO2 Emissions、图像文件 Gradient Filled 3D Colormap Bar、日志文件 Notes。

1.6.2 新建项目文件

当启动 Origin 的时候，软件会自动新建一个项目文件 UNTITLED，可以直接在该项目文件上进行设计，也可以再新建一个项目文件。

选择菜单栏中的"文件"→"新建"→"项目"命令，或单击"标准"工具栏中的"新建项目"按钮，关闭当前打开的项目文件，在系统根目录下自动新建了一个空白项目文件，该项目文件默认名称为 UNTITLED，该项目文件下默认创建一个目录文件夹 Folder1，该目录文件夹中自动带有一个工作簿文件 Book1，如图 1-38 所示。

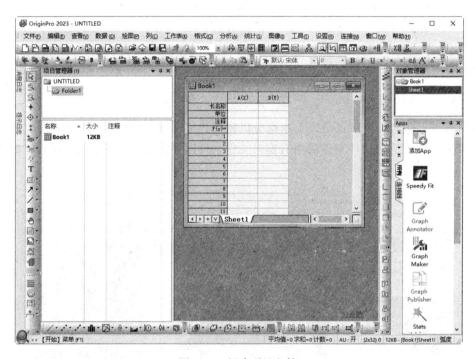

图 1-38　新建项目文件

1.6.3 打开项目

在 Origin 中，所有文件是基于项目进行保存、编辑和管理的，因此在进行设计前，需要打开项目文件，然后再进行后续工作。

打开一个已经存在的数据文档的常用步骤如下：

选择菜单栏中的"文件"→"打开"命令，单击"标准"工具栏中的"打开"按钮，按 Ctrl+O 键，系统将弹出如图 1-39 所示的"打开"对话框。

图 1-39 "打开"对话框

在"文件名"右侧下拉列表框中可选择 Origin 文件、Origin 窗口、Origin 模板、ASCII 数据（*.dat；*.csv；*.txt）、记事本（*.txt）、编程（*.c，*.cpp，*.h，*.ogs）、图像（*bmp，*.gif，*.jpg，*.png，*.tif）这几类文件格式。

（1）Origin 文件（*.opju，*.opj，*.og?，*.ot?）：存储所有数据的项目文件和子窗口文件类型。Origin2018 版中引入包含和 Unicode（UTF-8）兼容的文件类型，也就是在旧版本非 Unicode 文件在后缀添加了 'u' 标识符，项目文件有两种：非 Unicode 文件类型 *.opj 和 Unicode 文件类型 *.opju。

（2）Origin 窗口（*.ogwu，*.oggu，*.ogmu）：打开工作簿（.ogw）、图形（.ogg）、矩阵（.ogm）等子窗口 Unicode 文件。

（3）Origin 窗口（*.ogw，*.ogg，*.ogm）：打开工作簿（.ogw）、图形（.ogg）、矩阵（.ogm）等子窗口非 Unicode 文件。

（4）Origin 模板（*.otpu，*.otwu，*.otmu）、Origin 模板（*.otp，*.otw，*.otm）：用于存储定制化数据处理和格式设置的一个集合：图（.otp）、工作表（.otw）、矩阵（.otm）。

1.6.4　保存项目

项目文件只负责管理，在保存文件时，项目中各个文件是以单个文件的形式保存的。设计完毕或和设计过程中都可以保存文件。

选择菜单栏中的"文件"→"保存项目"命令，或单击"标准"工具栏中的"保存项目"按钮█，或按 Ctrl+S 快捷键，若文件已命名，则系统自动保存文件；若文件未命名（即为系统默认名 UNTITLED），则系统弹出"另存为"对话框，如图 1-40 所示。用户可以在文件列表框中指定保存文件的路径，在"文件名"文本框内重新命名并保存，在"保存类型"下拉列表框中指定保存文件的类型 *.opju，单击"保存"按钮，保存项目。

图 1-40 "另存为"对话框

1.6.5 另存文件

已保存的项目也可以另存为新的文件名。

选择菜单栏中的"文件"→"项目另存为"命令，弹出"另存为"对话框，将项目文件重命名并保存。项目文件名称有以下规则：

（1）必须唯一，不准重复命名；

（2）一般由字母和数字组成，可以用下划线，但不能包括空格，也不能是中文；

（3）必须以字母开头；

（4）不能以特殊字符! @%&* 等；

（5）长度应适当控制，一般少于十几个字符。

1.6.6 关闭项目

如果不再需要某个打开的项目文件，应将其关闭，这样既可节约一部分内存，也可以防止数据丢失。关闭项目文件常用的方法有以下两种：

（1）选择菜单栏中的"文件"→"关闭"命令。

（2）按 Ctrl+F4 快捷键。

对于未保存的项目文件，弹出如图 1-41 所示的"Origin-Pro 2023"对话框，用来提示是否需要保存文件。

图 1-41 "OriginPro 2023"对话框

第 2 章　表格管理

Origin 表格能够集数据、图形、图表于一体进行数据处理、分析和辅助决策，广泛应用于管理、统计、金融等众多领域。本章将详细介绍利用工作簿和工作表的基本操作方法。

Origin 的工作表主要包括工作簿工作表、矩阵工作簿工作表和 Excel 工作簿工作表。本章将详细介绍工作簿的创建、保存等基本操作，并系统地介绍管理工作表的方法。

2.1　工作簿管理

在学习 Origin 表格的基本操作之前，有必要先熟悉 Origin 表格的工作环境，以及基本的文件操作。

2.1.1　Origin 表格的工作界面

工作簿是最常用的数据存放窗口。一个 Origin 工作簿可以容纳 1~255 个工作表。为了更好地理解工作簿，首先要充分了解工作簿窗口的结构。

在 Origin 中，新建的工作簿默认名称为 Book1，默认包含一个工作表 Sheet1，其工作界面如图 2-1 所示。下面简单介绍工作簿的各部分组成及其功能。

1. 标题栏

显示长名称、短名称。单击选择可拖动窗口。在标题栏上单击鼠标右键，弹出如图 2-2 所示快捷菜单，显示一系列对工作表的操作命令。

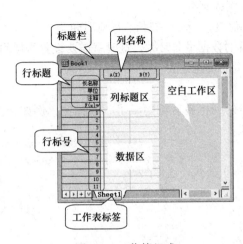

图 2-1　工作簿组成

图 2-2　标题栏快捷菜单

2. 行标题

Origin 工作簿工作表中的行标题类似表格的表头，是表格的开头部分，用于对一些问题的性质的归类。默认的表头包括长名称、单位、注释和 F（x）。

（1）长名称：列的名称包括长名称和短名称，短名称即显示在列头上的名字，长名称是对列的详细表述，相当于标题。短名称是必须的，长名称是可选的。短名称有 17 个字符的限制，长名称的长度没有限制，绘图时如果有长名称会自动作为坐标轴名称。

（2）单位：即列数据的单位，与长名称一起自动成为坐标轴的标题，例如，A 列定义为自变量 X，长名称为 Time，单位为 sec，则绘图时 X 轴坐标显示为 Time（sec）。

（3）注释：对数据的注释，直接输入即可。如果需要多行，可在行尾按 Ctrl+Enter 快捷键换行，绘图时会以注释第一行作为图例。

以上各项除了打开显示输入外，也可以单击某行，单击鼠标右键，在弹出的快捷菜单中选择相应的命令进行设置。选择"视图"命令，打开子菜单，如图 2-3 所示，可以打开或关闭工作表各种行标题（表头）的显示，包括默认选项和扩展选项。

1）分页预览线：以蓝色边框显示数据区边界，如图 2-4 所示。

图 2-3 "视图"子菜单

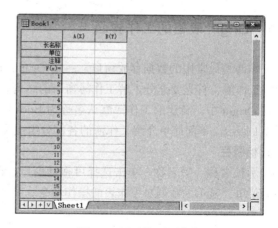

图 2-4 显示分页预览线

2）迷你图：用于在表格中预览各列数据的曲线特征。

3）用户参数：主要保存实验的具体参数（如温度、压力、波长、反应时间等）。

4）采样间隔：在某些情况下，通过实验获得的数据量非常大，这时就需要设置采样间隔，以减少数据量，这也是在工作表中设置相同 X 增量的快速方法。

3. 列名称

显示列标题与绘图属性。默认情况下，表格的列标签区域隐藏了一些标签，例如，长名称、单位、注释、F（x）以及迷你图。

4. 列标题区

填写 X、Y 轴标题（单位）、注释、参数、F（x）公式、迷你图等。

5. 行标号

显示工作表数据表格行的编号，从 1 开始。

6. 数据区

显示输入数据的数据区域。

7. 工作表标签

在工作表标签（如 Sheet1 ）上单击鼠标右键，在弹出的快捷菜单中选择命令，可以创建副本、插入新表、插入图表等。拖动标签可调节顺序，双击标签可修改名称。

2.1.2　区分工作簿和工作表

初次接触电子表格的用户通常容易混淆工作簿与工作表的概念，将两者混为一谈。下面简要介绍一下电子表格中的一些基本概念，尤其是工作簿与工作表的关系和区别。

工作簿是电子表格文件，Origin 表格文件的扩展名为 .ogwu。工作簿的名称以文档标签的形式显示在工作窗口顶部，如图 2-5 中的"Book1"。

工作表由排列成行和列的单元格组成，是工作簿中用于存储和管理数据的二维表格。工作表的名称显示在表格底部的工作表标签上，如图 2-5 中的 Sheet1、Sheet2、Sheet3。单击工作表标签，可以在工作表之间进行切换，当前活动工作表的标签显示为白底黑字。

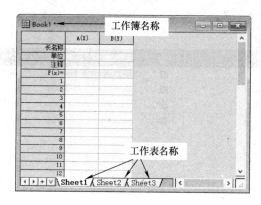

图 2-5　工作簿与工作表的关系

一个工作簿中最多可以包含 255 张工作表，每张工作表中可以存储不同类型的数据。一个形象的比喻是文件册与文件，工作簿可看作是一个专门存放各种数据表的文件册，而工作表则是存放在其中的一张张数据表。

单元格是工作表中纵横排列的长方形"存储单元"，是组成工作表的最小单位。为便于区分和引用，每个单元格都有一个固定的地址，地址采用"列编号字母 + 行编号数字"的形式命名，如图 2-6 所示。

如果合并表格中的单元格，则该单元格以合并前的单元格区域左上角的单元格地址进行命名，表格中的其他单元格的命名不受合并单元格的影响，如图 2-7 所示。

	A	B	C	D	
1	A1	B1	C1	D1	…
2	A2	B2	C2	D2	…
3	A3	B3	C3	D3	…
4	A4	B4	C4	D4	…
5	A5	B5	C5	D5	…
	⋮	⋮	⋮	⋮	⋮

图 2-6　单元格编址示例

	A	B	C	D	
1	A1	B1	C1	D1	…
2	A2	B2			…
3	A3	B3	C2		
4	A4	B4			
5	A5	B5	C5	D5	…
	⋮	⋮	⋮	⋮	⋮

图 2-7　合并单元格编址示例

2.2 工作簿的基本操作

在 Origin 中，掌握工作簿的基本操作是进行各种数据管理操作的基础。

2.2.1 使用工作簿模板

Origin 2023 提供了一些应用模板，这些模板是已经设置好格式的工作簿，打开这些应用模板便可直接使用模板中设置的各种格式。

启动 OriginPro 2023 后，选择菜单栏中的"文件"→"工作簿"→"浏览"命令，弹出"新工作簿"对话框，显示如图 2-8 所示的表格列表。

在右上角单击"打开模板中心"按钮 ☁，弹出"模板中心"对话框，显示如图 2-9 所示的表格模板列表。从图中可以看到，Origin 还内置了多种专业表格模板。

图 2-8 "新工作簿"对话框

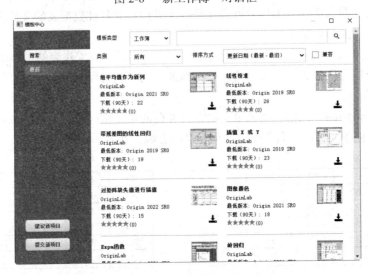

图 2-9 表格模板列表

选择"带残差图的线性回归"模板，单击"Download and Install"按钮➤，下载并安装该模板工作簿。

2.2.2　工作簿管理器

工作簿管理器以树结构的形式提供了所有存放在工作簿中的信息。

当工作簿为当前窗口时，在工作簿标题栏上鼠标右键单击，在弹出的快捷菜单中选择"显示管理器面板"命令，即可打开该工作簿管理器。

图 2-10 所示为打开的工作簿和工作簿管理器。通常工作簿管理器由左、右面板组成。当用户选择了左面板中的某一个对象时，则可在右面板中了解和编辑该对象。

图 2-10　工作簿管理器

2.2.3　新建工作簿

在 OriginPro 2023 中，新建工作簿除了基于内置模板创建工作簿，还可以直接创建空白的工作簿，还有一种是通过设定行列数构造工作簿。

单击"标准"工具栏中的"新建工作簿"按钮▦，或在"项目管理器"中单击鼠标右键，在弹出的快捷菜单中选择"新建窗口"→"工作表"命令，系统将直接在工作区创建工作簿工作表窗口 Book2（默认已经创建工作表文件 Book1），如图 2-11 所示。

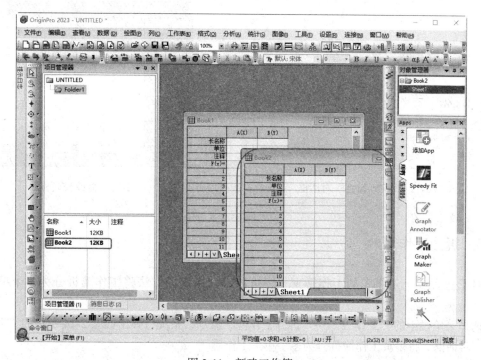

图 2-11　新建工作簿

2.2.4 工作簿基本操作

（1）删除工作簿。单击工作簿的"关闭"按钮 ❌ ，或直接按"Delete"键删除。

（2）保存工作簿。选择菜单栏中的"文件"→"窗口另存为"命令，将窗口存为独立的 .ogwu 文件。

（3）保存工作簿模板。如果有必要，也可以将工作簿保存为模板。选择菜单栏中的"文件"→"保存模板为"命令，将窗口存为独立的 .otwu 文件，不保存数据只保存设置参数。

（4）工作簿重命名。选择菜单栏中的"格式"→"工作簿"命令，或在工作簿上鼠标右键单击，在弹出的快捷菜单中选择"属性"命令，或按"Alt+Enter"键，系统将弹出如图 2-12 所示的"窗口属性"对话框，自动激活"属性"选项卡下的"长名称"文本框，根据具体情况进行命名。其中长名称也可以使用中文名称。

输入工作簿窗口文件的长名称、短名称和注释，并选择工作簿标题栏名称的显示方式按钮。

其中，工作簿窗口标题显示的名称格式为"长名称和短名称"，显示为"Book1- 工作簿 1"，如图 2-13 所示。

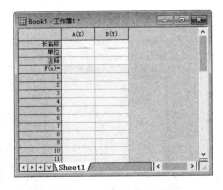

图 2-12 "窗口属性"对话框　　　　图 2-13 修改长名称

2.2.5 拆分工作簿

对于包含多个工作表的工作簿窗口，可以根据指定的方法将工作簿拆分为多个单页工作簿。

选择菜单栏中的"工作表"→"拆分工作簿"命令，系统将弹出如图 2-14 所示的"拆分工作簿"对话框，将多页工作簿拆分为多个单页工作簿。

（1）拆分：在该选项中选择要拆分的工作簿对象当前工作簿、当前文件夹中的所有工作簿、当前文件夹中的所有工作簿（包括子文件夹）、当前文件夹中的所有工作簿（打开的）、当前项目中所有工作簿。

（2）拆分模式：文件拆分模式包括复制、拖曳，结果如图 2-15 所示。

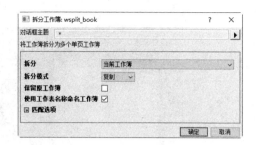

图 2-14　"拆分工作簿"对话框

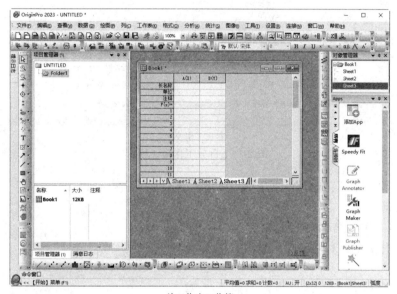

单工作表工作簿

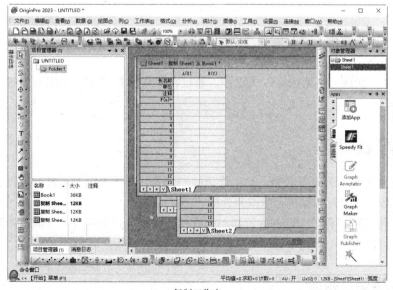

复制工作表

图 2-15　拆分工作簿

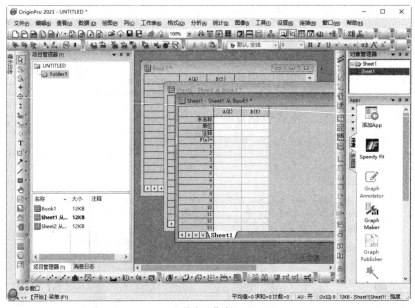

拖曳工作表

图 2-15 拆分工作簿（续）

（3）保留原工作簿：选择该复选框，保留拆分前的多页工作簿。

（4）使用工作表名称命名工作簿：选择该复选框，使用工作表的名称对新建的单页工作簿进行命名。

（5）匹配选项：单击该选项左侧的"+"号，展开该选项，对符合匹配条件的工作簿进行拆分，如图 2-16 所示。

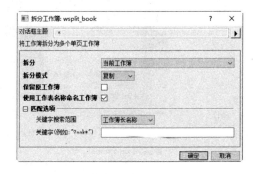

图 2-16 展开匹配选项

1）关键字搜索范围：选择需要搜索的文本对象，默认选择"无"。

2）关键字：在该文本框内输入关键字，通过在工作簿长名称、工作簿短名称、工作簿注释中搜索。

2.3 工作表管理

工作表通常也被称为电子表格，是工作簿的一部分。工作表由若干排列成行和列的单元格组成，使用工作表可以对数据进行组织和分析。

每一个工作表可以存放 1000000 行和 10000 列的数据。每个项目包含的工作簿数量是没有限制的，因此可以在一个项目中管理数量巨大的实验数据。

2.3.1 工作表窗口管理

在默认情况下，每个工作簿中只包含 1 个工作表"Sheet1"，如图 2-17 所示。根据需要，用户可以在一个工作簿中插入多张工作表。

在工作表标签上单击鼠标右键，在弹出的快捷菜单上显示各种工作表基本操作命令，包括插入、添加、删除、隐藏和复制等，如图 2-18 所示。

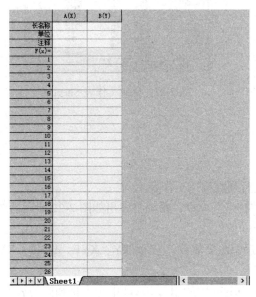

图 2-17　工作表　　　　　　　　　　　　　　　图 2-18　快捷菜单

（1）选择"插入""添加"命令，即可在当前活动工作表（左）右侧插入一个新的工作簿工作表。新工作表的名称依据活动工作簿中工作表的数量自动命名为 Sheet2，如图 2-19 所示。

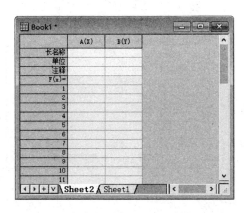

图 2-19　插入、添加工作表

（2）激活已经存在的工作表 Sheet2，选择"删除"命令，可以将其删除，如图 2-20 所示。

（3）复制工作表。激活已经存在的工作簿，选择"复制工作表"。粘贴为新的工作表"命令，或按住"Ctrl"键，选中工作簿中的工作表的标签位置，然后拖到 Origin 工作空间的空白处放开，则系统会自动建立一个新的工作表 Sheet2，如图 2-21 所示。

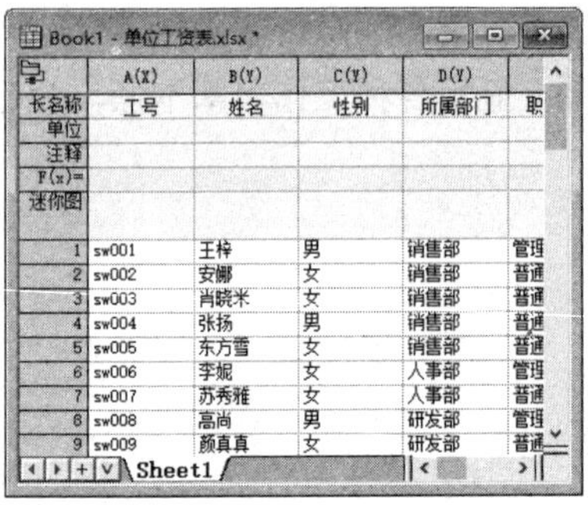

图 2-20 删除工作表 Sheet2

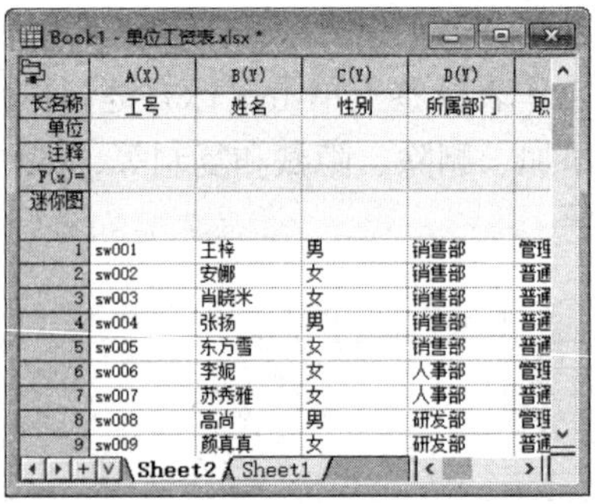

图 2-21 复制工作表 Sheet2

2.3.2 行列构建工作表

在 OriginPro 2023 中，还有一种是通过设定行列数构造工作表。

选择菜单栏中的"文件"→"工作簿"→"构造"命令，系统将弹出如图 2-22 所示的"新建工作表"对话框。

在"列设定"下拉列表中选择模板中的列设置参数，包括 XY、XYE、WNE、XYZ、SGY、S2GY、X2（YE）、2（X2Y）。

勾选"电子表格单元格表示法"复选框，在 Origin 中使用与 Excel 电子表格相同的表示法。在 Excel 中，A1 表示第 A 列第 1 行的单元格。在 Origin 中，col（A）[1] 表示第 A 列第 1 行的单元格。选择该复选框，使用 A1 代替 col（A）[1]。

选择"添加到当前工作簿"复选框，将设置的模板应用到当前工作簿中，如图 2-23 所示。

图 2-22 "新建工作表"对话框

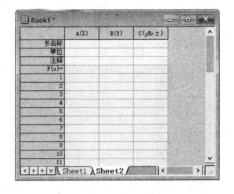

图 2-23 添加工作表

2.4 工作表的基本操作

工作表是由行列组成的，因此工作区域也就是用来插入行、列的，这样可以避免覆盖原有的内容。工作表默认为两个列 A（X）、B（Y），其中，列名分别为 A 和 B，自动定义列 A 绘图属性为 X（轴），B 绘图属性为 Y（轴）。

2.4.1 行操作

在 Origin 中，工作表中的行即实验记录，行号从 1 开始，默认为 32 行。在工作表中单击行号，即可选择该行，选择行后才能对行进行基本操作，如插入行、删除行。要插入 n 个新行，可以采用单行的操作进行多次，或选择 n 行后，再执行一次插入操作。

（1）插入行。选择菜单栏中的"编辑"→"插入行"命令，或单击鼠标右键，在弹出的快捷菜单上选择"插入行"命令，即可在当前活动工作表上方插入一行，如图 2-24 所示。

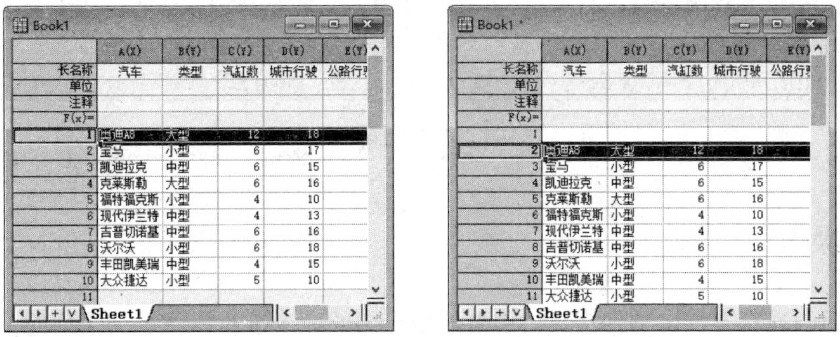

图 2-24 插入行

工作表默认的行高和列宽通常不符合需要，可以使用鼠标拖动或菜单命令进行调整，如图 2-25 所示。

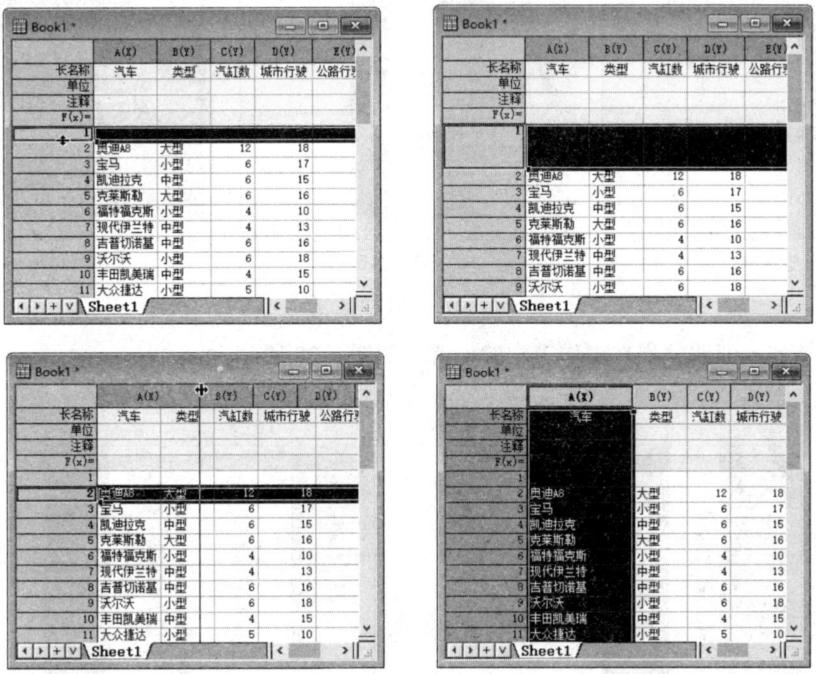

图 2-25 调整行高、列宽

（2）删除行。在工作表中选中一行或多行，选择菜单栏中的"编辑"→"删除行"命令，或单击鼠标右键，在弹出的快捷菜单中选择"删除行"命令，或按 Delete 快捷键，即可在当前活动工作表中删除行，如图 2-26 所示。

图 2-26　删除行

2.4.2　列操作

Origin 中的列具有特定物理意义，需要使用专门的命令进行操作。关于列的基本操作包括列的选择、列的添加和插入、位置移动等。

（1）选择列。单击列标题，全选当前列数据，按 Ctrl 键的同时单击列标题可以选择多个列数据；单击左上角列标题（空白区域），可以全选所有列数据，如图 2-27 所示。

选择单列　　　　　　　　　　选择多列　　　　　　　　　　选择所有列

图 2-27　选择列数据

（2）移动列。即调整列在工作表中的位置，如图 2-28 所示。

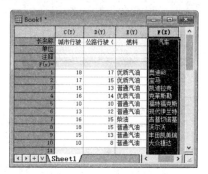

向右移动　　　　　　　　　　　　　　移动到最后

图 2-28　移动列

选择菜单栏中的"列"→"移动列"命令，弹出子菜单，显示下列移动命令：

1）移到最前：移到最左边。

2）移到最后：移到最右边。

3）向左移动：向左移动一列。

4）向右移动：向右移动一列。

5）移动到指定列：移动到指定列前。

（3）交换列。即对调两列在工作表中的位置。

选择菜单栏中的"列"→"交换列"命令，弹出"交换列"对话框，如图 2-29 所示，在"列"选项右侧单击"在共工作表中选择"按钮，选择需要交换的两列，单击"确定"按钮，直接交换两列。

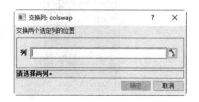

图 2-29 "交换列"对话框

在工作表中选择需要交换的两列，执行上述命令，直接交换 A（X）、B（Y）两列的位置，结果如图 2-30 所示。

图 2-30　交换两列

（4）隐藏列。对于大量杂乱数据，为了方便数据后期的分析与处理，有时候需要暂时将不需要使用的数据进行隐藏。单击浮动工具栏中的"隐藏"按钮，或单击鼠标右键，在弹出的快捷菜单中选择"隐藏或取消隐藏列"→"隐藏"命令，隐藏选中的 B（Y）列，如图 2-31 所示。

（5）添加列。选择菜单栏中的"列"→"添加新列"命令，或单击"标准"工具栏中的"添加新列"按钮，或在工作表空白区域单击鼠标右键，在弹出的快捷菜单中选择"添加新列"命令，或按 Ctrl+D 快捷键，即可在

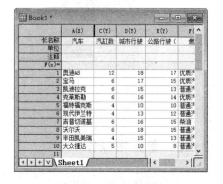

图 2-31　隐藏列

工作表中列标题最后面添加新列 C（Y）。添加列一般情况下是自动在列最后添加，新的列名会按英文字母（A，B，C，…，X，Y，Z，AA，BB，CC，…）顺序自动命名，如果前面有一些列被删除，则自动补足字母顺序，默认情况下所有新列被定义为 Y。

（6）插入列。如果不希望列添加在最后面，可以采用插入列的操作。方法是单击某列，选择菜单栏中的"编辑"→"插入"命令，即可在工作表中该列前插入新列 B（Y）列，当前列自动递增更名为 C（Y）。采用上面的操作若干次，则会追加或插入若干个列。

（7）删除列。在工作表中单击选择一列，选择菜单栏中的"编辑"→"删除"命令，或在工作表空白区域单击鼠标右键，在弹出的快捷菜单上选择"删除"命令，或在自定义工具栏中单击"删除"按钮🗑，或按 Delete 快捷键，删除该列，如图 2-32 所示。

图 2-32　删除列

（8）清除列。删除列后数据不能恢复，而且跟这些数据有关的一系列图形、分析结果也会随之变化。如果只是希望删除列数据，则可选择清除列操作。

在工作表中单击选择一列，选择菜单栏中的"编辑"→"清除"命令，删除该列中的数据，保留该列，如图 2-33 所示。

图 2-33　清除列

2.4.3　单元格操作

工作表是一个二维表格，由行和列构成，行和列相交形成的方格称为单元格，如图 2-34 所示，使用工作表可以对数据进行组织和分析。

单元格中可以填写数据，是存储数据的基本单位，也是用来存储信息的最小单位。单元格的最基本操作是单元格选择和数据输入，其操作方式与 Excel 等电子表格相同。

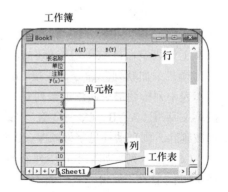

图 2-34　工作表结构

1. 清除工作表内容

清除工作表只是删除单元格中的内容、格式或注释，单元格仍然保留在工作表中。

选择菜单栏中的"工作表"→"清除工作表"命令，清除工作表中的数据，如图 2-35 所示。

2. 清除单元格内容

清除单元格内容则是从工作表中移除这些单元格，并调整周围的单元格，填补删除后的空缺。

选中要清除的单元格区域，按"Delete"键即可清除指定单元格区域的内容，如图 2-36 所示。

图 2-35 清除工作表

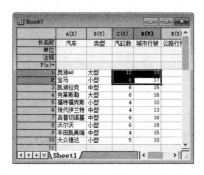 

图 2-36 清除单元格内容

3. 删除单元格

删除单元格实际上是删除选中要删除的单元格所在行或列。

上面只介绍删减直接选行、列的操作，在"工作表"菜单栏中包括一些命令，通过合并和删除行、列达到删除单元格的目的。

（1）选择"移除 / 合并重复行"命令，弹出如图 2-37 所示的"移除 / 合并重复行"对话框，根据参照列中的重复项删除或合并工作表的行，结果如图 2-38 所示。

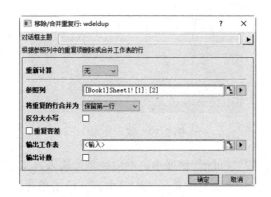

图 2-37 "移除 / 合并重复行"对话框

（2）选择"删除列（E）"命令，弹出"删除列"对话框，通过选择删减方式，设置需要删减的列数，达到删除活动单元格所在列的目的。

（3）选择"删除行（D）"该命令，弹出"删除行"对话框，通过选择删减方式，设置需要删减的行数，删除活动单元格所在行。

图 2-38   合并重复行

2.4.4   数据输入

选定单元格之后，就可以在单元格中输入文本、数字、时间等数据内容了。在工作表中，只能在活动单元格中输入数据。本节简要介绍几种常用的单元格数据的输入方法。

1. 输入文本

工作表中通常会包含文本，例如，汉字、英文字母、数字、空格以及其他键盘能键入的合法符号，文本通常不参与计算。

（1）直接键入文本。

1）单击要输入文本的单元格，然后在单元格或编辑栏中输入文本，如图 2-39 所示。

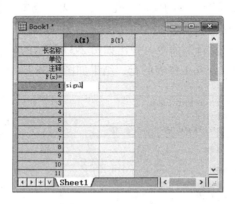

图 2-39   输入文本

2）文本输入完成后，按"Enter"键或单击空白处结束输入，文本在单元格中默认左对齐。

（2）修改输入的文本。如果要修改单元格中的内容，单击单元格，在单元格或编辑栏中选中要修改的字符后，按 Backspace 键或 Delete 键删除，然后重新输入。

（3）处理超长文本。如果输入的文本超过了列的宽度，将自动进入右侧的单元格显示，如图 2-40 所示。如果右侧相邻的单元格中有内容，则超出列宽的字符自动隐藏，如图 2-41 所示。调整列宽到合适宽度，即可显示全部内容。

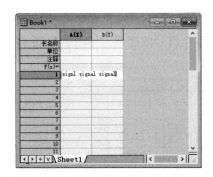

图 2-40　文本超宽时自动进入右侧单元格

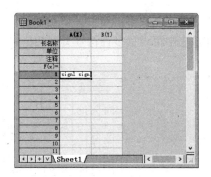

图 2-41　超出列宽的字符自动隐藏

2. 输入数字

在单元格中输入数字的方法与输入文本相同，不同的是数字默认在单元格中右对齐。Origin 把范围介于 0~9 的数字，以及含有正号、负号、货币符号、百分号、小数点、指数符号、小括号等数据，看成是数字类型。数字自动沿单元格右对齐，如图 2-42 所示。

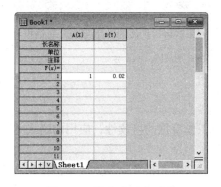

图 2-42　数字自动右对齐

3. 输入特殊符号

选中指定的单元格，单击鼠标右键，在弹出的快捷菜单中选择"符号表"命令，弹出"字符表"对话框，如图 2-43 所示，选择对应的符号，单击"插入"按钮，在单元格内插入对应的符号。

图 2-43　"字符表"对话框

如果要插入更多的符号，单击如图 2-43 所示的"高级"按钮，弹出扩展的"字符表"对话框，在该表中可设置多种符号类型的格式。例如，"美元"符号的选项，如图 2-44 所示。

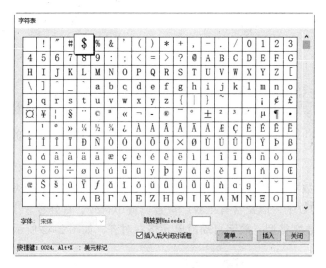

图 2-44　扩展的"字符表"对话框

2.4.5　设置数据格式

设置数据的格式可以增强工作簿据的可读性，应用的格式并不会影响 Origin 用来进行计算的实际单元格数值。

选择菜单栏中的"格式"→"单元格"命令，或单击鼠标右键，在弹出的快捷菜单上选择"单元格格式"命令，弹出"单元格格式"对话框，如图 2-45 所示。

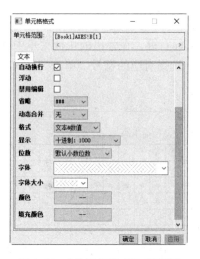

图 2-45　"单元格格式"对话框

在"字体"下拉列表中选择单元格中文本的字体，默认为宋体。在"字体大小"下拉列表中选择单元格中文本的字体大小。在"颜色"下拉颜色列表中选择单元格中文本的字体颜色。

在"填充颜色"下拉颜色列表中选择单元格中的填充颜色。

另外，在"格式"工具栏中包含一系列按钮，用于设置单元格字体格式，设置字体、字号、加粗、倾斜、下划线、颜色等，如图 2-46 所示。

图 2-46　设置字体格式

实例——设计不同地区负责人的日销售数据

某单位统计不同地区负责人的日销售数据，见表 2-1。本实例根据表格中的数据创建 Origin 工作表。

表 2-1　销售数据

月份	负责人	产品名	单件费用（元 / 台）	数量（台 / 日）	总费用（元 / 日）
1 月	苏羽	A	245	15	3675
1 月	李耀辉	B	58	20	1160
1 月	张默千	C	89	18	1602
2 月	李耀辉	B	310	20	6200
2 月	苏羽	A	870	18	15660
2 月	李耀辉	B	78	60	4680
3 月	张默千	C	160	16	2560
4 月	苏羽	A	80	32	2560
4 月	张默千	C	760	45	34200

 操作步骤

（1）启动 Origin 2023，项目管理器中自动创建项目文件 UNTITLED，该项目文件下默认创建一个文件夹 Folder1，该文件夹中包含工作簿文件 Book1。

（2）在工作簿窗口标题栏上单击鼠标右键，弹出快捷菜单，选择"视图"→"注释""F（x）"命令，在工作表列参数中取消"注释""F（x）"行的显示，如图 2-47 所示。

（3）在工作表中空白处单击鼠标右键，选择"添加新列"命令，在工作表中该列后插入新列 C（Y）、D（Y）、E（Y）、F（Y）列，如图 2-48 所示。

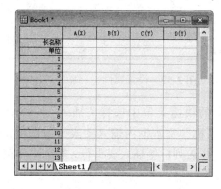

图 2-47　取消"注释""F（x）"行显示

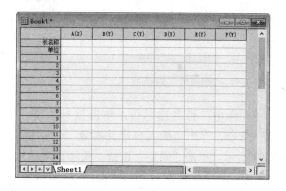

图 2-48　插入新列

0

（4）双击用户参数"长名称""单位"行，输入数据名称和单位，结果如图 2-49 所示。

（5）双击数据区，根据长名称输入每列数据，调整列宽，完整的显示所有数据，结果如图 2-50 所示。

图 2-49　输入用户参数

图 2-50　输入数据

（6）选中 A（X）列，单击鼠标右键，在弹出的快捷菜单中选择"属性"命令，弹出"列属性"对话框，在"格式"下拉列表中选择"月"选项，在"显示"下拉列表中选择"1 月"，如图 2-51 所示。单击"应用"按钮，将小数位数设置结果应用于选中的 B（Y）。

（7）单击"应用"按钮，将设置结果应用于 A（X）列。单击"确定"按钮，关闭该对话框，工作表数据设置结果如图 2-52 所示。

图 2-51　"列属性"对话框

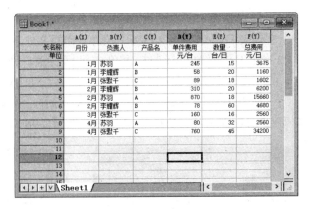

图 2-52　设置属性

（8）选中"长名称"行，单击鼠标右键，在弹出的快捷菜单中选择"插入"→"用户参数"命令，弹出"插入自定义参数"对话框，在"名称"文本框内输入"表头"选项，如图 2-53 所示。单击"确定"按钮，关闭该对话框，在工作表列标签插入表头行，输入"不同地区负责人的日销售数据"，结果如图 2-54 所示。

图 2-53　"插入自定义参数"对话框

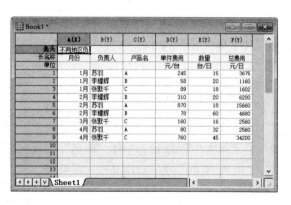

图 2-54　插入表头

（9）选中"表头"行，选择菜单栏中的"格式"→"合并单元格"命令，合并表头行。单击"样式"工具栏中的"居中"按钮≡，将文字居中显示，结果如图 2-55 所示。

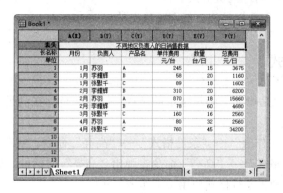

图 2-55　合并表头行

（10）选中"表头"行，选择菜单栏中的"格式"→"单元格"命令，弹出"单元格格式"对话框，设置表头行文字"字体""字体大小""颜色"和"填充颜色"，如图 2-56 所示。单击"确定"按钮，关闭该对话框，然后调整表头行的高度，结果如图 2-57 所示。

图 2-56　"单元格格式"对话框

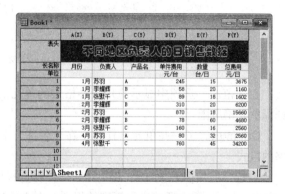

图 2-57　表头行格式

（11）选中"长名称""单位"行，单击"样式"工具栏中的按钮，设置"字体"为"华文琥珀"，"字体大小"为 14，字体"颜色"为"红色"，加粗字体。然后根据需要调整行高和列宽。

（12）选中数据区，选择菜单栏中的"格式"→"单元格"命令，弹出"单元格格式"对话框，设置文字"字体"为"华文新魏"、"字体大小"为 12，字体"颜色"为"黑"，"填充颜色"为 #82D0FF，结果如图 2-58 所示。

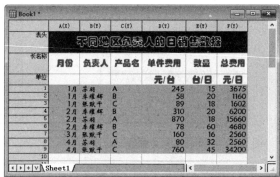

（13）单击"标准"工具栏上的"保存项目"按钮 ，弹出"另存为"对话框，在文件列表框中指定保存文件的路径，在"文件名"文本框内输入"不同地区负责人的日销售数据 .opju"，单击"保存"按钮，保存项目文件。

图 2-58　设置单元格样式

2.4.6　应用条件格式

所谓"条件格式"，是指如果满足指定的条件，Origin 自动在满足条件的单元格上应用底纹、字体、颜色等格式。

选择菜单栏中的"工作表"→"条件格式"→"高亮"命令，或单击鼠标右键，在弹出的快捷菜单中选择"条件格式"→"高亮"命令，弹出"高亮"对话框，如图 2-59 所示。在该对话框中使用自定义的规则将条件格式应用于工作表单元格。

图 2-59　"高亮"对话框

在"范围"选项中显示应用条件格式的单元格数据选择范围，单击右侧箭头按钮，可重新选择单元格范围。

Origin 内置了一些单元格样式，在"名称"下拉列表中使用内置的样式可以快速设置单元格的格式。

勾选"应用颜色到工作表"复选框，将选择的内置格式中的颜色格式应用到工作表。在"规则"选项组下设置要进行管理的规则，更改条件的运算符、数值、公式及文本颜色格式和背景颜色格式。

2.5　操作实例——设计 Origin 绘图数据资料

随着 Origin 版本的更新，软件绘图能力越来越强。2023 版本还引入了两种新的绘图类型：密度点图、彩色点图，这两种类型在绘图速度上产生了更显著的提高。

本节练习设计一个不同版本 Origin 图形绘图速度数据表，见表 2-2。通过对操作步骤的详细讲解，读者可进一步掌握创建工作簿、复制和移动工作表、查看工作簿、显示和隐藏工作表元素等知识点，以及相关的操作方法。

表 2-2　Origin 图形绘图速度数据表

Plot type	2020（sec）	2019b（sec）	2019b/2020
			Factor
Default Scatter Plot	18.5	110	5.9
Scatter with color mapped to another column	22.3	232	10.4
Density Dots	2.5		
Plot Color Dots Plot	2.8		

 操作步骤

2.5.1　创建两个工作簿

设计 Origin 绘图数据之前，首先需要创建 Origin 绘图数据工作簿，本例创建两个工作簿，一个用来记录旧的图形数据，另一个用来记录新图形数据。

（1）启动 Origin 2023，单击"标准"工具栏中的"新建项目"按钮，创建一个新的项目，默认包含一个工作簿文件 Book1。

（2）双击工作表 Sheet1，将工作簿中工作表 Sheet1 重命名为"图形数据"，并输入数据，如图 2-60 所示。

（3）选择菜单栏中的"文件"→"保存窗口为"命令，弹出"保存窗口为"对话框，将当前工作表窗口保存为"图形数据"，如图 2-61 所示。

图 2-60　"图形数据"工作表

（4）在工作簿 Book1 标题栏单击鼠标右键，在弹出的快捷菜单中选择"属性"命令，弹出"窗口属性"对话框，在"长名称"栏输入"图形数据"，在"窗口标题"选择"长名称"，如图 2-62 所示。单击"确定"按钮，对工作簿窗口进行重命名，如图 2-63 所示。

（5）单击"标准"工具栏中的"新建工作簿"按钮，新建一个工作表工作簿 Book2。将 Sheet1 工作表重命名为"新图形数据"，并输入数据，然后添加新列，并输入数据，如图 2-64 所示。

图 2-61 "保存窗口为"对话框

图 2-62 "窗口属性"对话框

图 2-63 得到"图形数据"工作簿

（6）对工作簿 Book2 进行重命名为"新图形数据"，如图 2-65 所示。

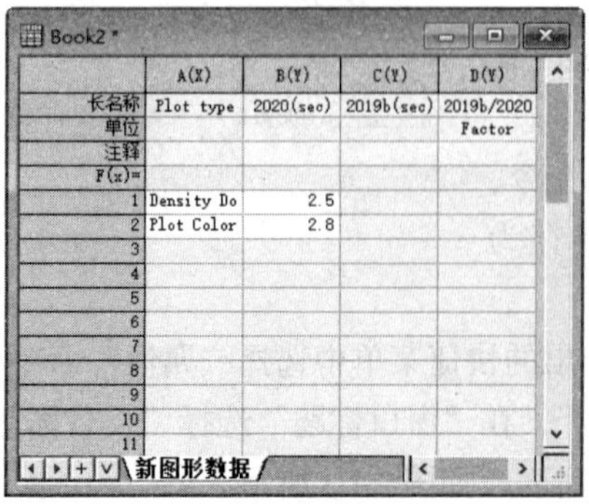

图 2-64 新建"新图形数据"工作表

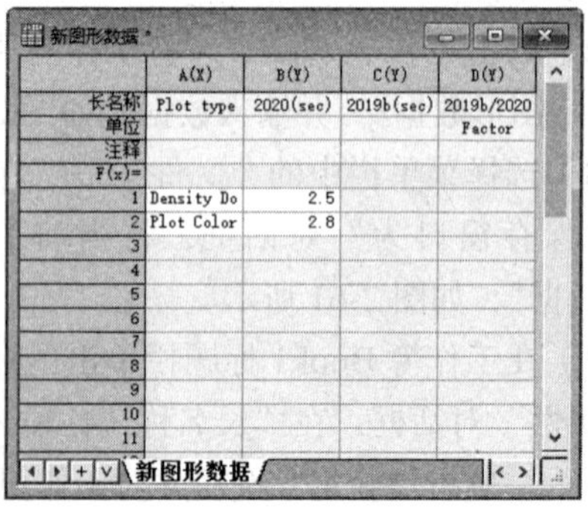

图 2-65 得到"新图形数据"工作簿

2.5.2　复制"图形数据"工作表

Origin 2023 提供了复制工作表的功能，例如，要为工作表"图形数据"建立一个副本，并把复制出来的工作表放在"图形数据"工作表的后面。

（1）打开工作表"图形数据"，将鼠标指针移到"图形数据"工作表标签上，按 Ctrl 键的同时，按下鼠标左键，此时鼠标指针变为⊞。

（2）移动鼠标，当黑色三角形移到"图形数据"工作表标签右侧时，释放鼠标和按 Ctrl 键，即可在"图形数据"工作表的前面得到"图形数据 1"工作表，如图 2-66 所示。

（3）在"图形数据"工作表标签上单击鼠标右键，在弹出的快捷菜单中选择"创建副本"命令，在"图形数据"工作表的后面得到"图形数据 2"工作表，如图 2-67 所示。

图 2-66　得到工作表"图形数据 1"　　　图 2-67　得到工作表"图形数据 2"

（4）双击"图形数据 1"的工作表标签，输入新名称"图形数据副本 1"；双击"图形数据 2"的工作表标签，输入新名称"图形数据副本 2"，如图 2-68 所示。

（5）按照上面同样的方法，在"新图形数据"工作簿中复制工作表"新图形数据"，并重命名为"图形数据补充"，如图 2-69 所示。

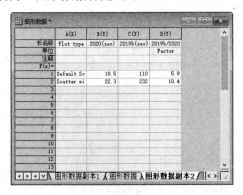

图 2-68　重命名工作表　　　图 2-69　得到工作表"图形数据补充"

2.5.3　移动"新图形数据"工作表

在 Origin 2023 中，可以将工作表从一个工作簿移动到另一个工作簿中。例如，将工作簿"新图形数据"中的工作表"图形数据补充"，移动到工作簿"图形数据"中的工作表"图形数据"之后。

在打开的"新图形数据"工作簿中，拖动"图形数据补充"工作表标签到"图形数据"工作簿"图形数据"工作表上，即可将"图形数据补充"工作表移动到"图形数据"工作簿中，如图 2-70 所示。

此时，"新图形数据"工作簿中的"图形数据补充"工作表消失，如图 2-71 所示。

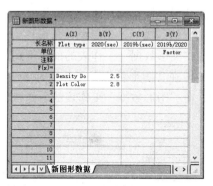

图 2-70　"图形数据"工作簿　　　　　　图 2-71　"新图形数据"工作簿

2.5.4　查看工作簿

Origin 2023 提供了多种显示工作表的方法，查看工作表变得更加简单方便。

（1）激活"图形数据"工作簿，单击窗口右上角"最小化"按钮 ▭，将该窗口最小化显示，如图 2-72 所示。

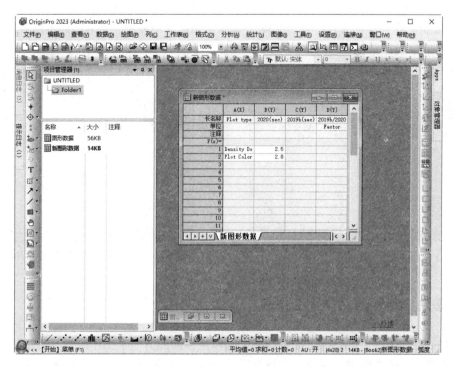

图 2-72　最小化窗口

（2）单击左下角"图形数据"工作簿，单击标题栏上的"向上还原"按钮 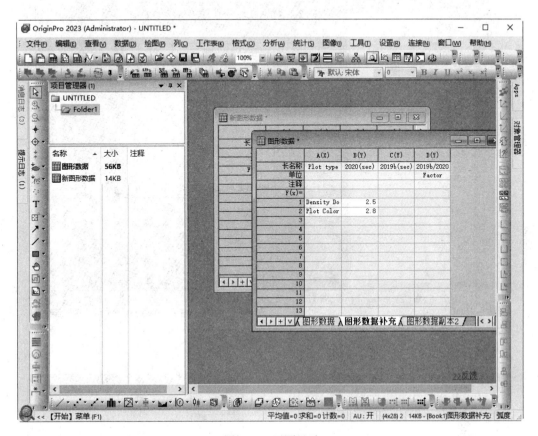，将该窗口还原为默认大小显示，如图 2-73 所示。

图 2-73　还原显示

2.5.5　隐藏工作簿元素

对于某些暂时不需要使用的信息，可以将其隐藏，使它们不可见，防止由于某些疏忽或其他原因造成错误操作。在 Origin 2023 中可以设置隐藏 / 显示的元素包括工作簿、工作表、行、列、单元格，以及工作表的网格线、标题和编辑栏等。

（1）隐藏工作簿。在项目管理器中选中"图形数据"工作簿，单击鼠标右键，在弹出的快捷菜单中选择"隐藏"命令，将当前工作簿隐藏，如图 2-74 所示。

（2）隐藏用户参数列。单击"新图形数据"工作表标签，使其处于活动状态，然后选中要隐藏的列。选择菜单栏中的"列"→"隐藏或取消隐藏列"→"隐藏"命令，即可隐藏指定的列，如图 2-75 所示。

（3）隐藏用户参数行。选中要隐藏的行，例如，"注释"和"F（x）"行。单击鼠标右键，在弹出的快捷菜单中选择"隐藏"命令，即可隐藏指定的行，如图 2-76 所示。

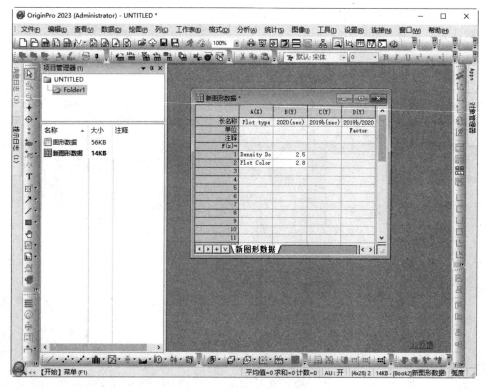

图 2-74　隐藏工作簿

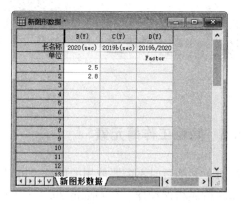

图 2-75　隐藏用户参数列　　　　　　　图 2-76　隐藏用户参数行

2.5.6　显示工作簿元素

如果要编辑隐藏的数据，应先重新显示数据所在的工作簿元素。

（1）显示工作簿。在项目管理器中选中要取消隐藏的工作簿"图形数据"工作簿，单击鼠标右键，在弹出的快捷菜单中选择"显示"命令，即可重新显示指定的工作簿。

（2）显示列。单击"新图形数据"工作表标签，使其处于活动状态。选中任一个单元格，选择菜单栏中的"列"→"隐藏或取消隐藏列"→"取消全部隐藏"命令，即可显示之前隐藏单元格所在的列，如图 2-77 所示。

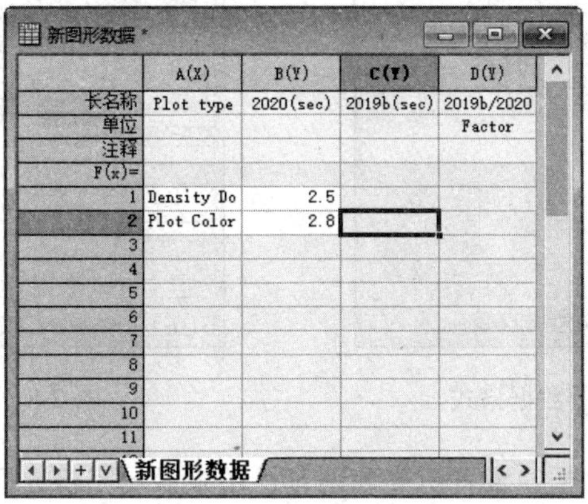

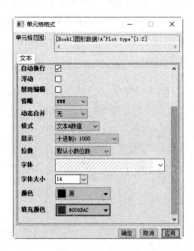

图 2-77　设置结果

2.5.7　数据单元格设置

数据录入完成后，通常还应进行格式化，以具备清晰的格式和美观的样式，便于理解和查阅。

（1）打开"图形数据"工作簿中"图形数据"工作表。选择绘图类型数据：A1~A2 单元格，单击鼠标右键，在弹出的快捷菜单中选择"单元格格式"命令，弹出"单元格格式"对话框，如图 2-78 所示，设置单元格"字体大小"为 14，"颜色"为"黑"，"填充颜色"为"#006BAC"。单击"确定"按钮，结果如图 2-79 所示。

图 2-78　"单元格格式"对话框 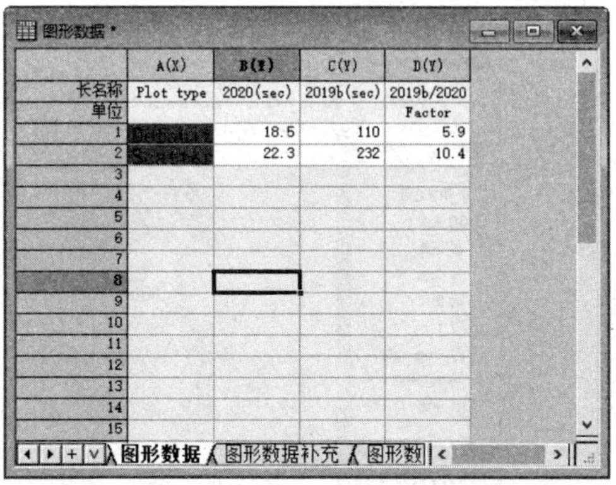　　　　图 2-79　设置绘图类型格式

（2）在工作表中选择其余绘图数据单元格，设置单元格"字体大小"为 14，"颜色"为"黑"，"填充颜色"为"#82D0FF"，如图 2-80 所示。

（3）选中用户参数，单击"格式"工具栏中按钮，设置"字体大小"为 18，如图 2-81 所示。

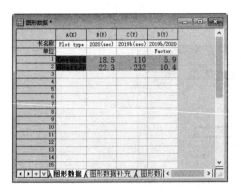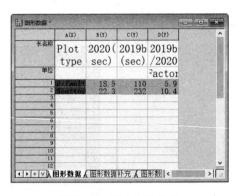

图 2-80　设置绘图数据格式　　　　　　图 2-81　用户参数格式

（4）拖动行边框和列边框，设置行高和列宽，用来显示完整数据，结果如图 2-82 所示。

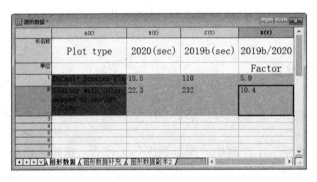

图 2-82　设置列宽和行高

（5）单击"标准"工具栏上的"保存项目"按钮🖫，弹出"另存为"对话框，在文件列表框中指定保存文件的路径，在"文件名"文本框内输入"设计 Origin 绘图数据资料"，如图 2-83 所示，单击"保存"按钮，保存项目文件。

图 2-83　"另存为"对话框

第 3 章　数据管理

Origin 具有强大的数据编辑、管理功能，可以对数据进行多种方式的查看、排序、筛选、提取、分类汇总，以及合并、追加查询等操作。本章主要介绍利用 Origin 对数据进行导入、导出、编辑、管理、规范化的操作，为后续的数据可视化奠定基础。

3.1　获取数据

要创建图形对象，首先要获取数据。除了支持直接输入数据外，Origin 还可以连接不同类型的数据源，获取数据进行分析。

3.1.1　复制数据到工作表

Origin 可以从表格或文本数据文件中复制数据到工作表中。下面介绍具体回执方法：

选定要复制的单元格，选择菜单栏中的“编辑”→“复制”命令，或单击鼠标右键，在弹出的快捷菜单中选择“复制”命令或按 Ctrl+C 快捷键，在要粘贴单元格区域的位置单击选择“粘贴”命令或按 Ctrl+V 快捷键，即可粘贴单元格中的数据，如图 3-1 所示。

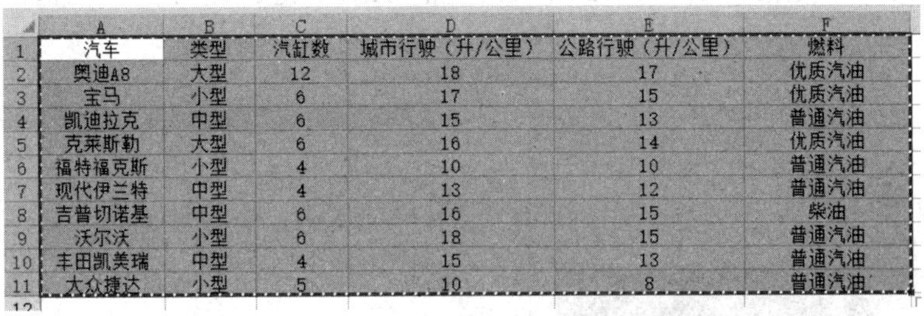

	A	B	C	D	E	F
1	汽车	类型	汽缸数	城市行驶（升/公里）	公路行驶（升/公里）	燃料
2	奥迪A8	大型	12	18	17	优质汽油
3	宝马	小型	6	17	15	优质汽油
4	凯迪拉克	中型	6	15	13	普通汽油
5	克莱斯勒	大型	6	16	14	优质汽油
6	福特福克斯	小型	4	10	10	普通汽油
7	现代伊兰特	中型	4	13	12	普通汽油
8	吉普切诺基	中型	6	16	15	柴油
9	沃尔沃	小型	6	18	15	普通汽油
10	丰田凯美瑞	中型	4	15	13	普通汽油
11	大众捷达	小型	5	10	8	普通汽油

选中区域

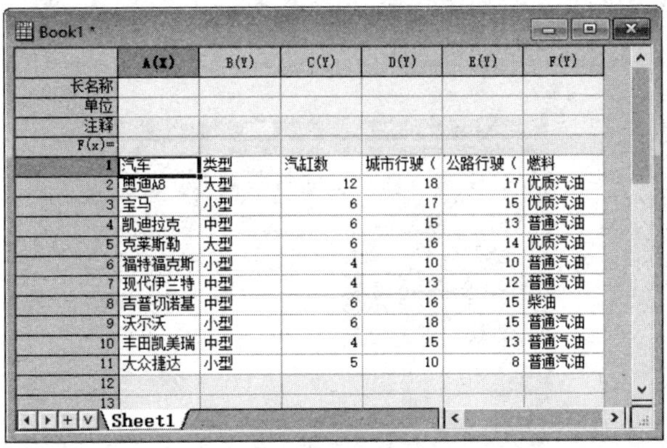

Book1 *

	A(X)	B(Y)	C(Y)	D(Y)	E(Y)	F(Y)
长名称						
单位						
注释						
F(x)=						
1	汽车	类型	汽缸数	城市行驶（	公路行驶（	燃料
2	奥迪A8	大型	12	18	17	优质汽油
3	宝马	小型	6	17	15	优质汽油
4	凯迪拉克	中型	6	15	13	普通汽油
5	克莱斯勒	大型	6	16	14	优质汽油
6	福特福克斯	小型	4	10	10	普通汽油
7	现代伊兰特	中型	4	13	12	普通汽油
8	吉普切诺基	中型	6	16	15	柴油
9	沃尔沃	小型	6	18	15	普通汽油
10	丰田凯美瑞	中型	4	15	13	普通汽油
11	大众捷达	小型	5	10	8	普通汽油
12						
13						

Sheet1

粘贴目的位置

图 3-1　复制操作

3.1.2 拖动数据文件到工作表

Origin 支持拖放导入的功能，拖放式的导入是一个智能化的操作。将文件用鼠标拖到目标软件界面后再放开，然后由软件"智能"地进行相应的处理，这在 Windows 平台中是很方便的操作方式，直接将数据文件通过拖放的方式导入到 Origin 中，如图 3-2 所示。

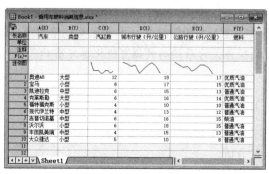

图 3-2　文件拖放

3.1.3 通过粘贴板导出

在 Origin 中还可以将工作表中的数据通过粘贴板导出到 Excel、CSV 等数据文件中。

打开 Origin 文件，选中需要复制的数据，按下 Ctrl+C 键，如图 3-3a 所示。切换到 Excel，单击要输入数据的单元格，如图 3-3b 所示，按下 Ctrl+V 键，即可在单元格中粘贴数据，如图 3-3c 所示。

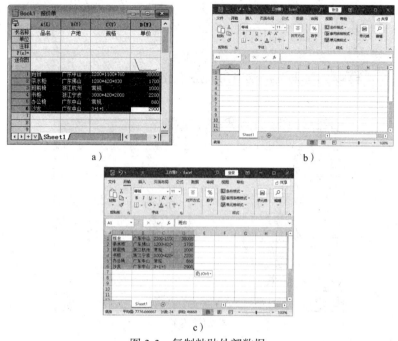

图 3-3　复制粘贴外部数据

实例——公司费用支出记录表

本实例练习公司费用支出记录表 Excel 文件的导入和导出。

 操作步骤

（1）打开要 Excel 工作表，如图 3-4 所示。

	A	B	C	D	E	F	G	H
1				公司费用支出记录表				
2	序号	月	日	费用类别	产生部门	支出金额	摘要	负责人
3	001	2	1	招聘培训	人事部	¥ 650.00	招聘新员工	A
4	002	2	2	办公费用	财务部	¥ 8,000.00	采购计算机	C
5	003	2	8	餐饮费	企划部	¥ 600.00		E
6	004	2	10	差旅费	销售部	¥ 1,200.00		B
7	005	2	12	业务拓展	销售部	¥ 3,500.00	广告投放	F
8	006	2	16	设备修理	研发部	¥ 1,600.00		C
9	007	2	20	会务费	企划部	¥ 3,200.00		G
10	008	2	25	会务费	研发部	¥ 3,800.00		H
11	009	2	28	办公费用	人事部	¥ 200.00	采购记事本	A
12	010	3	1	差旅费	企划部	¥ 1,800.00		S
13	011	3	2	设备修理	研发部	¥ 3,800.00		W
14	012	3	5	业务拓展	销售部	¥ 5,000.00		T
15	013	3	7	福利	人事部	¥ 4,800.00	采购福利品	A
16	014	3	9	会务费	销售部	¥ 1,200.00		X
17	015	3	10	招聘培训	人事部	¥ 680.00	采购培训教材	A
18	016	3	12	差旅费	研发部	¥ 2,200.00		Z
19	017	3	18	餐饮费	财务部	¥ 450.00		B
20	018	3	22	办公费用	企划部	¥ 320.00		N
21	019	3	26	设备修理	销售部	¥ 260.00		M
22	020	3	28	差旅费	财务部	¥ 1,080.00		J

图 3-4　费用支出记录表

（2）在 Excel 中，选中单元格区域 A3：22，按 Ctrl+C 键，复制数据。打开 Origin 2023，选中 "A1" 单元格，按 Ctrl+V 快捷键，粘贴数据，如图 3-5 所示。

	A(X)	B(Y)	C(Y)	D(Y)	E(Y)	F(Y)	G(Y)	H(Y)
长名称								
单位								
注释								
F(x)=								
1	1	2	1	招聘培训	人事部	650	招聘新员工	A
2	2	2	2	办公费用	财务部	8000	采购电脑	C
3	3	2	8	餐饮费	企划部	600		E
4	4	2	10	差旅费	销售部	1200		B
5	5	2	12	业务拓展	销售部	3500	广告投放	F
6	6	2	16	设备修理	研发部	1600		C
7	7	2	20	会务费	企划部	3200		G
8	8	2	25	会务费	研发部	3800		H
9	9	2	28	办公费用	人事部	200	采购记事本	A
10	10	3	1	差旅费	企划部	1800		S
11	11	3	2	设备修理	研发部	3800		W
12	12	3	5	业务拓展	销售部	5000		T
13	13	3	7	福利	人事部	4800	采购福利品	A
14	14	3	9	会务费	销售部	1200		X
15	15	3	10	招聘培训	人事部	680	采购培训教	Z
16	16	3	12	差旅费	研发部	2200		A
17	17	3	18	餐饮费	财务部	450		B
18	18	3	22	办公费用	企划部	320		N
19	19	3	26	设备修理	销售部	260		M
20	20	3	28	差旅费	财务部	1080		J

图 3-5　粘贴数据

（3）选择 F（Y）列，单击鼠标右键，在弹出的快捷菜单中选择"属性"命令，弹出"列属性"对话框，在"显示"下拉列表中选择"自定义"选项，在"显示自定义"下拉列表中选择""$"*"。

（4）单击"应用"按钮，将设置结果应用于选中的 F（Y）。单击"确定"按钮，关闭该对话框，工作表数据设置结果如图 3-6 所示。

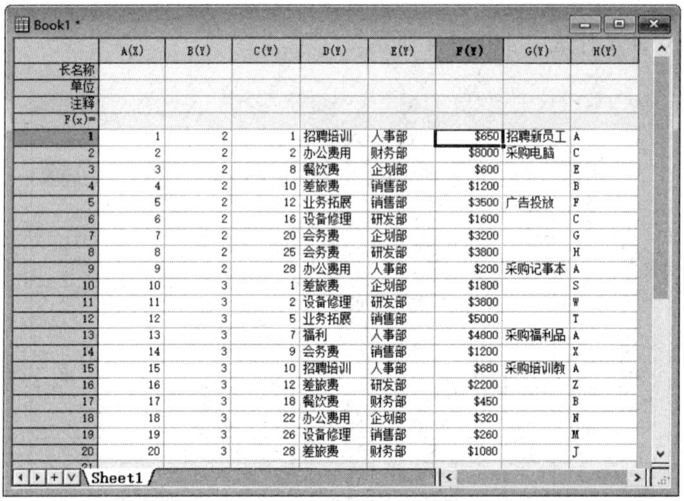

图 3-6　数据格式转换

（5）在 Excel 中选中 A2：H2，按 Ctrl+C 快捷键，复制数据。打开 Origin，选中"长名称"行，按 Ctrl+V 快捷键，粘贴数据，如图 3-7 所示。

图 3-7　粘贴长名称数据

（6）选中"长名称"行，单击鼠标右键，在弹出的快捷菜单中选择"插入"→"用户参数"命令，弹出"插入自定义参数"对话框，在"名称"文本框内输入"表头"选项，单击"确定"按钮，关闭该对话框，在工作表列标签插入表头行。

（7）选中"表头"行，选择菜单栏中的"格式"→"合并单元格"命令，合并表头行，结果如图 3-8 所示。

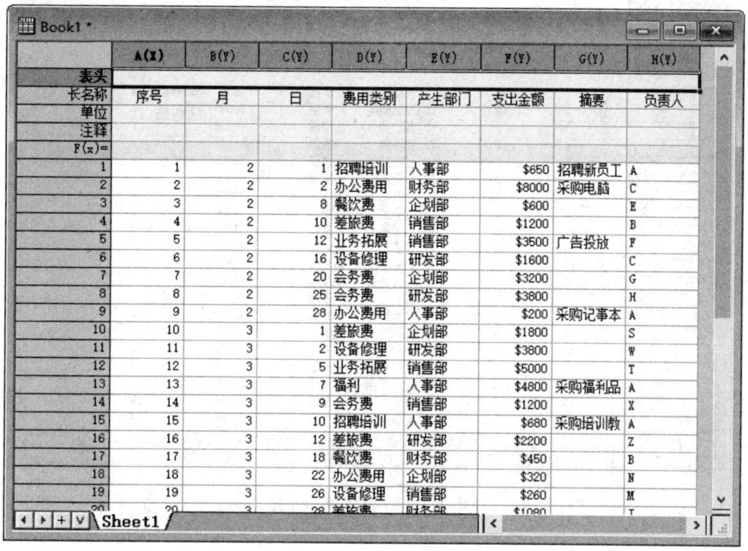

图 3-8 合并表头

（8）在 Excel 中选中 A1:H1，按 Ctrl+C 快捷键，复制数据。打开 Origin 2023，选中"表头"行，按 Ctrl+V 快捷键，粘贴数据，如图 3-9 所示。

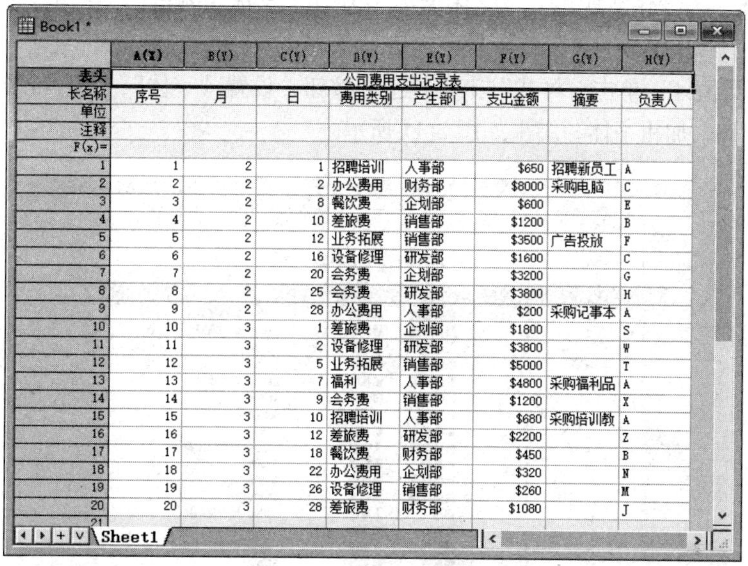

图 3-9 插入表头

（9）选中"表头"行，选择菜单栏中的"格式"→"单元格"命令，弹出"单元格格式"对话框，在该对话框中设置表头"行文字字体"为"微软雅黑"、"字体大小"为 18、字体"颜色"为"紫"，"填充颜色"为"白"，结果如图 3-10 所示。

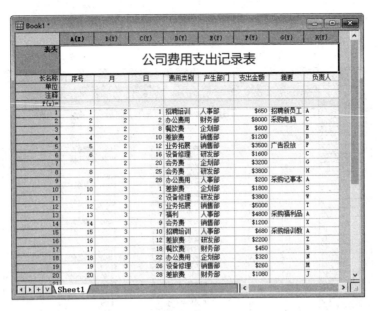

图 3-10　表头行格式

（10）选中"长名称"行，单击鼠标右键，选择"设置长名称样式"→"更多"命令，设置"字体"为"黑体"，"字体大小"为14，字体"颜色"为"黑"，"填充颜色"为"橙"，加粗字体。

（11）选中数据区，选择菜单栏中的"格式"→"单元格"命令，打开"单元格"对话框，设置"文字字体"为"华文琥珀"、"字体大小"为10，字体"颜色"为"黑"，"填充颜色"为"浅黄"。

（12）选中数值区，单击"样式"工具栏中的按钮，设置"字体"为"Times New Roman"，"字体大小"为10，加粗字体，结果如图 3-11 所示。

图 3-11　设置单元格样式

（13）保存项目。单击"标准"工具栏上的"保存项目"按钮 ![save]，保存项目文件为"公司费用支出记录表 .opju"。

3.2　数据文件管理

很多情况下，需要将 Excel 文件（xls、xlsx）中丰富的公式和数据处理功能的数据文件嵌入到企业管理系统中，如财务数据模型、风险分析、保险计算、工程应用等。所以需要把 Excel/CSV 等文件数据导入到 Origin 项目中，或者从系统导出到各种格式的数据文件中。

3.2.1　导入单个 ASCII 文件

ASCII 文件（ASCII File）指含有用标准 ASCII 字符集编码的字符的数据和文本文件。文本文件（如字处理文件、批处理文件和源语言程序）通常都是 ASCII 文件，因为它们只含有字母、数字和常见的符号。

选择菜单栏中的"数据"→"从文件导入"→"单个 ASCII 文件"命令，或单击"标准"工具栏中的"导入单个 ASCII 文件"按钮 ![btn1]，或单击"导入"工具栏中的"导入单个 ASCII 文件"按钮 ![btn2]，或按下快捷键 Ctrl+K，弹出"ASCII"对话框，如图 3-12 所示。

图 3-12　"ASCII"对话框

在该对话框中选择单个 *.dat 文件，单击"打开"按钮，弹出"CSV 导入选项"对话框，选择数据导入参数，默认勾选"数据具有列名称"复选框，如图 3-13 所示。

单击 ![btn3] 按钮，弹出"其他选项"对话框，用于设置其余导入选项。迷你图是 Origin 特有的特征，默认选择"是，如果 <=20 列"选项，如图 3-14 所示。单击"确定"按钮，关闭该对话框，返回"CSV 导入选项"对话框。

单击"确定"按钮，关闭该对话框。直接在 Origin 工作簿窗口中显示导入的 ASCII 数据，如图 3-15 所示。

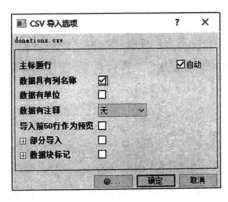

图 3-13 "CSV 导入选项"对话框

图 3-14 "其他选项"对话框

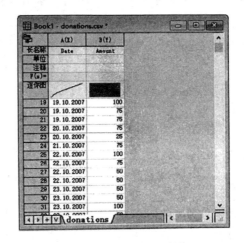

图 3-15 导入 ASCII 数据

3.2.2 导入多个 ASCII 文件

ASCII 文件是数据转换过程中最常用的文件格式之一，除了导入单个 ASCII 文件，Origin 还提供了导入多个 ASCII 文件的功能。ASCII 文件在计算机上是用二进制表示的，以一种人类可阅读的形式将信息在这些设备上显示出来供人阅读理解。为保证人类和设备、设备和计算机之间能进行正确的信息交换，人们编制的统一的信息交换代码——ASCII 码表。

选择菜单栏中的"数据"→"从文件导入"→"多个 ASCII 文件"命令，或单击"标准"工具栏中的"导入多个 ASCII 文件"按钮，弹出"ASCII"对话框，如图 3-16 所示。

在该对话框中选择多个 *.dat 文件。单击"添加文件"按钮，一次添加多个 dat 文件，列表框内显示要导入的 ASCII 文件的名称、大小、修改信息等。

图 3-16　"ASCII"对话框

单击"确定"按钮，关闭该对话框，弹出"ASCII:impASC"对话框，如图 3-17 所示，该对话框提供了对需要导入的 ASCII 文件相关参数的设置，如标题行、文件结构、列等。

图 3-17　"ASCII:impASC"对话框

设置好后，可以单击"对话框主题"右侧的▶按钮，在弹出的快捷菜单中选择"另存为"命令，为文件设置保存为一个主题，方便以后调用。

单击"确定"按钮，关闭该对话框，直接在 Origin 工作簿窗口中显示导入的三个 dat 数据，如图 3-18 所示。

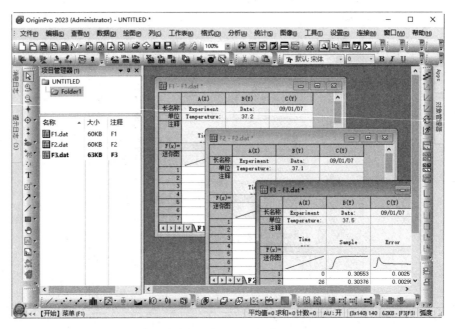

图 3-18 导入多个 dat 文件

1. ASCII 导入选项

（1）输出到结果日志：勾选该复选框，在"结果日志"导航器中显示文件导入结果日志信息。

（2）文件名：在列表内显示当前需要导入的文件，还可以对文件名信息进行处理，单击右侧"…"按钮，弹出"ASCII"对话框，添加或删除现有的数据文件。

（3）文件信息：在该选项下显示导入文件的文件大小、行列数等基本信息。

2. 导入设置

（1）添加迷你图：用于设置是否增加迷你图，可以选择不添加、添加或者少于 50 列时添加；默认选项为"是（如果少于 50 列）"，即少于 50 个列时自动增加。

（2）第一个文件导入模式：对于包含多个文件时，需要单独设置第一个文件的导入模式。默认为"替代当前数据"，其他选择包括新建簿（工作簿）、新建表（工作表）、新建列、新建行等模式，默认为"替代当前数据"模式。

（3）多文件（第一个除外）导入模式：导入模式与第一个文件导入模式相同，默认为"新建簿"模式，对于导入多个 ASCII 文件，每个文件对应一个工作簿。

（4）模板名称：选择导入文件的工作簿模板文件。

（5）标题行：单击该选项前的"+"按钮，展开该选项组，显示表头的相关参数，如图 3-19所示，包括标题行、行序号、长名称、单位、注释、系统参数、用户参数等。

（6）文件结构：单击该选项前的"+"按钮，展开该选项组，显示文件结构的相关参数，如图 3-20 所示。

1）数据结构：该选项下拉列表中包括三种格式：一种是分隔符 - 单个字符，一种是分隔符 - 多个字符，一种是固定宽度。

固定宽度较简单，输入每列字符数即可。分隔符即采用逗号、TAB 或空格等分开数据的格式。大部分实际数据存放以分隔符方式为主，固定宽度方式更浪费存储空间，效率较低。

图 3-19　"标题行"展开选项

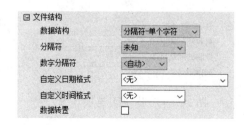

图 3-20　"文件结构"展开选项

2）分隔符：Origin 中的分隔符包括未知、制表符 / 空格、制表符、逗号、分号、空格和其他。

如果用户能够确定分隔符为逗号、分号、TAB（制表符）或空格中的一种，则直接选择该项。如果确定有分隔符但不是以上几种，则选择"其他"项进行定制。选择"其他"选项，可以直接在该文本框内输入分隔符的符号，常用的其他分隔符如引号、冒号"："和斜线"/"。如果不能确定分隔符，则选择"未知"选项，Origin 会搜索数据文件，尽量找到有效的分隔标志。

3）数字分隔符：数据分隔号，即实际数据中逗号和小数点出现的格式。数据中有些内容与分隔符会有冲突。例如，一般情况下，逗号可以作为分隔符，但对于数据 1，000 代表 1000，而不是代表 1 和 000 两个数值，此时，逗号不作为分隔符使用。因此在处理这类数据时软件会适当对指定的分隔符加以识别区分。

4）自定义日期格式：指定日期格式数据的格式。

5）自定义时间格式：指定时间格式数据的格式。

6）数据转置：勾选该复选框，将是被数据进行转置后输出。

（7）列：设置数据列的参数。单击该选项前的"+"按钮，展开该选项组，如图 3-21 所示。

1）列数：指定列数。默认为 0，表示列数由文件本身决定，若是选择了其他数值，则只会导入相应数目的列，多余的列则会被软件忽略，而不够的部分会自动补充为空列。

2）自动确定列类型：自动设定各列数据格式。Origin 中最常用的数据格式是数字、字符和日期等。勾选该复选框，则由 Origin 自动将格式定义为相应的数据类型，导入后不用再设置列的数据格式；取消勾选该复选框，则导入时不做自定义，即原本导入，可以完整地保留所有信息。

3）数据结构的最小行数：指定最少行数据以便软件搜索和识别数据结构，以保证这些行的数据结构一致。

4）数据结构的最大行数：指定最多行数据以便软件搜索和识别数据结构。

5）列的绘图设定：选择数据列的绘图属性，在下拉列表中选择"现有模板"或"自定义"选项，将列数据导入后自动设定各列的变量类型（X 变量、Y 变量或误差变量等）。

（8）重命名工作表和工作簿：设置导入文件所在的工作簿工作表名称、注释。单击该选项前的"+"按钮，展开该选项组，如图 3-22 所示。

图 3-21 "列"展开选项　　　　　图 3-22 "重命名工作表和工作簿"展开选项

（9）部分导入：表示导入部分数据而不是全部数据。单击该选项前的"+"按钮，展开该选项组，指定从第几行到第几行导入，或是从第几列开始导入到哪一列结束，还可以选择跳过几行的数据，此时还要选择连续导入多少行，再跳过，再导入，重复设定直到哪一行结束，如图 3-23 所示。

1）部分列："起始""结束"选项指定从哪一列导入另一列；"读取""跳过"选项指定跳过多少行然后连续读取多少行数据，不断重复。

2）部分行：指定从哪一行导入另一行，跳过多少行然后连续读取多少行。

（10）其他：设置导入文件所在的工作簿工作表名称、注释。单击该选项前的"+"按钮，展开该选项组，如图 3-24 所示。

1）文本限定符：设置是否有用引号限定。

2）从引用数据中移除文本限定符：如果数据有引号，则删除引号。

3）移除数字的前导零：删除数据开头的 0。

4）当在数值区发现非数值时：如果处理数据域的非数据数值，通常的选择是当成文本读入，以后再处理。

5）允许导入全文本数据：勾选该复选框，可以导入数据均为文本的文件。

6）保存文件信息到工作簿中：勾选该复选框，文件导入时提取源文件的信息，并将其保存在项目文件中。

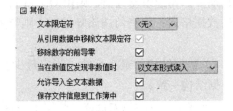

图 3-23 "部分导入"展开选项　　　　　图 3-24 "其他"展开选项

（11）脚本：通过输入脚本编程，对图形和数据进行注解，如图 3-25 所示。

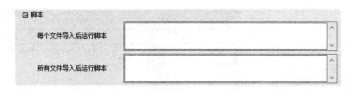

图 3-25 "脚本"展开选项

3. 输出

指定输出数据范围，默认显示当前工作簿工作表。

3.2.3 导入 Excel 文件

Microsoft Excel 工作表是一种非常常用的电子表格格式，常用格式为 xls、xlsx 和 xlsm，可以在数据软件中进行应用。

单击"标准"工具栏中的"导入 Excel"按钮▦，弹出"Excel_Connector"对话框，可以选择导入"Excel（*.xls、*.xlsx 和 *.xlsm）"格式的文件，如图 3-26 所示。

单击"打开"按钮，弹出"Excel 导入选项"对话框，如图 3-27 所示，设置导入数据的参数。

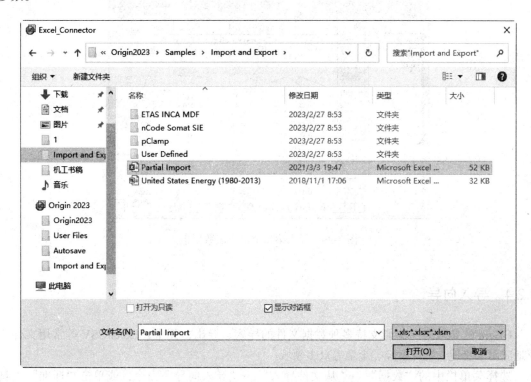

图 3-26 "Excel_Connector"对话框

单击"确定"按钮，自动新建数据文件，并在 Origin 工作簿窗口中插入 Excel 文件中的数据，如图 3-28 所示。

图 3-27 "Excel 导入选项"对话框

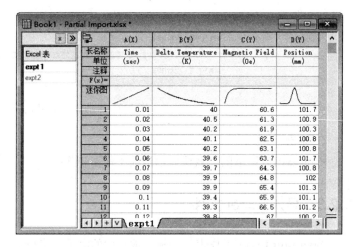

图 3-28 导入 Excel 数据文件

在左侧列表中显示 Excel 中的多个工作表,默认导入第一个工作表中的数据。选中第二个工作表,单击鼠标右键选择"添加和连接工作表"命令,创建文件连接,导入第二个工作表中的数据,如图 3-29 所示。

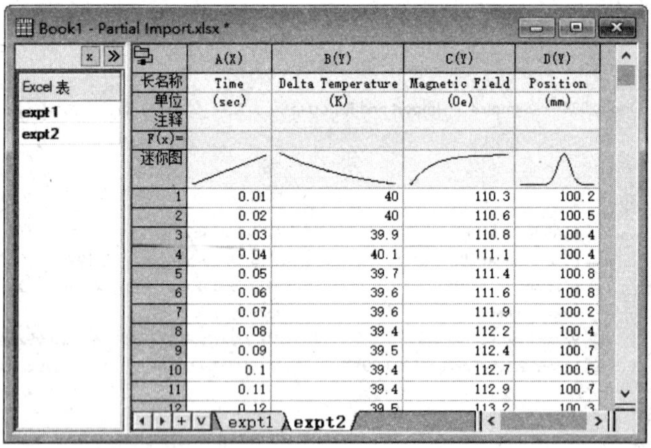

图 3-29 导入第二个工作表数据集

3.2.4 导入向导

Origin 的导入向导功能支持多种数据文件的导入、导出,其中,Excel/CSV 等常用文件广泛地应用于管理、统计财经、金融等众多领域。

选择菜单栏中的"数据"→"从文件导入"→"导入向导"命令,或单击"标准"工具栏中的"导入向导"按钮 ,或单击"导入"工具栏中的"导入向导"按钮 ,或按下快捷键 Ctrl+3,弹出"导入向导 - 来源"对话框,如图 3-30 所示。

默认在"数据类型"选项中选择"ACSII",在"数据源"选项组下选择"文件",单击"…"按钮,弹出"导入多个 ACSII 文件"对话框。

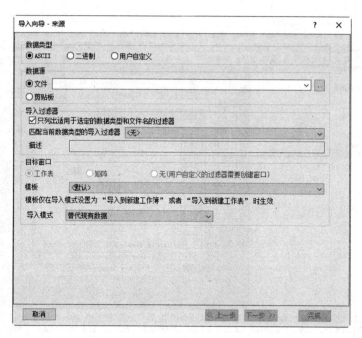

图 3-30　"导入向导 - 来源"对话框 1

选择 *.dat 文件，单击"添加文件"按钮，单击"打开"按钮，关闭该对话框，直接在工作窗口中显示导入的 ASCII 数据，如图 3-31 所示。

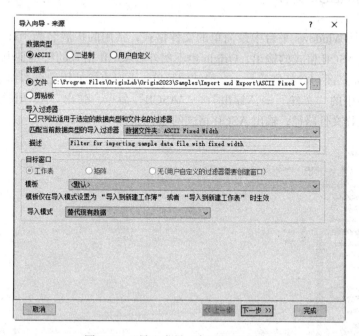

图 3-31　"导入向导 - 来源"对话框 2

单击"完成"按钮，关闭该对话框，直接在 Origin 工作簿窗口中显示导入的 ASCII 数据，如图 3-32 所示。

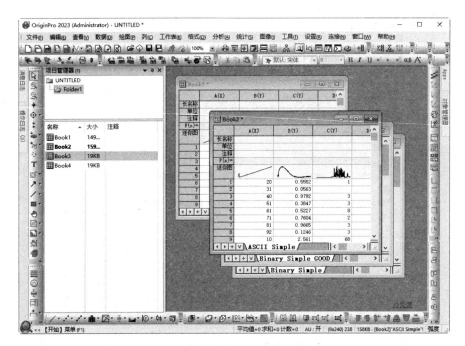

图 3-32　导入 ASCII 数据

3.2.5　导出为 ASCII 文件

　　ASCII 格式是 Windows 平台中最简单的文件格式，常用的扩展名为 *txt 或 *.dat，几乎所有的软件都支持 ASCII 格式的输出，Origin 也不例外。ASCII 格式的特点是由普通的数字、符号和英文字母构成，不包含特殊符号，一般结构简单，可以直接使用记事本程序打开。

　　选择菜单栏中的"文件"→"导出"→"ASCII"命令，弹出"ASCIIEXP"对话框，如图 3-33 所示，选择文件路径，输出 ASCII 格式的 dat 文件。

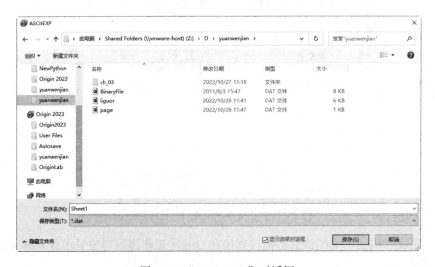

图 3-33　"ASCIIEXP"对话框

实例——年会费用预算表

本实例练习导入电子表格文件（见图 3-34），制作一个年会费用预算表。通过对操作步骤的详细讲解，读者可以掌握文件的导入和导出方法。

年会费用预算表

项目	数量	单价（元）	总价（元）	备注
请柬	60	¥2	¥90	
海报	12	¥25	¥300	
易拉宝	6	¥100	¥600	
场地费	1	¥1,500	¥1,500	
服装	30	¥120	¥3,600	
灯光、音响	1	¥1,000	¥1,000	
道具	10	¥5	¥50	
零食	100	¥20	¥2,000	
酒水	30	¥60	¥1,800	
水果	20	¥8	¥160	
奖品	100	¥15	¥1,500	
租车	3	¥500	¥1,500	
总计			¥15,600.00	

图 3-34　年会费用预算表

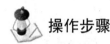

操作步骤

1. 创建项目文件

启动 Origin 2023，项目管理其中自动创建项目文件 UNTITLED，该项目文件下默认创建一个文件夹 Folder1，该文件夹中包含工作簿文件 Book1。

2. 添加文件类型

选择菜单栏中的“数据”→“从文件导入”→“添加 / 删减文件类型”命令，弹出“导入菜单自定义”对话框，默认勾选“显示”添加删减文件类型“菜单”复选框，在子菜单中显示“添加 / 删减文件类型”命令。

在左侧“文件类型”列表中显示所有可用文件类型，其中，显示为灰色字体的选项表示已经添加到子菜单中，显示为黑色字体的命令表示未添加到子菜单中。

选择“单个 ASCII 文件”选项，单击→按钮，将该选项添加到右侧“数据”列表中，如图 3-35 所示。单击“确定”按钮，关闭该对话框。选择菜单栏中的“数据”→“从文件导入”命令，显示级联子菜单，在其中添加“单个 ASCII 文件”命令。

同样的方法，在级联子菜单中添加“逗号分隔 CSV 文件”“Excel”命令，结果如图 3-36 所示。

3. 导入 Excel 文件

选择菜单栏中的“数据”→“从文件导入”→“Excel（XLS，XLSX，XLSM）”命令，弹出“Excel”对话框，选择“年会费用预算表”，单击“添加文件”按钮，在文件列表中显示导入的 Excel 文件信息，如图 3-37 所示。

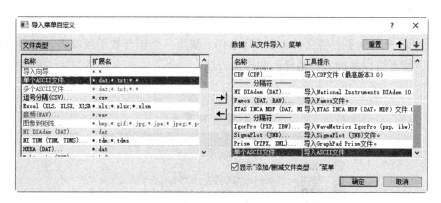

图 3-35 "导入菜单自定义"对话框

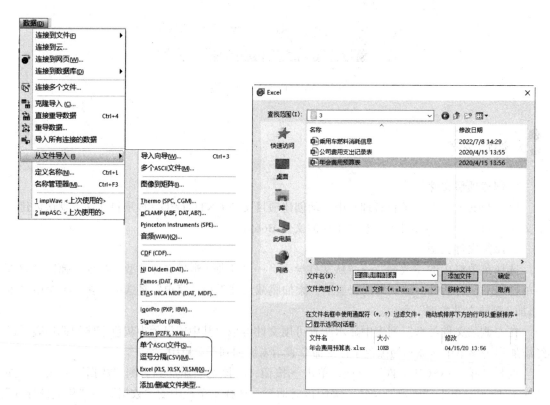

图 3-36 添加菜单命令　　　　　　　图 3-37 "Excel"对话框

　　单击"确定"按钮，关闭该对话框，弹出"Excel（XLS,XLSX,XLSM）: impMSExcel"对话框，在"添加迷你图"选项中选择"是（如果少于50列）"，勾选"导入单元格格式"复选框，在"标题行"选项组下设置导入标题行，如图3-38所示。

　　单击"确定"按钮，关闭该对话框，在当前工作表中导入数据，标题栏行中自定添加"迷你图"，显示每列数据对应的简略图，数据保持工作表格式，结果如图3-39所示。

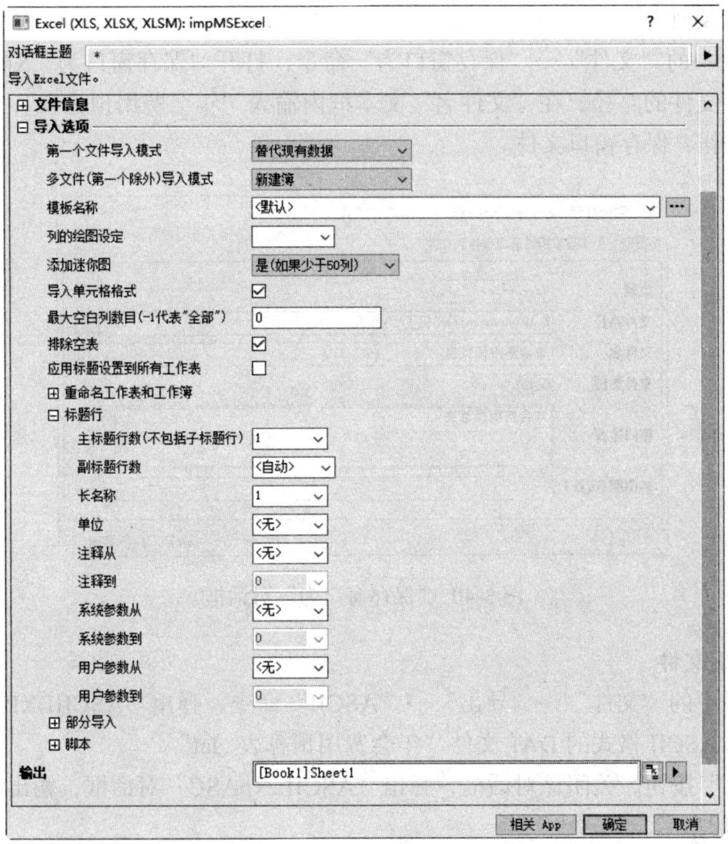

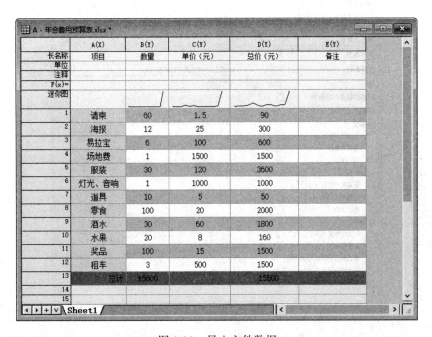

图 3-38 "Excel（XLS,XLSX,XLSM）: impMSExcel"对话框

图 3-39 导入文件数据

4. 保存窗口文件

选择菜单栏中的"文件"→"保存窗口为"命令，打开"保存窗口为"对话框，在文件列表框中指定保存文件的路径，在"文件名"文本框内输入"年会费用预算表"，如图 3-40 所示，单击"确定"按钮，保存窗口文件。

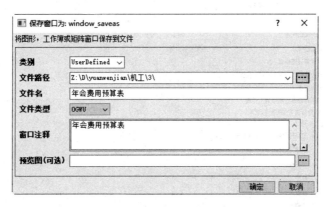

图 3-40 "保存窗口为"对话框

5. 导出 DAT 文件

选择菜单栏中的"文件"→"导出"→"ASCII"命令，弹出"ASCIIEXP"对话框，选择文件路径，输出 ASCII 格式的 DAT 文件"年会费用预算表 .dat"。

单击"保存"按钮，关闭该对话框，弹出"ASCII:expASC"对话框，输出当前工作表中的数据，如图 3-41 所示。

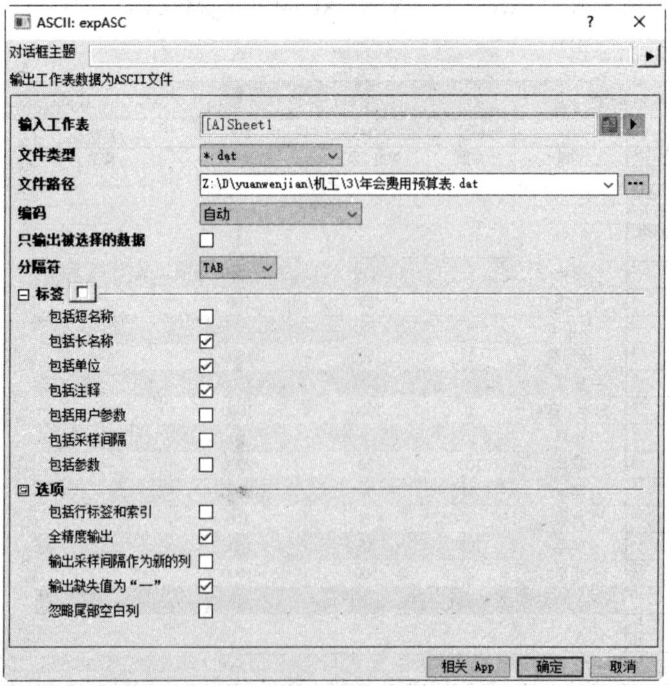

图 3-41 "ASCII:expASC"对话框

- 在"文件类型"选项中显示输出文件类型 dat。
- 在"文件路径"选项中显示输出的 ASCII 文件的路径。
- 在"编码"选项下选择数据编码格式，包括 ANSI、UTF-8、Unicode、Unicode Big En-dian,默认选择"自动"。
- 选择"只输出被选择的数据"复选框，则只输出工作表中的部分数据（使用鼠标选择）。
- 在"分隔符"选项下选择识别的分隔符符号，默认值为 TAB。
- 在"标签"选项下显示输出数据包含的标题行参数，如包括短名称、包括长名称、包括单位、包括注释、包括用户参数、包括采样间隔等参数。
- 在"选项"选项下显示输出数据的其余设置参数，如是否输出包括行标签与索引，是否按照全精度输出等。

单击"确定"按钮，关闭该对话框，在指定路径下输出 ASCII 文件"年会费用预算表 .dat"，如图 3-42 所示。

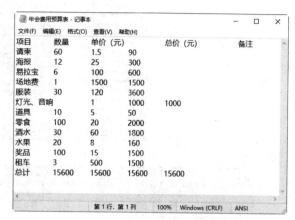

图 3-42　年会费用预算表文件

3.3　数据合并

在数据处理的实际应用中，有时需要将多个表合并起来进行数据的处理和分析，Origin 的"工作表"菜单下提供了几种方法来实现数据合并功能。

3.3.1　合并工作表

将不同工作表中的数据按照列数、行数合并到一个工作表中，有助于处理同类型混乱烦琐的数据。

选择菜单栏中的"工作表"→"合并工作表"命令，系统将弹出"合并工作表"对话框，在"工作表"列表右侧单击黑三角按钮，选择"当前工作簿中的工作表"命令，显示多个工作表，如图 3-43 所示。

单击"确定"按钮，关闭该对话框，直接在工作簿窗口中新建工作表 wAppend，显示合并 4个工作表的数据，如图 3-44 所示。

图 3-43　"合并工作表"对话框

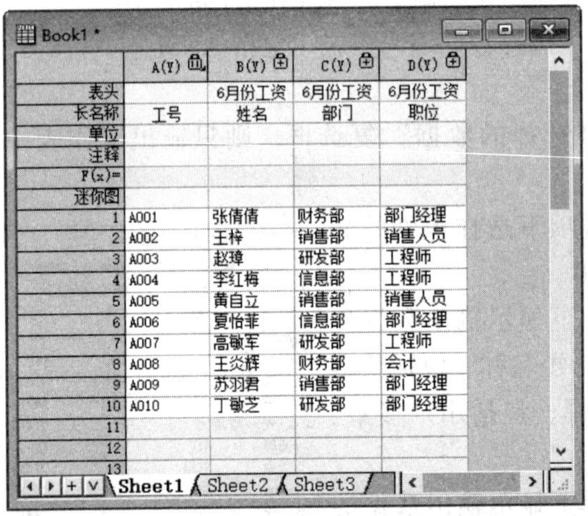

	A(Y)	B(Y)	C(Y)	D(Y)
表头		6月份工资	6月份工资	6月份工资
长名称	工号	姓名	部门	职位
单位				
注释				
F(x)=				
迷你图				
1	A001	张倩倩	财务部	部门经理
2	A002	王梓	销售部	销售人员
3	A003	赵瑋	研发部	工程师
4	A004	李红梅	信息部	工程师
5	A005	黄自立	销售部	销售人员
6	A006	夏怡菲	信息部	部门经理
7	A007	高敏军	研发部	工程师
8	A008	王炎辉	财务部	会计
9	A009	苏羽君	销售部	部门经理
10	A010	丁敏芝	研发部	部门经理

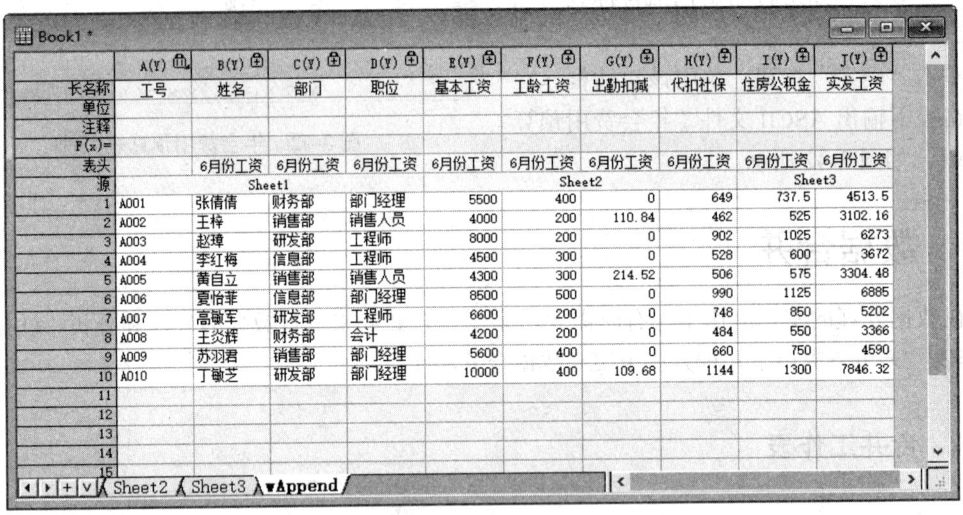

	A(Y)	B(Y)	C(Y)	D(Y)	E(Y)	F(Y)	G(Y)	H(Y)	I(Y)	J(Y)
长名称	工号	姓名	部门	职位	基本工资	工龄工资	出勤扣减	代扣社保	住房公积金	实发工资
单位										
注释										
F(x)=										
表头		6月份工资	6月份工资	6月份工资	6月份工资	6月份工资	6月份工资	6月份工资	6月份工资	6月份工资
源		Sheet1				Sheet2			Sheet3	
1	A001	张倩倩	财务部	部门经理	5500	400	0	649	737.5	4513.5
2	A002	王梓	销售部	销售人员	4000	200	110.84	462	525	3102.16
3	A003	赵瑋	研发部	工程师	8000	200	0	902	1025	6273
4	A004	李红梅	信息部	工程师	4500	300	0	528	600	3672
5	A005	黄自立	销售部	销售人员	4300	300	214.52	506	575	3304.48
6	A006	夏怡菲	信息部	部门经理	8500	500	0	990	1125	6885
7	A007	高敏军	研发部	工程师	6600	200	0	748	850	5202
8	A008	王炎辉	财务部	会计	4200	200	0	484	550	3366
9	A009	苏羽君	销售部	部门经理	5600	400	0	660	750	4590
10	A010	丁敏芝	研发部	部门经理	10000	400	109.68	1144	1300	7846.32

图 3-44　合并工作表

3.3.2　复制数据

在 Origin 中，复制列到可以将指定列数据复制到其余位置（不在同一个工作表也可以复制）。

选中要复制的如图 3-45 所示的列，选择菜单栏中的“工作表”→“复制列到”命令，弹出“复制列到”对话框，将一工作表中的列数据复制到列一个工作表中，如图 3-46 所示。

单击“确定”按钮，关闭该对话框，直接在工作簿窗口中新建工作表 Sheet1，显示复制的列数据，如图 3-47 所示。

勾选“复制单元格格式”复选框，复制列数据时不止复制数据值，还复制数据格式，结果如图 3-48 所示。

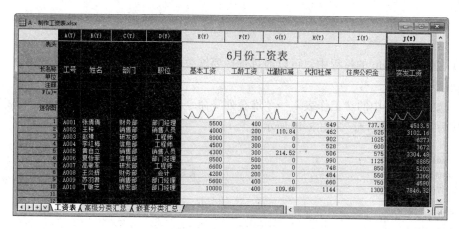

图 3-45　选中复制数据

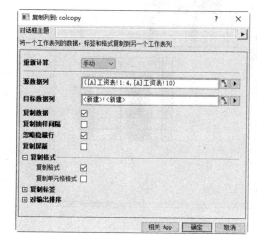

图 3-46　"复制列到"对话框

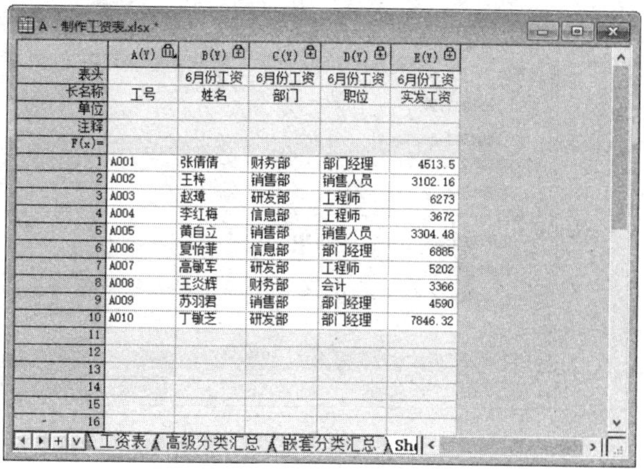

图 3-47　复制列数据

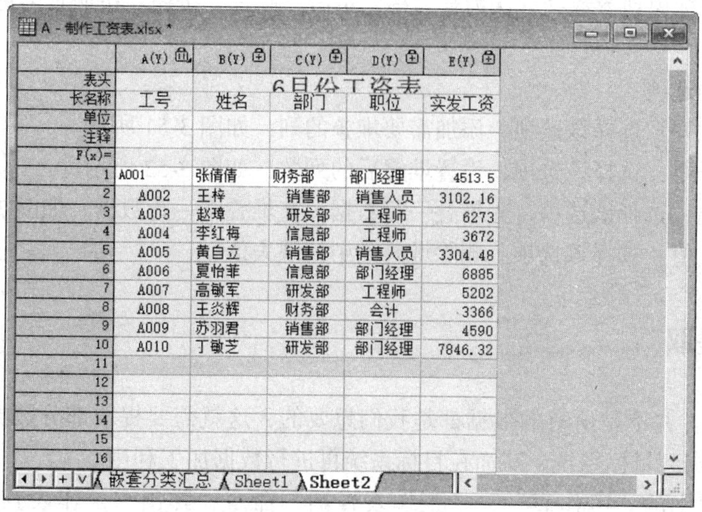

图 3-48　复制数据格式

3.3.3 堆叠数据

（1）在使用 Origin 的过程中，可以通过选择要堆叠的多列将其堆叠成一列或多列，同时在堆叠列前添加标识列。

（2）选择菜单栏中的"工作表"→"堆叠列"命令，弹出"堆叠列"对话框，将多个列的值堆叠成为一组中的多行，如图 3-49 所示。

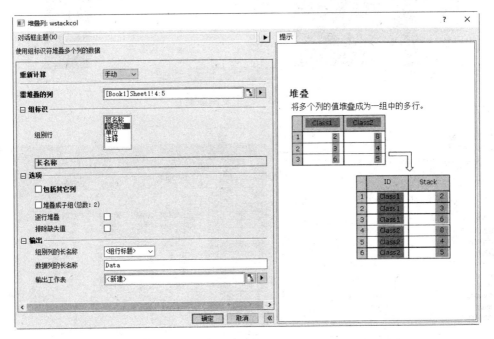

图 3-49 "堆叠列"对话框

（3）单击"需堆叠的列"选项右侧三角按钮 ▶，选择需要堆叠的列。在"组标识"选项"组别行"中选择标识列参数，默认为长名称。单击"确定"按钮，按照长名称堆叠数据，结果如图 3-50 所示。

（4）"选项"选项：

- 包含其他列：选择该选项，添加需要堆叠的列，如图 3-51 所示。
- 堆叠成子组：选择该选项，设置堆叠后的列数，如图 3-52 所示。
- 逐行堆叠：选择该选项，先堆叠一行数据，在堆叠下一行数据，如图 3-53 所示。
- 排除缺失值：选择该选项，删除堆叠列中的缺失值。

3.3.4 数据提取

合并数据后，并不是所有的数据都是我们想要的，这就需要提取部分数据，从源数据中抽取部分或全部数据到目标系统，从而在目标系统再进行数据加工利用。

选择菜单栏中的"工作表"→"工作表查询"命令，弹出"工作表查询"对话框，如图 3-54 所示，使用 LabTalk 条件表达式从当前工作表中屏蔽或者提取需要的数据。

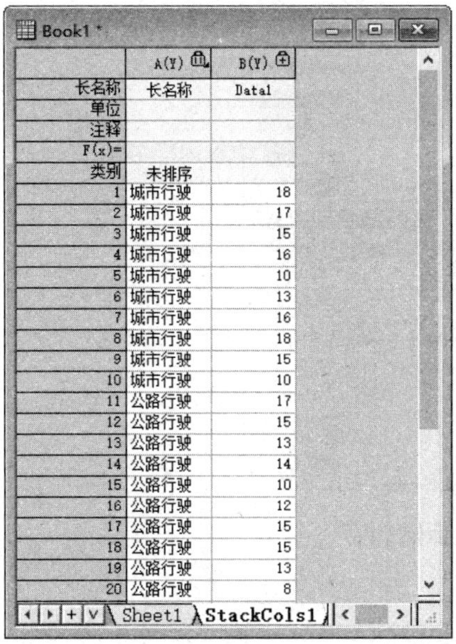

图 3-50 按照长名称堆叠数据（按列）的表格：

	A(Y)	B(Y)
长名称	长名称	Data1
单位		
注释		
F(x)=		
类别	未排序	
1	城市行驶	18
2	城市行驶	17
3	城市行驶	15
4	城市行驶	16
5	城市行驶	10
6	城市行驶	13
7	城市行驶	18
8	城市行驶	15
9	城市行驶	10
10	公路行驶	17
11	公路行驶	15
12	公路行驶	13
13	公路行驶	14
14	公路行驶	10
15	公路行驶	12
16	公路行驶	15
17	公路行驶	15
18	公路行驶	13
19	公路行驶	8
20		

Sheet1 \ StackCols1

图 3-50　按照长名称堆叠数据（按列）

图 3-51 包含其他列的表格：

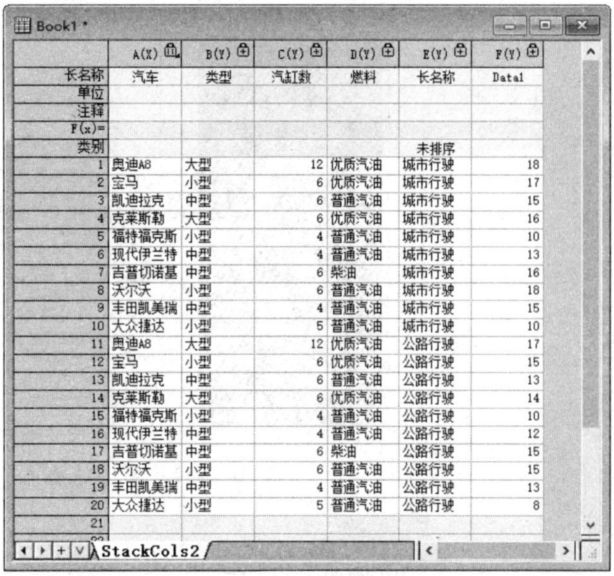

	A(X)	B(Y)	C(Y)	D(Y)	E(Y)	F(Y)
长名称	汽车	类型	汽缸数	燃料	长名称	Data1
单位						
注释						
F(x)=						
类别					未排序	
1	奥迪A8	大型	12	优质汽油	城市行驶	18
2	宝马	小型	6	优质汽油	城市行驶	17
3	凯迪拉克	中型	6	普通汽油	城市行驶	15
4	克莱斯勒	大型	6	优质汽油	城市行驶	16
5	福特福克斯	小型	4	普通汽油	城市行驶	10
6	现代伊兰特	中型	4	普通汽油	城市行驶	13
7	吉普切诺基	中型	6	柴油	城市行驶	16
8	沃尔沃	小型	6	普通汽油	城市行驶	18
9	丰田凯美瑞	中型	4	普通汽油	城市行驶	15
10	大众捷达	小型	5	普通汽油	城市行驶	10
11	奥迪A8	大型	12	优质汽油	公路行驶	17
12	宝马	小型	6	优质汽油	公路行驶	15
13	凯迪拉克	中型	6	普通汽油	公路行驶	13
14	克莱斯勒	大型	6	优质汽油	公路行驶	14
15	福特福克斯	小型	4	普通汽油	公路行驶	10
16	现代伊兰特	中型	4	普通汽油	公路行驶	12
17	吉普切诺基	中型	6	柴油	公路行驶	15
18	沃尔沃	小型	6	普通汽油	公路行驶	15
19	丰田凯美瑞	中型	4	普通汽油	公路行驶	13
20	大众捷达	小型	5	普通汽油	公路行驶	8
21						

StackCols2

图 3-51　包含其他列

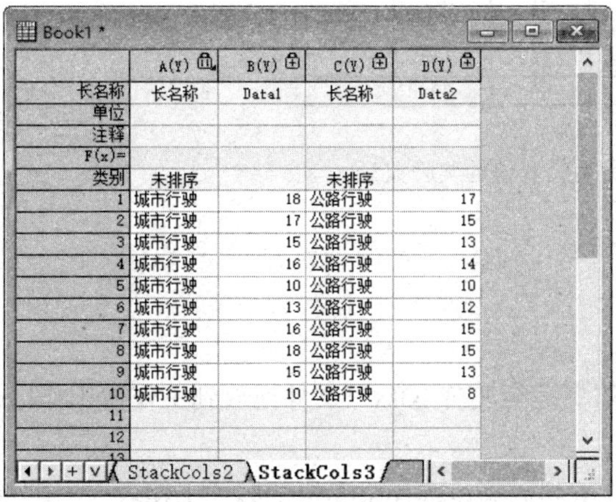

图 3-52 堆叠成子组的表格：

	A(Y)	B(Y)	C(Y)	D(Y)
长名称	长名称	Data1	长名称	Data2
单位				
注释				
F(x)=				
类别	未排序		未排序	
1	城市行驶	18	公路行驶	17
2	城市行驶	17	公路行驶	15
3	城市行驶	15	公路行驶	13
4	城市行驶	16	公路行驶	14
5	城市行驶	10	公路行驶	10
6	城市行驶	13	公路行驶	12
7	城市行驶	16	公路行驶	15
8	城市行驶	18	公路行驶	15
9	城市行驶	15	公路行驶	13
10	城市行驶	10	公路行驶	8
11				
12				
13				

StackCols2 \ StackCols3

图 3-52　堆叠成子组

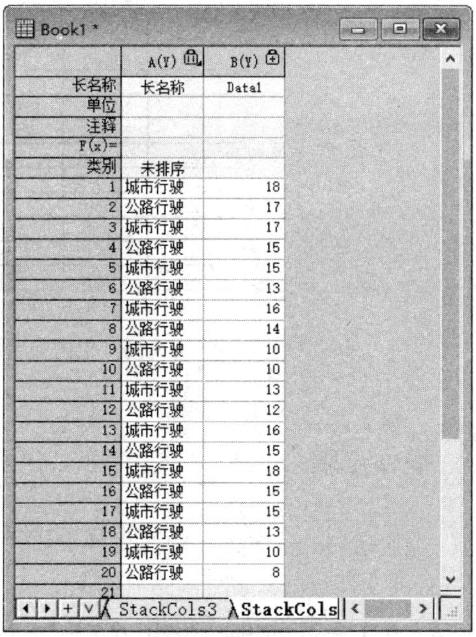

图 3-53 逐行堆叠的表格：

	A(Y)	B(Y)
长名称	长名称	Data1
单位		
注释		
F(x)=		
类别	未排序	
1	城市行驶	18
2	公路行驶	17
3	城市行驶	17
4	公路行驶	15
5	城市行驶	15
6	公路行驶	13
7	城市行驶	16
8	公路行驶	14
9	城市行驶	10
10	公路行驶	10
11	城市行驶	13
12	公路行驶	12
13	城市行驶	15
14	公路行驶	15
15	城市行驶	18
16	公路行驶	15
17	城市行驶	15
18	公路行驶	13
19	城市行驶	10
20	公路行驶	8
21		

StackCols3 \ StackCols

图 3-53　逐行堆叠

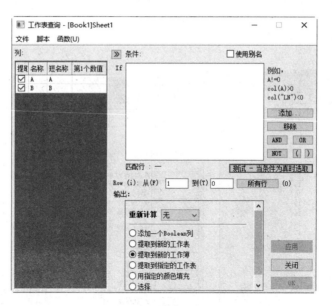

图 3-54 "工作表查询"对话框

实例——奥运会奖牌数据分析

中国在历届奥运会获得的奖牌数量如图 3-55 所示,利用堆叠列和拆分堆叠命令,对表格中的数据进行数据分析。

	A	B	C	D	E	F
1	第 届	年份	地点	金牌数	银牌数	铜牌数
2	23	1984年	洛杉矶	15	8	9
3	24	1988年	汉城	5	11	12
4	25	1992年	巴塞罗那	16	22	16
5	26	1996年	亚特兰大	16	22	12
6	27	2000年	悉尼	28	16	15
7	28	2004年	雅典	32	17	14
8	29	2008年	北京	51	21	28
9	30	2012年	伦敦	38	27	23
10	31	2016年	里约热内卢	26	18	26
11	32	2021年	东京	38	32	18
12						

图 3-55 中国在历届奥运会获得的奖牌数量

 操作步骤

（1）启动 Origin 2023，将源文件下的"历届奥运会奖牌.xlsx"文件拖放到工作簿工作区，导入 Excel 文件数据，如图 3-56 所示。

（2）在工作表 Sheet1 中选中 D（Y）~ F（Y）列数据，选择菜单栏中的"工作表"→"堆叠列"命令，弹出"堆叠列"对话框，如图 3-57 所示。单击"确定"按钮，即可创建命名为 StackCols1 的堆叠工作表，如图 3-58 所示。

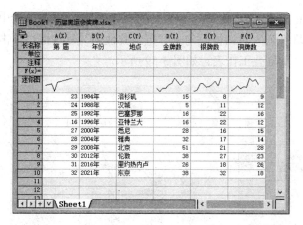

图 3-56 历届奥运会奖牌

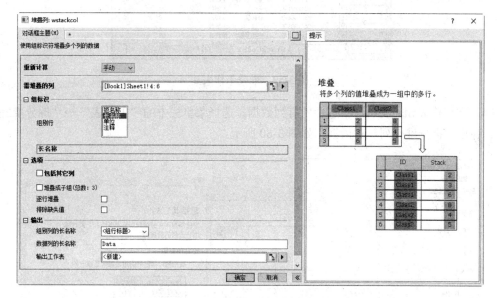

图 3-57 "堆叠列"对话框

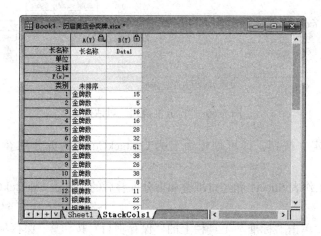

图 3-58 堆叠工作表 1

（3）在工作表 Sheet1 中选中 D（Y）～ F（Y）列数据，选择菜单栏中的"工作表"→"堆叠列"命令，弹出"堆叠列"对话框，勾选"包含其他列"复选框。单击"确定"按钮，即可创建命名为 StackCols2 的堆叠工作表，如图 3-59 所示。

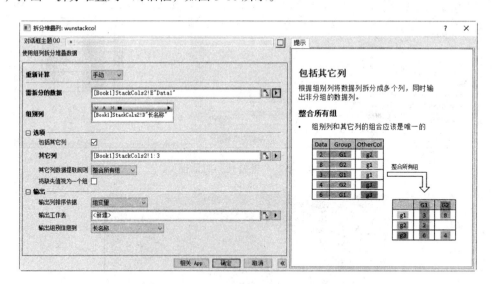

图 3-59　堆叠工作表 2

（4）在工作表 StackCols2 中选中所有列数据，选择菜单栏中的"工作表"→"拆分堆叠列"命令，弹出"拆分堆叠列"对话框，如图 3-60 所示。

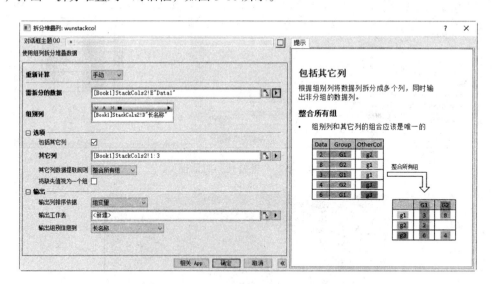

图 3-60　"拆分堆叠列"对话框

（5）单击"确定"按钮，即可创建命名为 UnstackCols1 的拆分堆叠工作表，如图 3-61 所示。

（6）比较原始工作表 Sheet1 和经过堆叠和拆分堆叠后的工作表 UnstackCols1 数据，数据完全一致。

（7）保存项目。单击"标准"工具栏上的"保存项目"按钮，保存项目文件为"奥运会奖牌数据分析 .opju"。

	A(X)	B(Y)	C(Y)	D(Y)	E(Y)	F(Y)
长名称	第 届	年份	地点	金牌数	银牌数	铜牌数
单位						
注释						
F(x)=						
1	16	1996年	亚特兰大	16	22	12
2	23	1984年	洛杉矶	15	8	9
3	24	1988年	汉城	5	11	12
4	25	1992年	巴塞罗那	16	22	16
5	27	2000年	悉尼	28	16	15
6	28	2004年	雅典	32	17	14
7	29	2008年	北京	51	21	28
8	30	2012年	伦敦	38	27	23
9	31	2016年	里约热内卢	26	18	26
10	32	2021年	东京	38	32	18
11						
12						
13						
14						
15						
16						

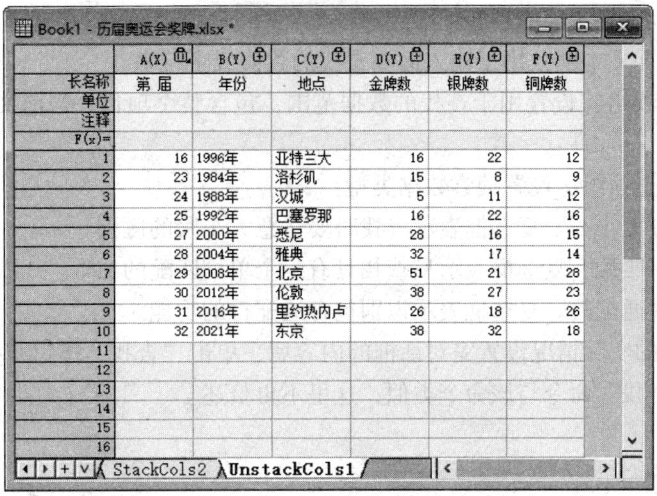

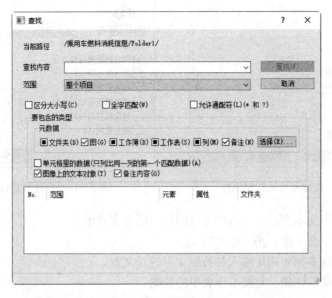

图 3-61　创建 UnstackCols1 的工作表

3.4　数据查找与替换

3.4.1　文本查找

查找命令用于在项目或工作表中查找指定的数值和文本，通过此命令可以迅速找到包含某一文字标识的图元。下面介绍该命令的使用方法。

选择菜单栏中的“编辑”→“在项目中查找”命令，或者用快捷键 F3，系统将弹出如图 3-62 所示的“查找”对话框。

图 3-62　“查找”对话框

"查找"对话框中各选项的功能如下：

➢ "查找内容"文本框：用于输入需要查找的数值或字符串。

➢ "范围"选项组：设置用于查找的数据范围，包含整个项目、当前文件夹、当前文件夹及其子文件。

➢ "元数据"选项组：设置搜索数据类型。

➢ 勾选"区分大小写"复选框表示查找时要注意大小写的区别。

➢ 勾选"全字匹配"复选框表示只查找具有整个单词匹配的文本。

➢ 勾选"允许通配符"复选框表示识别包含通配符的功能。

用户按照自己的实际情况设置完对话框的内容后，单击"查找"按钮开始查找。

"在工作表中查找"命令与该命令类似，这里不再赘述。

3.4.2 文本替换

替换命令用于将数据中指定文本用新的文本替换掉，该操作在需要将多处相同文本修改成另一文本时非常有用。

首先选择菜单栏中的"编辑"→"替换"命令，或按用快捷键 Ctrl+H，系统将弹出如图 3-63 所示的"查找和替换"对话框。

可以看出如图 3-63 和图 3-64 所示的"查找和替换"对话框非常相似，对于相同的部分，这里不再赘述。

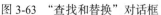

图 3-63 "查找和替换"对话框

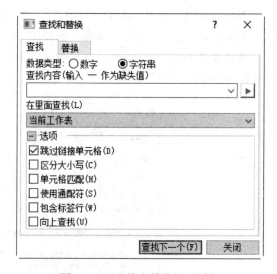

图 3-64 "查找和替换"对话框

➢ "数据类型"文本框：用于选择查找的数字还是字符串。

➢ "查找内容"文本框：用于输入原文本。

➢ "替换为"文本框：用于输入替换原文本的新文本。

单击"全部替换"按钮，替换工作表中的数据。

实例——职员医疗费用数据分析

本节练习对 2022 年某公司职员的医疗费用进行数据分析，包括数据的导入、格式编辑、拆分、合并和提取，最终得到指定的工作表数据，如图 3-65 所示。

	A	B	C	D	E	F	G	H
1					2022年员工医疗费用统计表			
2	编号	日期	员工姓名	性别	所属部门	医疗种类	医疗费用	报销金额
3	1	2月6日	李想	男	研发部	手术费	1500	1050
4	2	3月5日	陆谦	男	销售部	药品费	250	200
5	3	5月8日	苏攸攸	女	人资部	输液费	320	256
6	4	6月4日	王荣	女	广告部	住院费	900	675
7	5	6月15日	谢小磊	男	研发部	药品费	330	264
8	6	7月12日	白雪	女	人资部	药品费	200	160
9	7	8月10日	肖雅娟	女	财务部	输血费	1400	980
10	8	9月18日	张晴晴	女	广告部	住院费	800	600
11	9	10月14日	徐小旭	男	销售部	针灸费	380	304
12	10	11月15日	赵峥嵘	男	研发部	理疗费	180	144
13	11	11月22日	杨小茉	女	财务部	药品费	550	440
14	12	12月11日	黄岘	男	研发部	体检费	150	120
15								

图 3-65 2022 年某公司职员的医疗费用统计表

 操作步骤

（1）启动 Origin 2023，单击"标准"工具栏中的"新建项目"按钮，创建一个新的项目，默认包含一个工作簿文件 Book1。

（2）选择菜单栏中的"数据"→"从文件导入"→"Excel（XLS,XLSX,XLSM）"命令，弹出"Excel"对话框，选择添加"员工医疗费用统计图表 .xlsx"，单击"确定"按钮，关闭该对话框，弹出"Excel（XLS,XLSX,XLSM）: impMSExcel"对话框。

（3）在"添加迷你图"选项中选择"是"，勾选"导入单元格式"复选框，在"重命名工作表和工作簿"选项组下勾选"使用文件名自动重命名"复选框，对工作表进行命名，如图 3-66 所示。

（4）单击"确定"按钮，关闭该对话框，在当前工作表中导入数据，标题栏行

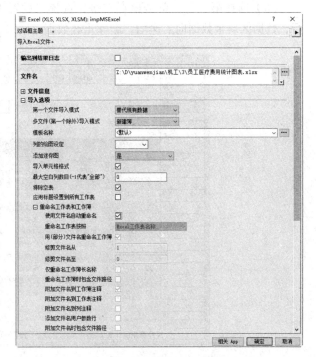

图 3-66 "Excel（XLS,XLSX,XLSM）: impMSExcel"对话框

中自定添加"迷你图"，显示每列数据对应的简略图，Origin 工作表数据保持 Excel 工作表格式，结果如图 3-67 所示。

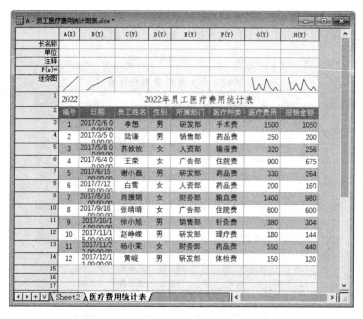

图 3-67　导入文件数据

（5）Origin 工作表中数据区第一行显示表格标题，第二行显示表格名称，数据导入过程中没有实现设置到参数行，需要手动进行修改。

（6）选择第一行，单击鼠标右键，选择"设置为注释"命令，将第一行数据添加到注释行，数据区剩余数据向上递增，删除重叠数据，结果如图 3-68 所示。

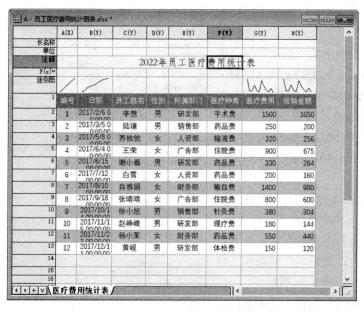

图 3-68　数据添加到注释行

（7）采用同样的方法，将第二行数据设置为"长名称"行，如图 3-69 所示。

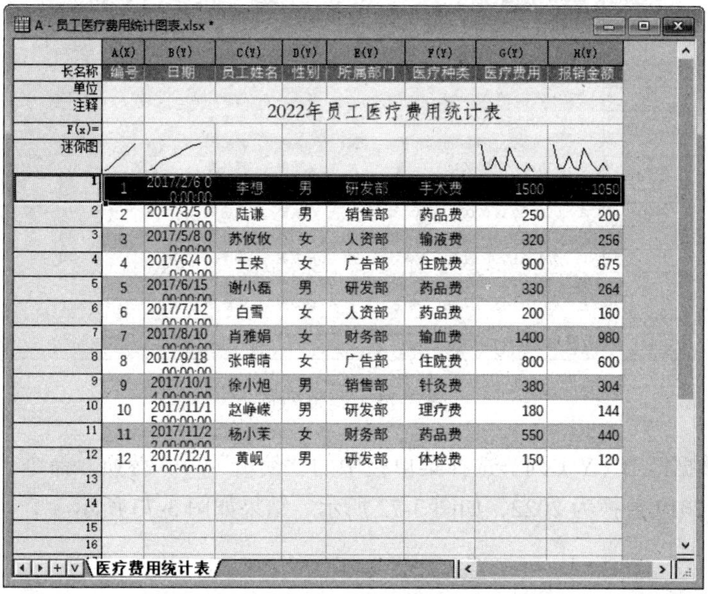

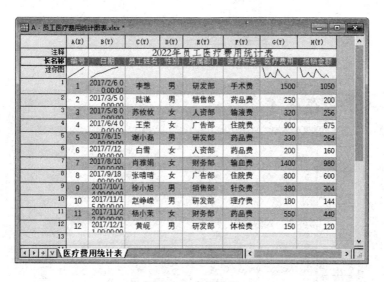

图 3-69　设置表格名称

（8）单击注释行，单击鼠标右键，选择"移动列的标签行"→"移动最上"命令，将表格的标题放置在表格的最上方。

（9）在工作簿窗口标题栏单击鼠标右键，选择"视图"→"单位""F（x）"命令，取消"单位""F（x）"行的显示，结果如图 3-70 所示。

图 3-70　表格设置

（10）选中数据区 B（Y）列，拖动列边框，调整列边框，显示完整数据，如图 3-71 所示。

图 3-71　调整列宽

（11）选中数据区 B（Y）列，选择菜单栏中的"编辑"→"替换"命令，打开"查找和替换"对话框，将 2017 替换为 2022，如图 3-72 所示，结果如图 3-73 所示。

图 3-72　"查找和替换"对话框

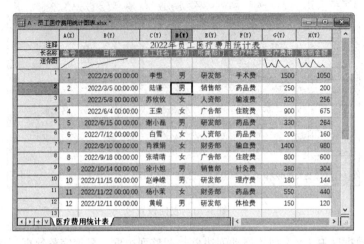

图 3-73　替换数据

（12）选中 B（Y）列，单击鼠标右键，在弹出的快捷菜单中选择"属性"命令，打开"列属性"对话框，在"格式"下拉列表中选择"文本"选项。单击"确定"按钮，关闭该对话框，工作表数据设置结果如图 3-74 所示。

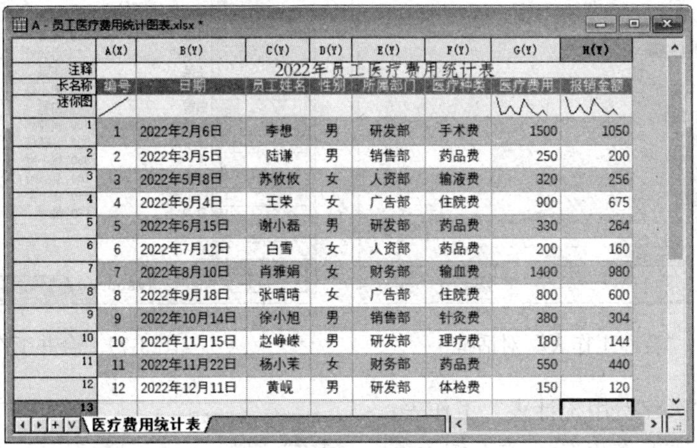

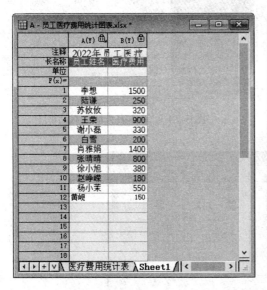

图 3-74　设置属性

（13）选择 C（Y）、G（Y）列，选择菜单栏中的"列"→"复制列到"命令，打开"复制列到"对话框，将员工名称和医疗费用列复制到空白工作表 Sheet1 中。

（14）选择 C（Y）、H（Y）列，选择菜单栏中的"列"→"复制列到"命令，打开"复制列到"对话框，将员工名称和报销费用列复制到空白工作表 Sheet2 中，结果如图 3-75 所示。

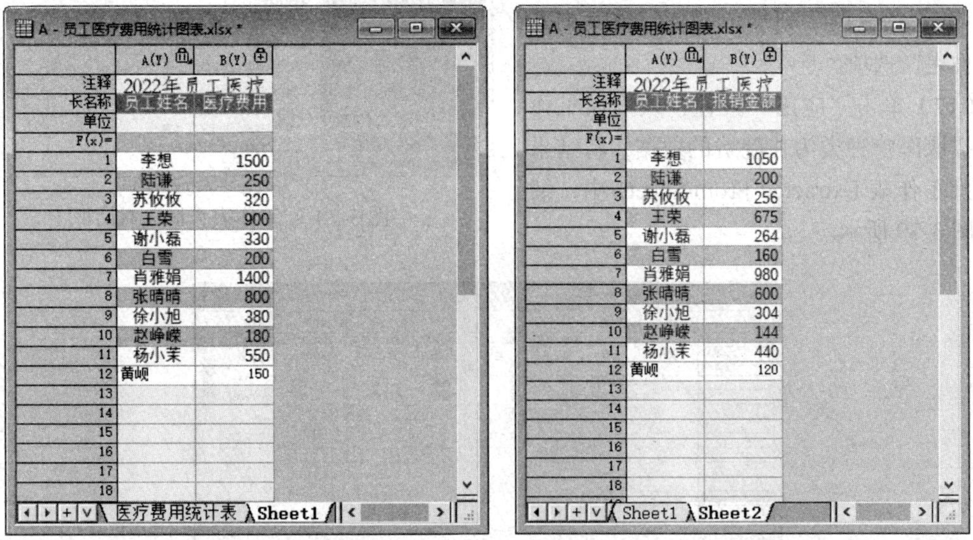

图 3-75　复制工作表

（15）选择菜单栏中的"工作表"→"合并工作表"命令，打开"合并工作表"对话框，选择合并拆分的两个工作表 Sheet1/Sheet2，如图 3-76 所示。单击"确定"按钮，创建合并工作表 vAppend，结果如图 3-77 所示。

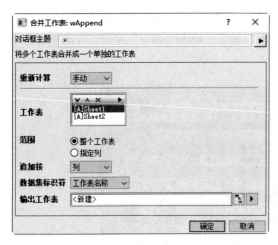

图 3-76 "合并工作表"对话框

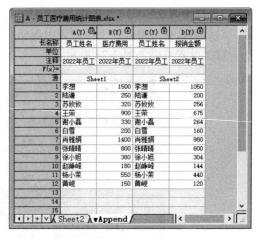

图 3-77 合并工作表

（16）激活"医疗费用统计表"工作表，选择菜单栏中的"工作表"→"工作表查询"命令，弹出"工作表查询"对话框，如图 3-78 所示。

• 在"列"列表中选择"医疗种类"选项。

• 在"条件"列表中输入"col（F）=='住院费'"表达式选项。

• 在"输出"列表中选择"提取到新的工作表"选项。

（17）单击"应用"按钮，从当前工作表中提取医疗种类为住院费的数据，将结果输出到工作表 Extracted From/Sheet1 中，结果如图 3-79 所示。

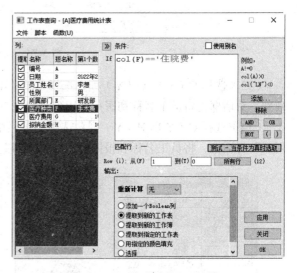

图 3-78 "工作表查询"对话框 1

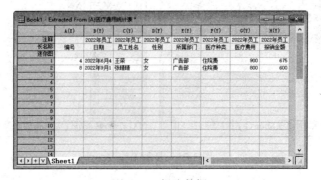

图 3-79 提取数据

（18）在"条件"列表中输入"col（G）>=850"表达式选项，在"输出"列表中选择"用指定的颜色填充"选项，"颜色"为"红"，如图 3-80 所示。

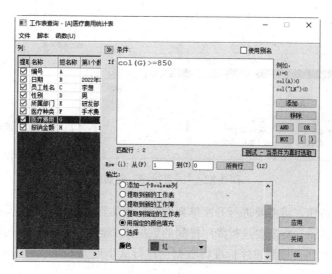

图 3-80　"工作表查询"对话框 2

（19）单击"应用"按钮，在工作表"医疗费用统计表"中红色填充报销金额小于 850 的数据，结果如图 3-81 所示。

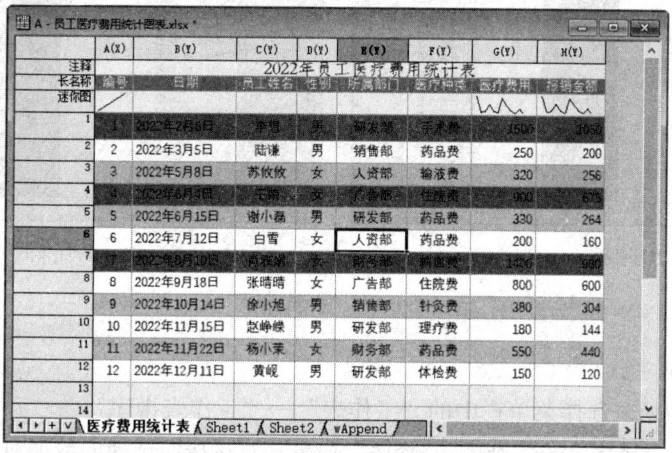

图 3-81　填充数据

（20）单击"标准"工具栏上的"保存项目"按钮，保存项目文件"职员医疗费用数据分析 .opju"。

3.5　数据排序

在实际应用中，有时会对工作表中的数据按某种方式进行排序，以查看特定的数据，发现一些明显的特征或趋势，找到解决问题的线索，增强数据的可读性。

1. 嵌套排序

选中要排序的列，单击"工作表"工具栏中"排序"按钮，弹出"嵌套排序"对话框，如图 3-82 所示，在左侧选择需要排序的数据列。

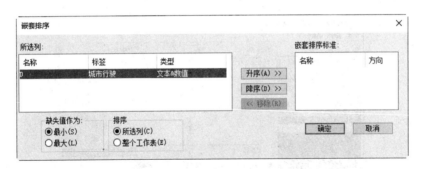

图 3-82 "嵌套排序"对话框

单击"升序"按钮,将需要进行升序排列的数据添加到右侧"嵌套排列标准"列表中。

单击"降序"按钮,将需要进行降序排列的数据添加到右侧"嵌套排列标准"列表中。

单击"确定"按钮,按照排序标准将数据列进行从小到大(升序)或从大到小(降序)排列,如图 3-83 所示。

升序排列   降序排列

图 3-83 数据排序

2. 直接排序

选中要排序的列,选择菜单栏中的"工作表"→"工作表排序"→"升序""降序",或单击鼠标右键,选择"排序"→"升序""降序"命令,直接按照选择的数据对整个工作表进行升序、降序排列。

3.6 数据透视表

数据透视表和数据透视图是一种可以对大量数据进行快速汇总,并建立交叉分析表的数据分析技术工具。

3.6.1 数据透视表的组成

数据透视表由字段(页字段、数据字段、行字段、列字段)、项(页字段项、数据项)和数据区域组成。

1. 字段

字段是从源列表或数据库中的字段衍生的数据的分类。例如"科目名称"字段可能来自源列表中标记为"科目名称"且包含各种科目名称（管理费用、银行存款）列。源列表的该字段下包含金额。如图 3-84 所示，"科目编码""求和项：金额""内容"和"管理费用"都是字段。

- 行字段：在数据透视表中指定为行方向的源数据清单或表单中的字段，如图 3-84 中的"内容"和"科目编码"。包含多个行字段的数据透视表具有一个内部行字段（图 3-84 中的"中行"和"建行"），它离数据区最近。任何其他行字段都是外部行字段（图 3-84 中的"科目编码"）。最外部行字段中的项仅显示一次，但其他行字段中的项按需重复显示。
- 列字段：在数据透视表中指定为列方向的源数据清单或表单中的字段，如图 3-84 中的"管理费用"。
- 页字段：数据透视表中用于对整个数据透视表进行筛选的字段，以显示单个项或所有项的数据，如图 3-84 中的"科目编码"。
- 数据字段：含有数据的源数据清单或表单中的字段，如图 3-84 中的"求和项：金额"。数据字段提供要汇总的数据值。通常，数据字段包含数字，可用 Sum 汇总函数合并这些数据。但数据字段也可包含文本，此时数据透视表使用 Count 汇总函数。如果报表有多个数据字段，则报表中出现名为"数据"的字段按钮，以用来访问所有数据字段。

2. 项

项是数据透视表中字段的子分类或成员。项表示源数据中字段的唯一条目。

- 页字段项：指源数据库或表格中的每个字段、列条目或者数值。
- 数据项：指数据透视表字段中的分类。

例如，项"中行"表示"内容"字段包含条目"中行"的源列表中的所有数据行，如图 3-84 中的"中行""建行""张三"和"（全部）"都是项。

3. 数据区域

数据区域是指包含行和列字段汇总数据的数据透视表部分。例如，图 3-85 中 B5：F18 为数据区域，其中单元格 B5 包含张三的所有管理费用的汇总值。

图 3-84　字段示例

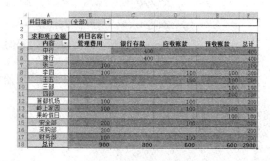

图 3-85　数据区域

3.6.2　生成数据透视表

数据透视表是一种交互式的数据统计表，灵活地以多种不同的方式展示数据的特征，是对明细数据进行全面分析的最佳工具。

选择菜单栏中的"工作表"→"数据透视表"命令,弹出"数据透视表"对话框,如图 3-86 所示,创建数据透视表,可以方便地调整分类汇总的依据。

下面介绍该对话框中的选项。

(1)透视表行数据:选择在数据透视表中指定为行方向的源数据。

(2)透视表列数据:选择在数据透视表中指定为列方向的源数据。

(3)汇总方式:选择需要的用于计算分类汇总的函数。

(4)合并较小数:选择汇总数据的合并方向。

(5)选项:设置汇总数据需要显示的行列选项。

(6)输出数据透视表到:选择数据透视表输出位置。

图 3-86 "数据透视表"对话框

3.7 操作实例——职工绩效考核工资数据汇总

某单位职工绩效考核工资表如图 3-87 所示。本实例对表格中的数据进行堆叠、提取、排序等操作,利用数据透视表对数据进行分组。

图 3-87 原始数据

 **操作步骤**

3.7.1 导入 Excel 数据

(1)启动 Origin 2023,单击"标准"工具栏中的"新建项目"按钮 ,创建一个新的项目,默认包含一个工作簿文件 Book1。

(2)选择菜单栏中的"数据"→"从文件导入"→"Excel(XLS,XLSX,XLSM)"命令,弹出"Excel"对话框,选择添加"员职工绩效考核工资表 .xlsx",单击"确定"按钮,关闭该对话框，弹出"Excel（XLS,XLSX,XLSM）：impMSExcel"对话框。

（3）在"添加迷你图"选项中选择"是"，勾选"导入单元格格式"复选框，在"重命名工作表和工作簿"选项组下勾选"使用文件名自动重命名"复选框，对工作表进行命名。

（4）单击"确定"按钮，关闭该对话框，在当前工作表中导入数据，整理工作表中标题和名称，结果如图 3-88 所示。

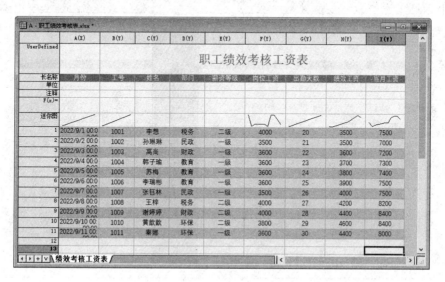

图 3-88　导入文件数据

（5）选中 A（X）列，单击鼠标右键，在弹出的快捷菜单中选择"属性"命令，打开"列属性"对话框，在"格式"下拉列表中选择"文本"选项。单击"确定"按钮，关闭该对话框。

（6）单击"格式"工具栏中的"中"按钮，设置月份列数据居中显示，工作表数据整理结果如图 3-89 所示。

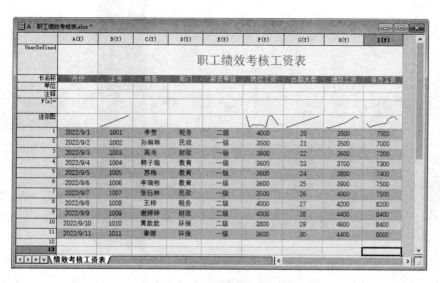

图 3-89　数据整理结果

3.7.2　数据排序

（1）选中F（Y）列，选择菜单栏中的"工作表"→"工作表排序"→"升序"，按岗位工资升序排序，如图3-90所示。

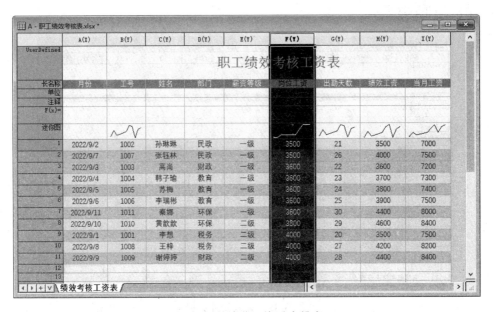

图 3-90　按岗位工资升序排序

（2）选中G（Y）列，选择菜单栏中的"工作表"→"工作表排序"→"降序"，按出勤天数降序排序，如图3-91所示。

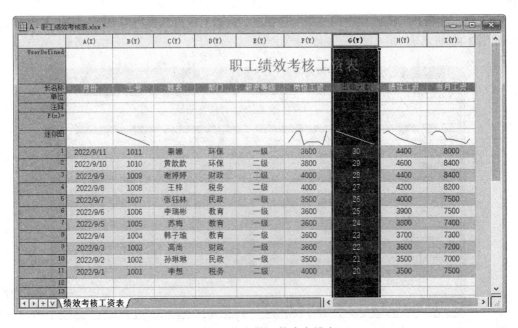

图 3-91　按出勤天数降序排序

3.7.3　数据分组

本节使用堆叠命令按照薪资等级和部门将职工工资数据进行分组。

在工作表"绩效考核工资表"中选中 F（Y）~I（Y）列数据，选择菜单栏中的"工作表"→"拆分堆叠列"命令，弹出"拆分堆叠列"对话框，如图 3-92 所示。

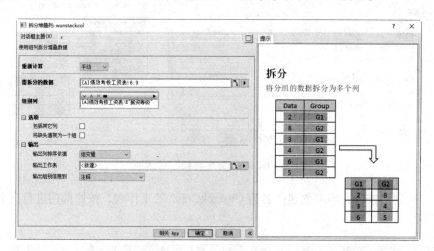

图 3-92　"拆分堆叠列"对话框

单击"确定"按钮，即可创建命名为 UnstackCols1 的工作表，按照薪资等级进行拆分，结果如图 3-93 所示。

图 3-93　按照薪资等级进行分组

在工作表"绩效考核工资表"中选中 F（Y）~I（Y）列数据，选择菜单栏中的"工作表"→"拆分堆叠列"命令，弹出"拆分堆叠列"对话框，如图 3-94 所示。

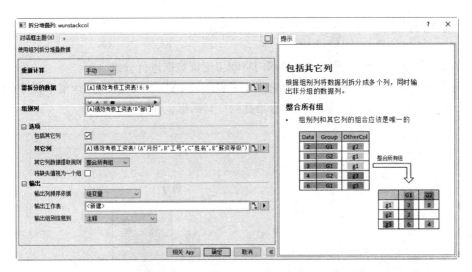

图 3-94 "拆分堆叠列"对话框

单击"确定"按钮，即可创建命名为 UnstackCols2 的工作表，按照部门进行拆分，结果如图 3-95 所示。

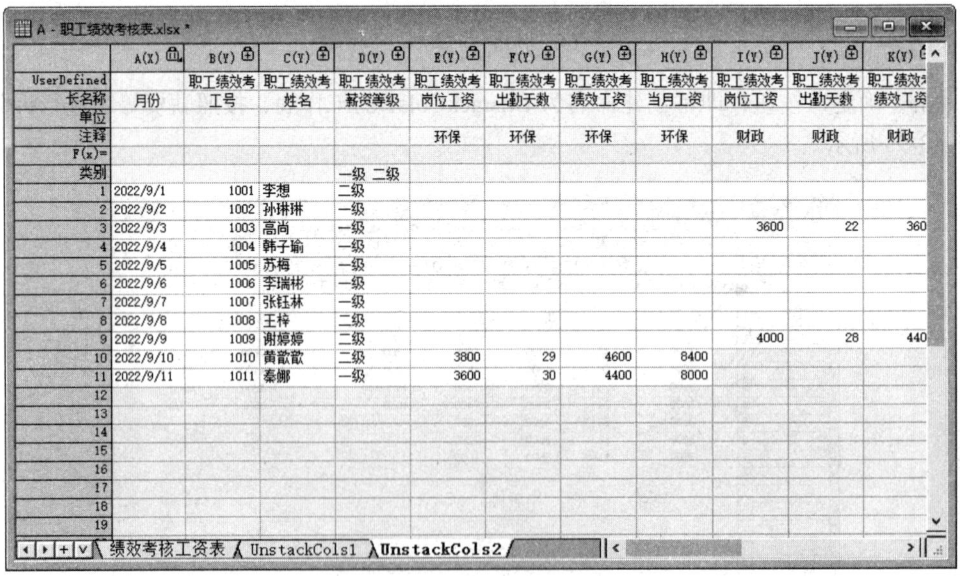

图 3-95 按照部门进行分组

3.7.4 数据汇总

本节练习通过建立数据透视表，对某公司所有员工考核工资进行分析，以快速查看绩效工资的相关信息。

（1）激活"绩效考核工资表"工作表，选择菜单栏中的"工作表"→"数据透视表"命令，弹出"数据透视表"对话框，在"透视表行数据"选项中选择"D（Y）列"，在"透视表列数据”选项中选择“G（Y）列”，在“透视表数值数据”选项中选择 H（Y）列，“汇总方式”为“均值”，其余参数为默认，如图 3-96 所示。

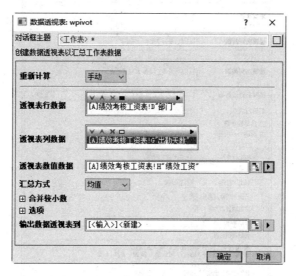

图 3-96　“数据透视表”对话框 1

（2）单击“确定”按钮，将汇总结果输出到数据透视工作表 Pivot1 中，按照部门汇总绩效工资的平均值，结果如图 3-97 所示。

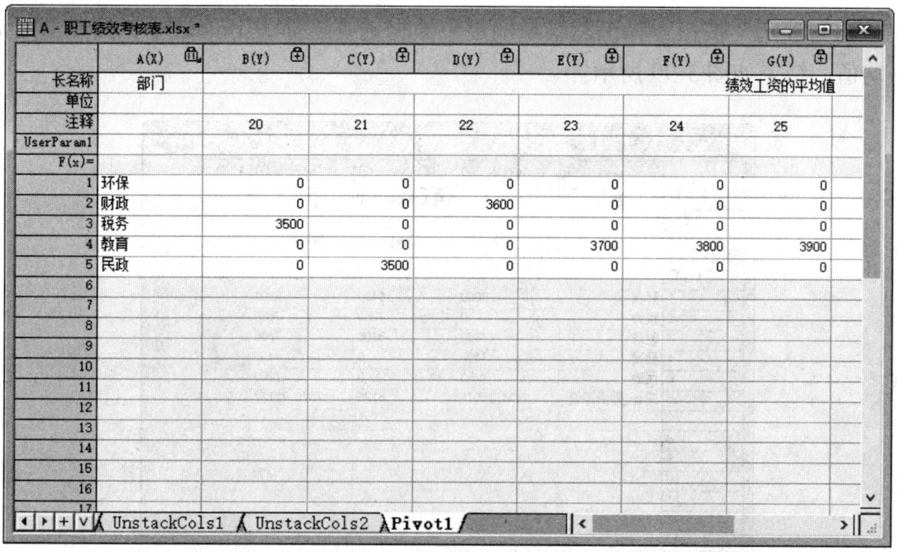

	A(X)	B(Y)	C(Y)	D(Y)	E(Y)	F(Y)	G(Y)
长名称	部门						绩效工资的平均值
单位							
注释		20	21	22	23	24	25
UserParam1							
F(x)=							
1	环保	0	0	0	0	0	0
2	财政	0	0	3600	0	0	0
3	税务	3500	0	0	0	0	0
4	教育	0	0	0	3700	3800	3900
5	民政	0	3500	0	0	0	0

图 3-97　按照部门汇总绩效工资的平均值

（3）激活“绩效考核工资表”工作表，选择菜单栏中的“工作表”→“数据透视表”命令，弹出“数据透视表”对话框，在“透视表行数据”选项中 D（Y）列，在“透视表列数据”选项中 E（Y）列，在“透视表数值数据”选项中选择 I（Y）列，“汇总方式”为“均值”，勾选“行总计”与“列总计”复选框，其余参数为默认，如图 3-98 所示。。

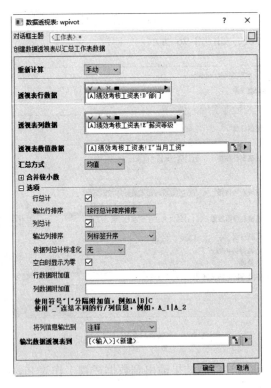

图 3-98 "数据透视表"对话框 2

（4）单击"确定"按钮，将汇总结果输出到数据透视工作表 Pivot2 中，按照部门汇总当月工资的平均值，结果如图 3-99 所示。

	A(X)	B(Y)	C(Y)	D(Y)
长名称	部门		当月工资的平均值	
单位				
注释		一级	二级	总计_部门
UserParam1				
F(x)=				
1	环保	8000	8400	8200
2	税务	0	7850	7850
3	财政	7200	8400	7800
4	教育	7400	0	7400
5	民政	7250	0	7250
6	总计_薪资等级	7414.28571	8125	7672.72727
7				
8				
9				
10				
11				
12				
13				
14				
15				
16				

图 3-99 透视表数据

（5）保存项目。单击"标准"工具栏上的"保存项目"按钮，保存项目文件为"职工绩效考核工资数据汇总 .opju"。

第4章 矩阵管理

矩阵是大多数数据分析软件中最基本的数据类型，Origin 中的工作表常用来绘制二维图形以及一些具有三维外观的二维图形，但如果需要绘制 3D 表面图或者轮廓图时，就需要使用矩阵的结构来存储数据。

用户需要灵活运用矩阵簿窗口的管理，学会矩阵的基本操作，掌握矩阵数据、虚拟矩阵（XYY）和 XYZ 数据的转换，这些操作对后面的三维绘图尤其重要。

4.1 创建矩阵簿

与工作簿窗口结构类似，矩阵簿窗口是一个包含数据的表格窗口，区别是数据的存储结构不同。

4.1.1 新建矩阵簿

创建矩阵簿文件最简单的方法是利用 Origin 中的模板直接创建，这样创建的矩阵保持统一的格式，行、列数默认都为 32。

选择菜单栏中的"文件"→"新建"→"矩阵"→"浏览"命令，或单击"标准"工具栏中"新建矩阵"按钮，或在"项目管理器"导航器中单击鼠标右键，在弹出的快捷菜单中选择"新建窗口"→"矩阵"命令，自动创建矩阵簿窗口，默认名称为 MBook1，如图 4-1 所示。

矩阵与工作表的数据有很大不同，工作表的列代表 X 值、Y 值或 Z 值；而矩阵的行编号代表 X 值，列编号代表 Y 值。

注意：选择菜单栏中的"查看"→"显示图像缩略图"命令，在矩阵簿窗口上方显示矩阵对应的图形缩略图，如图 4-2 所示。

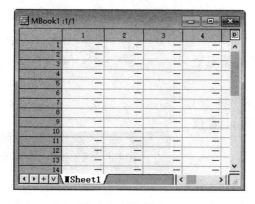

图 4-1 矩阵簿窗口

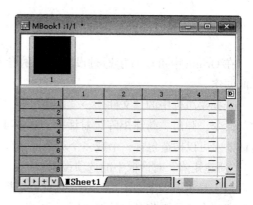

图 4-2 图形缩略图

实例——创建波纹曲面矩阵

本实例演示构建一个 11×17 的波纹曲面数据矩阵。

 操作步骤

（1）启动 Qrigin 2023，单击"标准"工具栏中的"新建项目"按钮 □，创建一个新的项目，默认包含一个工作簿文件 Book1。

（2）单击"标准"工具栏中"新建矩阵"按钮 ▥，自动创建矩阵簿窗口，默认名称为 MBook1。

（3）打开"波纹曲面 -Excel"文件，如图 4-3 所示，按 Ctrl+A 快捷键，选择所有数据，按 Ctrl+C 快捷键，复制选中的数据。

（4）打开 Origin 2023 矩阵簿文件 MBook1/MSheet1，按 Ctrl+V 快捷键，在矩阵工作表 MSheet1 中粘贴数据，结果如图 4-4 所示。

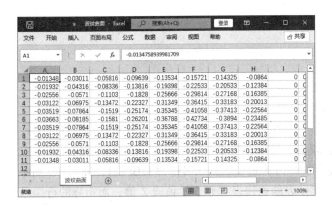

图 4-3　数据文件

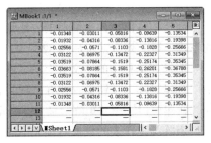

图 4-4　粘贴数据

（5）选择菜单栏中的"文件"→"保存窗口为"命令，弹出"保存窗口为"对话框，在"文件名"文本框内输入"波纹曲面矩阵"，保存矩阵文件。

4.1.2　构建矩阵

在 Origin 中可以直接通过设置矩阵的参数构建指定矩阵的创建。

选择菜单栏中的"文件"→"新建"→"矩阵"→"构建"命令，弹出"新建矩阵"对话框，如图 4-5 所示，在该对话框中可以构造包含一个或多个对象的矩阵表。

"新建矩阵"对话框中的选项说明如下：

（1）显示图像缩略图：默认勾选此复选框，在新建的矩阵簿窗口中显示矩阵对象的缩略图。

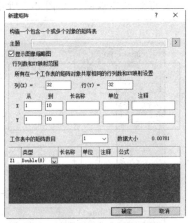

图 4-5　"新建矩阵"对话框

（2）列（X）=、行（Y）=：在该文本框内设置矩阵的列数和行数。

（3）X、Y：在"X"、"Y"行分别设置矩阵行、列标签属性，包括取值范围、长名称、单位和注释。其中，行列值取值在取值范围内均匀取值。

（4）工作表中的矩阵数目：在该文本框内输入矩阵对象的个数，默认情况下，一个矩阵工作表中包含一个矩阵对象 Z1。

（5）数据列表：在最下方的数据列表中显示矩阵对象 Z1 中数据（Z 值）的数据类型、标签属性（长名称、单位、注释和公式）。

实例——创建体温数据矩阵

本实例演示如何构建一个 20×30 的体温数据矩阵。

 操作步骤

（1）启动 Origin 2023，单击"标准"工具栏中的"新建项目"按钮 ，创建一个新的项目，默认包含一个工作簿文件 Book1。

（2）选择菜单栏中的"文件"→"新建"→"矩阵"→"构造"命令，弹出"新建矩阵"对话框，勾选"显示图像缩略图"复选框，设置矩阵的列数为 30、行数为 20，工作表中的矩阵数目为 2，其他采用默认设置，如图 4-6 所示。

（3）单击"确定"按钮，关闭该对话框，将当前矩阵工作表中创建两个矩阵对象：第一次测量、第二次测量，如图 4-7 所示。

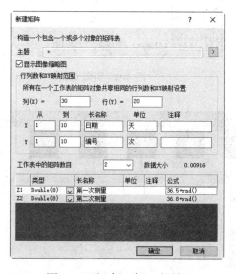

图 4-6　"新建矩阵"对话框

图 4-7　构建矩阵

（4）选择菜单栏中的"文件"→"保存窗口为"命令，弹出"保存窗口为"对话框，在"文件名"文本框内输入"体温数据矩阵"，保存矩阵文件。

4.1.3 新建矩阵表

在 Origin 中每个矩阵簿窗口可以包含一个或多个矩阵表。默认情况下，矩阵簿窗口包含名称为 MSheet1 的矩阵工作表。根据新工作表的放置位置，将新建矩阵表命令分为添加和插入。

1. 添加工作表

单击工作表标签左侧的"添加工作表"按钮+，或在工作表标签上单击鼠标右键，弹出如图 4-8 所示的快捷菜单，选择"添加"命令，在当前活动工作表右侧插入一个新的工作表。新工作表的名称依据活动工作簿中工作表的数量自动命名为 MSheet2。

2. 插入工作表

图 4-8 快捷菜单

在工作表标签上单击鼠标右键，在弹出的快捷菜单中选择"插入"命令，即可在当前活动工作表左侧插入一个新的工作表。新工作表的名称依据活动工作簿中工作表的数量自动命名为 MSheet2。

4.1.4 新建矩阵

在 Origin 中，每个矩阵表还可以包含多个矩阵。默认情况下，每个工作表中包含一个矩阵对象，一般通过图形缩略图表示每个矩阵，如图 4-9 所示。

单击矩阵簿窗口右上角 D 按钮，弹出如图 4-10 所示的下拉列表，选择"插入"或"添加"命令，自动在矩阵簿窗口上方添加矩阵的图形缩略图，如图 4-11 所示。每个图形缩略图对应一个矩阵。

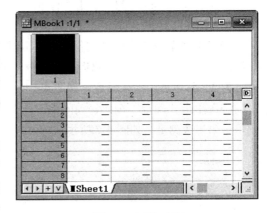

图 4-9 矩阵对象

图 4-10 快捷键命令

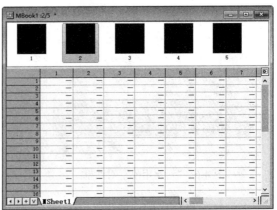

图 4-11 添加图形缩略图

4.2　矩阵数据操作

在矩阵簿窗口的菜单栏中增加了"矩阵"选项，用于进行矩阵的相关操作，最基本的是行列的操作。

4.2.1　设置行列数

默认情况下，矩阵数据表中左侧和上方显示的是矩阵行数和列数，通过行数和列数可以定义矩阵的大小。

选择菜单栏中的"矩阵"→"行列数/标签设置"命令，弹出"矩阵的行列数和标签"对话框，用于设置矩阵的行数和列数和标签，如图 4-12 所示。

"矩阵的行列数和标签"对话框中的选项说明如下：

1."矩阵行列数"选项组

（1）列 x 行＝：在文本框右侧输入当前矩阵表的列数和行数。默认情况下，矩阵表包含 32×32。

（2）将数据：用于设置矩阵表中多余数据的处理方法，包括：截断和重新排列。

2."xy 映射"选项卡

在该选项卡中设置 X（列）、Y（行）的取值范围。

3."x 标签"选项卡

在该选项卡中设置 X（列）的长名称、单位和注释。

4."y 标签"选项卡

在该选项卡中设置 Y（行）的长名称、单位和注释。

5."z 标签"选项卡

在该选项卡中设置 Z（单元格数据）的长名称、单位和注释。

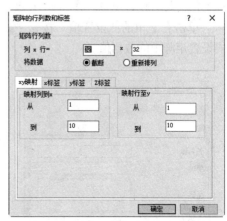

图 4-12　"矩阵的行列数和标签"对话框

4.2.2　显示行列值

Origin 中矩阵的行数、列数与列值、行值是不同的，是以数字来表示的，矩阵列值和行表示值矩阵图形应的 X 值和 Y 值。

选择菜单栏中的"查看"→"显示 XY"命令，或在窗口标题栏单击鼠标右键，在弹出的快捷菜单中选择"显示 XY"命令，或按 Ctrl+Shift+X 快捷键，显示行列值。默认列数和行数为 32，XY 的取值范围均为 10，软件会将 1~10 的数据平均分为 32，如图 4-13 所示。

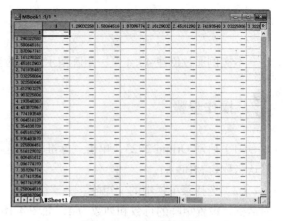

图 4-13　显示行列标签

4.2.3 矩阵属性

选择菜单栏中的"矩阵"→"设置属性"命令，弹出"矩阵属性"对话框，可以对矩阵的标签值（长名称、单位、注释）、宽度、数据类型进行设置，如图 4-14 所示。

单击右上角的"设置值"按钮 ▦，弹出"设置值"对话框，如图 4-15 所示，可以采用公式设置矩阵中的数据值。

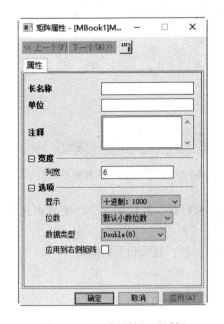

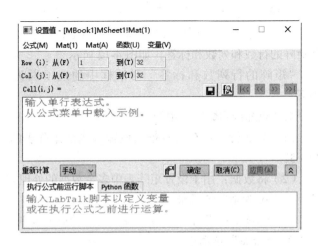

图 4-14 "矩阵属性"对话框   图 4-15 "设置值"对话框

提示：选择菜单栏中的"矩阵"→"设置属性"命令，同样可以弹出如图 4-15 所示的"设置值"对话框。

实例——创建全一矩阵

本实例通过创建 4×4 全一矩阵演示矩阵的创建、矩阵值和属性的设置。

 操作步骤

（1）启动 Origin 2023，单击"标准"工具栏中"新建矩阵"按钮，自动创建矩阵簿窗口，默认名称为 MBook1。

（2）选择菜单栏中的"矩阵"→"行列数 / 标签设置"命令，弹出"矩阵的行列数和标签"对话框，设置矩阵的行数和列数为 4，如图 4-16 所示。

（3）单击"确定"按钮，关闭该对话框，将当前矩阵工作表设置为 4×4，如图 4-17 所示。

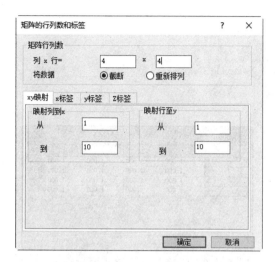

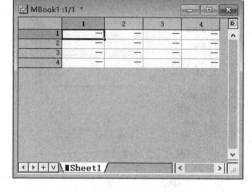

图 4-16　"矩阵的行列数和标签"对话框　　　图 4-17　设置矩阵行列数

（4）选择菜单栏中的"矩阵"→"设置值"命令，弹出"设置值"对话框，在公式编辑框中输入 1，如图 4-18 所示。

（5）单击"确定"按钮，关闭对话框。 此时，在新建的矩阵工作表 MBook1 : MSheet1 中可以看到单元格的值均为 1，如图 4-19 所示。

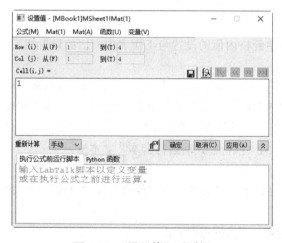

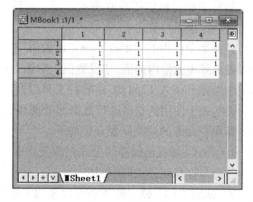

图 4-18　"设置值"对话框　　　　　　图 4-19　输出值

（6）选择菜单栏中的"矩阵"→"设置属性"命令，弹出"矩阵属性"对话框，在"位数"下拉列表中选择"设置小数位数"，激活"小数位"选项，输入 3，如图 4-20 所示。

（7）单击"确定"按钮，关闭对话框。 此时，在新建的矩阵工作表 MBook1 : MSheet1 中可以看到单元格的值格式发生变化，如图 4-21 所示。

（8）选择菜单栏中的"文件"→"项目另存为"命令，弹出"保存为"对话框，在"文件"列表框中指定保存文件的路径，在"文件名"文本框内输入"创建全一矩阵"，保存项目文件。

图 4-20　"矩阵属性"对话框

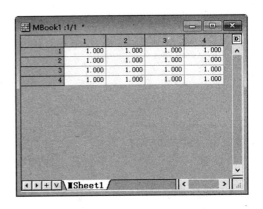

图 4-21　设置矩阵小数位数

4.2.4　设置值

　　矩阵中单元格内的数值表示 Z 值，矩阵中单元格内值的设置与工作表中列值的设置相同，具体选项这里不再赘述。

　　选择菜单栏中的"矩阵"→"设置值"命令，弹出如图 4-15 所示的"设置值"对话框，用于设置矩阵单元格内的值。"设置值"对话框包括菜单栏、用于定义输出范围的控件、用于在表达式中搜索和插入 LabTalk 函数的工具以及用于定义单行数学表达式的"列公式"框、用于对单行表达式中使用的变量进行数据预处理和定义的"执行公式前运行脚本"文本框。

　　菜单栏命令的功能简要介绍如下。

　　1）公式：加载已保存的公式到列公式框中。可通过"公式"→"保存"或"公式"→"另存为"命令保存列公式框中的公式。

　　2）wcol（1）：使用此菜单可以添加工作表列，列按列索引列出。

　　3）Col（A）：类似于 wcol（1）菜单功能，但列按列名（包括长名称，如果存在）列出。

　　4）函数：将 LabTalk 函数添加到表达式中。在"函数"子菜单栏中包含 Origin 中的函数，将鼠标指针悬停在菜单列表中的某个函数上时，状态栏上会显示函数描述。如果选择了一个函数，将弹出包含函数详细说明的智能提示，单击其中的链接，会显示完整函数说明、语法、示例等。Origin 中的函数按功能进行分类，见表 4-1。

　　5）变量：用于在列公式或前运行脚本中添加一个变量或常量。

　　6）选项：允许在工作表的公式行（F（X）行）直接编辑列公式、添加关于列公式的注释，或在设置列值中保留文本（不将文本视为缺失值）。

表 4-1　函数按功能进行分类

分类	功能简介
字符串	用于处理字符串的转换、截取、判断、搜索等操作
数学	用于处理函数的基本数学运算和插值等高等数学运算
专业数学	用于处理被他函数等专业类别的数学运算
三角 / 双曲	用于计算各种三角函数
日期和时间	在公式中分析和处理日期值和时间值
逻辑	进行逻辑判断或者进行复合检验
信号处理	包含信号处理函数
统计	包含统计类函数
分布	包含各种分布函数了概率密度计算函数
数据生成	包含生成数据的函数
查找与参考（R）	用于查找数据和数据索引
数学操作	用于清除重复数据、替换指定数据等
特殊 NAG	包含一些特殊函数
拟合函数	用于拟合分析
其他	用于其他数学分析
工程	用于工程分析
复数	用于复数计算
金融	进行一般的金融计算

（1）在 Row（i）右侧的文本框中定义输出范围。

（2）在列公式框"Col（A）"文本框中添加单行数学表达式以生成数据。可以使用函数、条件运算符和变量。列公式框中的内容可以手动输入公式，也可以使用 Origin 中的内置公式来设置。

提示：Origin 2023 默认启用电子表格单元格表示法，与 MicroSoft Excel 类似，使用列短名称 + 行索引号寻址单元。例如："col（A）"可简化成"A"，"col（A）[1]"可简化为"A1"。读者要注意的是，此表示法仅可用于定义列公式，不能在 Before Formula Scripts（前运行脚本）框中使用，也不能在 LabTalk 脚本中使用。

（3）在"公式运行前运行脚本"文本框中输入对列公式框中的表达式中使用的变量进行数据预处理和定义的 LabTalk 脚本。

（4）设置完成，单击"确定"按钮，关闭对话框。

4.2.5　生成网格数据

"生成网格值"是矩阵设置值的特殊操作，与函数 mxy2grid 命令功能相同，都是用来生成二元函数 z = f（x，y）中 xy 平面上的矩形定义域中数据点矩阵 X 和 Y。

选择菜单栏中的"矩阵"→"生成网格值"命令，弹出"生成网格值"对话框，如图 4-22 所示，根据输入矩阵的 XY 坐标值生成两个网格矩阵。

图 4-22　"生成网格值"对话框

实例——生成 XY 网格值

本实例演示在矩阵中如何将一维行列值转换为二维网格值。

 操作步骤

（1）启动 Origin 2023，单击"标准"工具栏中的"新建项目"按钮□，创建一个新的项目，默认包含一个工作簿文件 Book1。

（2）单击"标准"工具栏中"新建矩阵"按钮▦，自动创建矩阵簿窗口，默认名称为 MBook1。

（3）选择菜单栏中的"矩阵"→"行列数/标签设置"命令，弹出"矩阵的行列数和标签"对话框。设置矩阵的行数和列数为 50，在"xy 映射"选项下设置 x、y 取值范围为"从 1 到 5"，如图 4-23 所示。

（4）单击"确定"按钮，关闭该对话框，将当前矩阵工作表中显示 50×50 的矩阵，在单元格外侧显示行编号（1～50）与列编号（1～50），如图 4-24 所示。

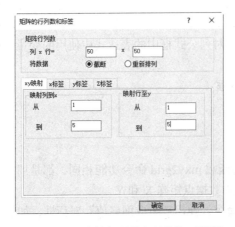

图 4-23　"矩阵的行列数和标签"对话框

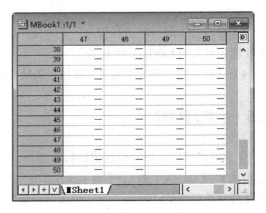

图 4-24　显示 50×50 的矩阵

（5）选择菜单栏中的"查看"→"显示 XY"命令，系统自动将行编号、列编号替换为 1~5 的均匀数据值，如图 4-25 所示。

（6）将鼠标指针放置在矩阵左上角的空白单元格，当鼠标指针变为箭头状时单击，选中所有单元格，如图 4-26 所示。

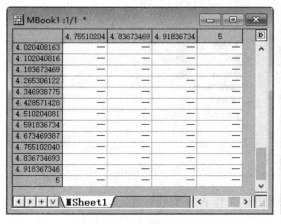

图 4-25　显示行列值

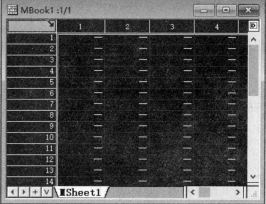

图 4-26　选择数据

（7）选择菜单栏中的"矩阵"→"生成网格值"命令，在单元格中填充网格值，如图 4-27 所示。

（8）选择菜单栏中的"查看"→"显示图像缩略图"命令，在矩阵簿窗口上方显示两个网格矩阵（X、Y）的图形缩略图，如图 4-28 所示。

（9）选择菜单栏中的"文件"→"保存窗口为"命令，弹出"保存窗口为"对话框，在"文件名"文本框内输入"XY 网格值"，保存矩阵文件。

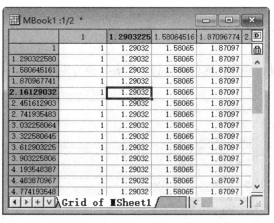

图 4-27　生成网格数据

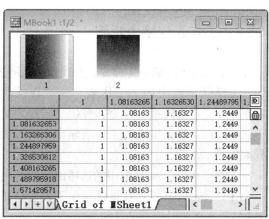

图 4-28　显示矩阵图形缩略图

4.3 矩阵数据转换

矩阵、XYZ 数据和工作表可以相互进行转换，以达到在不同场合使用的目的。

4.3.1 矩阵转换为工作表

矩阵可以直接转化为工作表或 XYZ 数据，转化后的工作表也可以成为"虚拟矩阵"。

选择菜单栏中的"矩阵"→"转换为工作表"命令，弹出"转换为工作表"对话框，将当前矩阵转换为工作表或 XYZ 数据，如图 4-29 所示。

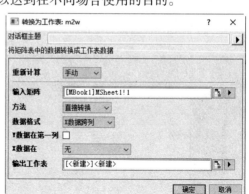

图 4-29 "转换为工作表"对话框

"转换为工作表"对话框中的选项说明如下：

（1）"方法"选项：在该选项下设置将矩阵转化为工作表时使用的方法。

1）直接转换：矩阵表内的 Z 值会直接转换为新的工作表的 Y 列数值。

2）XYZ 列：转换后的工作表具有 XYZ 列，每个 X 值对应相应的 Y 值和 Z 值。

（2）"数据格式"选项：

1）X 数据跨列：选择该选项，将矩阵的数据转换为 X 值。

2）Y 数据跨列：选择该选项，将矩阵的数据转换为 Y 值。

3）没有 X 和 Y：选择该选项，将矩阵的数据转换为 Z 值。

（3）"Y 数据在第一列"选项：勾选该复选框后，在工作表第一列添加 Y 数据（矩阵列号）。

（4）"X 数据在"选项：矩阵中 X 数据表示列数，根据选项设置转换后列数在工作表中的位置，可以在第一行，也可以设置为系统参数或用户自定义参数。一般情况下，选择"用户自定义参数"。

4.3.2 工作表转换为矩阵

对于 Origin 中的特定命令，必须使用矩阵进行操作，这就需要将工作表转换为矩阵。

选择菜单栏中的"工作表"→"转换为矩阵"→"直接转换"命令，弹出"转换为矩阵"对话框，根据输入的工作表输出矩阵，如图 4-30 所示。

"转换为矩阵"对话框中的选项说明如下：

（1）"转换选项"：在该选项组下设置将工作表转化为矩阵时需要设置的参数。

（2）数据格式：数据格式转换过程中的方法，包括 X 数据跨列、Y 数据跨列和没有 X 和 Y 数据。

（3）排除缺失值：选择该复选框，若工作

图 4-30 "转换为矩阵"对话框

表中包含缺失值，转换为矩阵后，取消缺失值的显示，如图 4-31 所示。

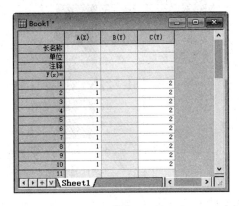

工作表

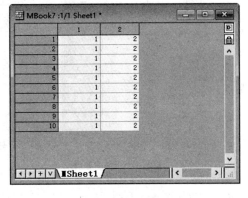

排除缺失值的矩阵

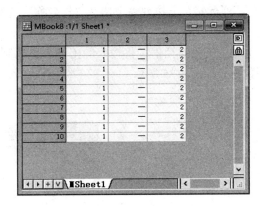

没有排除缺失值的矩阵

图 4-31　转换为矩阵

实例——转换三维散点图矩阵

本实例演示利用不同方式将三维散点工作表转换为矩阵。

 操作步骤

（1）启动 Origin 2023，单击"标准"工具栏中的"新建项目"按钮 ，创建一个新的项目，默认包含一个工作簿文件 Book1。

（2）将 Origin 2023 示例数据 \Samples\Graphing 文件夹中的 3D Scatter.dat 文件拖放到工作表，导入数据，该工作表中包含 32 列 6 行数据，绘图属性为 XYYYYY，如图 4-32 所示。

（3）在工作表中选中 C（Y）列，单击浮动工具栏中的"设为 Z"按钮 Z ，将 C（Y）列转换为 C（Z）列，绘图属性为 XYZYYY，结果如图 4-33 所示。

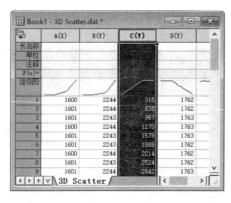

图 4-32　数据文件

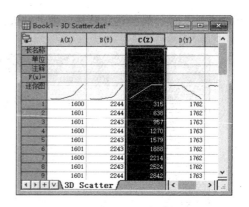

图 4-33　绘图属性转换

（4）选择菜单栏中的"工作表"→"转换为矩阵"→"直接转换"命令，弹出"转换为矩阵"对话框，在"数据格式"下拉列表中选择"Y 数据跨列"选项，在"Y 值位于"下拉列表中选择"列标签"选项，在"列标签"下拉列表中选择"长名称"选项，在"输出矩阵"下拉列表中选择"新建"选项，如图 4-34 所示。

（5）单击"确定"按钮，关闭该对话框，将输入的工作表输出到矩阵簿窗口 Mbook1 中，该矩阵表中包含 6 行 32 列数据，如图 4-35 所示。

图 4-34　"转换为矩阵"对话框 1

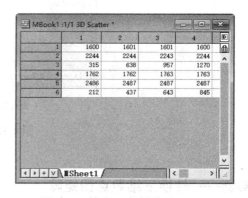

图 4-35　输出 Y 数据跨列

（6）选择菜单栏中的"查看"→"显示 XY"命令，将矩阵的行列编号转换为矩阵的 XY 值；然后选择菜单栏中的"矩阵"→"行列数 / 标签设置"命令，弹出"矩阵的行数和标签"对话框，将"映射行至 y"设置为从 1 到 10，单击"确定"按钮。关闭对话框，可以看到工作表中行编号（X）自动替换为 1~10 的均匀数据值，如图 4-36 所示。

（7）选择菜单栏中的"工作表"→"转换为矩阵"→"直接转换"命令，弹出"转换为矩阵"对话框，在"数据格式"下拉列表中选择"X 数据跨

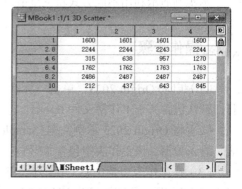

图 4-36　显示行编号

列”选项，在“X 值位于”下拉列表中选择“列标签”选项，在“列标签”下拉列表中选择“长名称”选项，在“输出矩阵”下拉列表中选择“新建”选项，如图 4-37 所示。

（8）单击“确定”按钮，关闭该对话框，将输入的工作表输出到矩阵簿窗口 MBook2 中，该矩阵表中包含 32 行 6 列数据，数据为 XYZYYY，如图 4-38 所示。

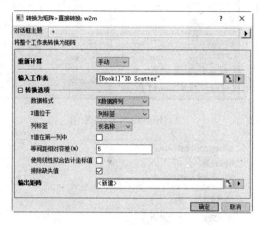

图 4-37　“转换为矩阵”对话框 2

	3	4	5	6
20	6313	1746	2472	4218
21	6635	1744	2469	4432
22	6724	1740	2468	4644
23	6721	1738	2463	4853
24	6728	1737	2462	5055
25	6722	1734	2460	5253
26	6720	1732	2460	5471
27	6717	1731	2456	5697
28	6724	1729	2455	5880
29	6720	1727	2450	6106
30	6716	1725	2450	6320
31	6725	1721	2446	6523
32	6721	1720	2445	6722

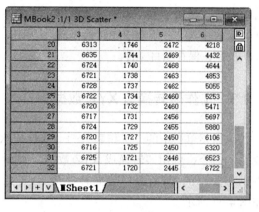

图 4-38　输出 X 数据跨列

（9）选择菜单栏中的“查看”→“显示 XY”命令，系统自动将工作表中列编号（X）替换为 1～10 的均匀数据值，如图 4-39 所示。

（10）选择菜单栏中的“工作表”→“转换为矩阵”→“直接转换”命令，弹出“转换为矩阵”对话框，在“数据格式”下拉列表中选择“没有 X 和 Y 数据”选项，默认勾选“排除缺失值”复选框，在“输出矩阵”下拉列表中选择“新建”选项，如图 4-40 所示。

	4.6	6.4	8.2	10
1	315	1762	2486	212
2	638	1762	2487	437
3	957	1763	2487	643
4	1270	1763	2487	845
5	1579	1763	2487	1058
6	1888	1762	2487	1261
7	2214	1762	2486	1475
8	2524	1762	2487	1709
9	2842	1763	2487	1917
10	3160	1763	2486	2119
11	3466	1763	2487	2316
12	3790	1763	2486	2526
13	4097	1761	2486	2757
14	4440	1758	2482	2956

图 4-39　显示 X 值

（11）单击“确定”按钮，关闭该对话框，将输入的工作表输出到矩阵簿窗口 MBook3 中，该矩阵表中包含 32 行 6 列数据，数据为 XYZYYY，如图 4-41 所示。

图 4-40　“转换为矩阵”对话框 3

	3	4	5	6
20	6313	1746	2472	4218
21	6635	1744	2469	4432
22	6724	1740	2468	4644
23	6721	1738	2463	4853
24	6728	1737	2462	5055
25	6722	1734	2460	5253
26	6720	1732	2460	5471
27	6717	1731	2456	5697
28	6724	1729	2455	5880
29	6720	1727	2450	6106
30	6716	1725	2450	6320
31	6725	1721	2446	6523
32	6721	1720	2445	6722

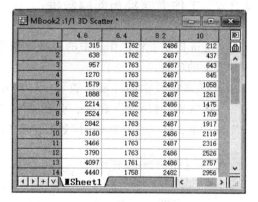

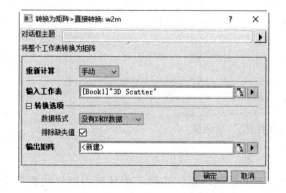

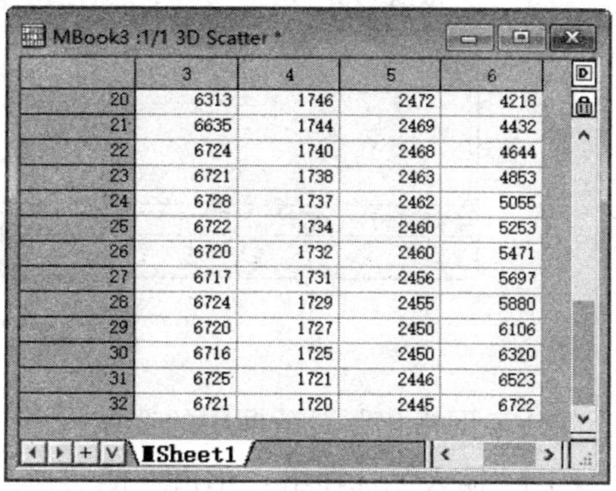

图 4-41　输出 Z 数据

（12）选择菜单栏中的"查看"→"显示 XY"命令，由于转换过程中，没有 X 和 Y 数据，因此矩阵中的数据不包含列值，只显示行、列编号，如图 4-42 所示。

（13）选择菜单栏中的"文件"→"保存项目"命令，弹出"另存为"对话框，在"文件名"文本框内输入"三维散点图转换矩阵"，单击"保存"按钮，保存项目文件。

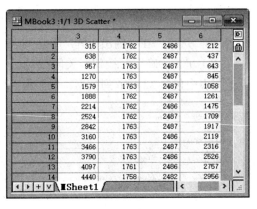

图 4-42　显示 X 值

4.3.3　工作表转换为 XYZ 数据

选择菜单栏中的"工作表"→"转换成 XYZ 数据"命令，弹出"转换成 XYZ 数据"对话框，将工作表中的 XYY 表格数据转换为 XYZ 数据，如图 4-43 所示。

4.3.4　工作表转换为网格数据

Origin 提供了将工作表中的表格数据转换为网格数据的功能。

选择菜单栏中的"工作表"→"转换为矩阵"→"XYZ 网格化"命令，弹出"XYZ 网格化"对话框，将当前工作表中的数据转换为网格数据，如图 4-44 所示。

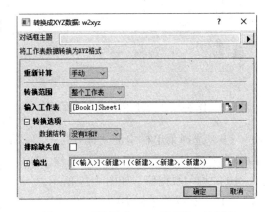

图 4-43　"转换成 XYZ 数据"对话框

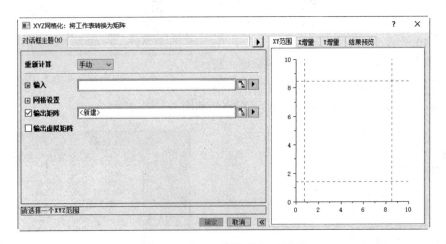

图 4-44　"XYZ 网格化"对话框

"XYZ 网格化"对话框中的选项：

（1）"输入"选项组：单击左侧"+"按钮，展开该选项组，选择需要转换为网格的数据范围和 X、Y、Z 范围，如图 4-45 所示。

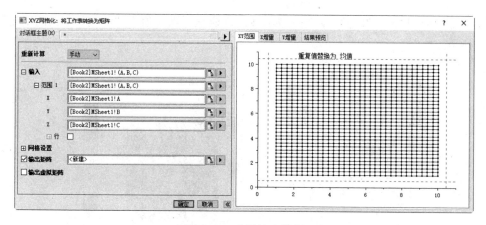

图 4-45　选择输入数据

（2）"网格设置"选项组：单击左侧"+"按钮，展开该选项组，在该选项组下设置网格转换参数，如图 4-46 所示。

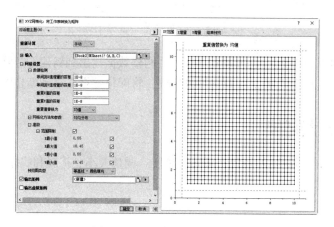

图 4-46　"网格设置"选项组

1）"数据监测"选项：设置数据转换过程中的容差值，容差也就是误差，表示网格数据与原始数据的偏差范围。

- 等间距 X、Y 值增量的容差：默认值为 1E-8。
- 重复 X、Y 值的容差：默认值为 1E-8。
- 重复值替换为：选择重复值的处理方法，包括均值、最大值、最小值、中值、总和、无等，默认值为"均值"。

2）"网格化方法和参数"选项：在下拉列表中选择数据网格化方法，包括均匀分布、稀疏分布、和各种随机分布，默认值为"均匀分布"。

3）"高级"选项：

- 勾选"范围限制"复选框，激活该选项，添加 X 最小值、X 最大值、Y 最小值、Y 最大值的设置，若取消"自动"复选框的勾选，则可自定义参数值。
- 在右侧"XY 范围"选项卡中根据设置的围定义的网格坐标系。
- 在"预览图"类型下拉列表中选择右侧"结果预览"选项卡中网格化数据的预览图，

包括等高线 - 颜色填充、3D 颜色映射曲面图和 3D 线框。默认值为"等高线 - 颜色填充",如图 4-47 所示。

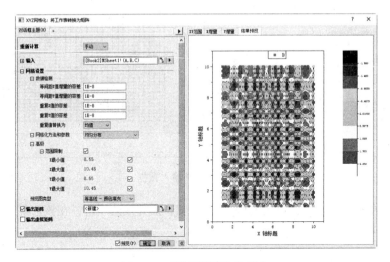

图 4-47 "结果预览"选项卡

（3）"输出矩阵"选项组：勾选该复选框，将网格数据输出到新建的矩阵簿文件中。

（4）"输出虚拟矩阵"选项组：勾选该复选框，将网格数据输出到新建的工作表文件中。

4.4 矩阵形状变换

矩阵形状的变换包括矩阵的转置、翻转、旋转、调整大小、扩展和收缩。

4.4.1 矩阵转置

矩阵的转置是矩阵的一种运算，其实就是行列互换，根据字面意思，就是把行的内容换到列的内容，在矩阵的所有操作中占有重要地位。

选择菜单栏中的"矩阵"→"转置"命令，弹出"转置"对话框，如图 4-48 所示。单击"确定"按钮，默认将整个工作表中的数据进行行列转换，如图 4-49 所示，也可以选择部分需要转换的数据。

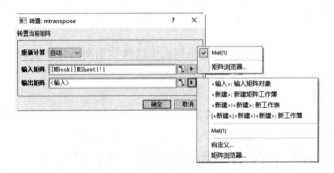

图 4-48 "转置"对话框

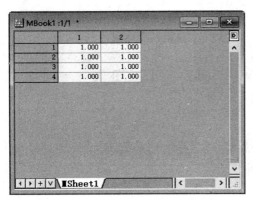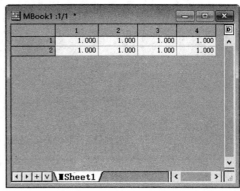

图 4-49　矩阵转置前后对比

"转置"对话框中的选项说明如下：

（1）输入矩阵：在该选项下显示转置前矩阵，单击右侧三角按钮▶，弹出如图 4-48 所示的下拉列表，用于选择矩阵。

（2）输出矩阵：在该选项下显示转置后输出的矩阵，单击右侧三角按钮▶，弹出如图 4-48 所示的下拉列表，用于选择转置前后矩阵输出位置。

4.4.2　矩阵翻转

矩阵的翻转包括水平翻转和垂直翻转。选择菜单栏中的"矩阵"→"翻转"命令，弹出如图 4-50 所示的子菜单，通过下面的命令翻转矩阵，结果如图 4-51 所示。

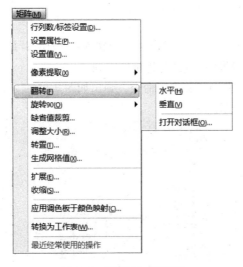

图 4-50　"翻转"子菜单

- 水平：将矩阵中的元素左右翻转。
- 垂直：将矩阵中的元素上下翻转。
- 打开对话框：通过对话框选择进行水平翻转或垂直翻转。

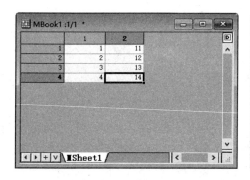
翻转前

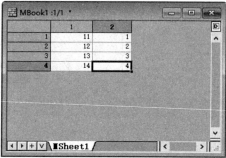
水平翻转

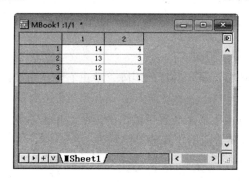
垂直翻转

图 4-51 翻转矩阵

4.4.3 矩阵旋转

Origin 可以对矩形的各个元素进行顺时针旋转 90°、逆时针旋转 180° 和逆时针旋转 90°，其他旋转度数可以多次进行顺时针或逆时针旋转得到。

选择菜单栏中的"矩阵"→"旋转"命令，弹出如图 4-52 所示的子菜单，通过下面的命令旋转矩阵，结果如图 4-53 所示。

图 4-52 "旋转"子菜单

1）逆时针 90°：将矩阵中的元素逆时针旋转 90°。

2）逆时针 180°：将矩阵中的元素逆时针旋转 180°。

3）顺时针 90°：将矩阵中的元素顺时针旋转 90°。

4）打开对话框：通过对话框选择进行指定方法进行旋转。

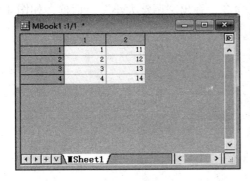

旋转前

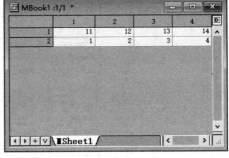

逆时针旋转 90°

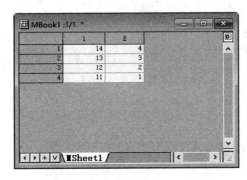

逆时针旋转 180°

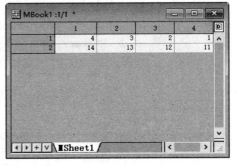

顺时针旋转 90°

图 4-53　旋转矩阵

4.4.4　调整大小

在 Origin 中，可以通过调整大小、扩展和收缩命令来改变矩阵的行、列数，调整大小是矩阵扩展和收缩的综合操作。

1. 矩阵扩展

选择菜单栏中的"矩阵"→"扩展"命令，弹出"扩展"对话框，根据用于设置矩阵的行数和列数的扩展倍数，如图 4-54 所示。

"扩展"对话框中的选项说明如下：

（1）"重新计算"选项：包含手动、自动、无三个选项。

（2）"输入矩阵"选项：显示在矩阵中选择

图 4-54　"扩展"对话框

的单元格位置。

（3）"扩展单元格"选项：通过列因子、行因子来设置扩展倍数，默认因子值为2。

矩阵的收缩命令和扩展命令相同，这里不再赘述。

2. 矩阵调整

选择菜单栏中的"矩阵"→"调整大小"命令，弹出"调整大小"对话框，如图 4-55 所示，根据指定方法调整矩阵行列数和矩阵的值，如图 4-56 所示。

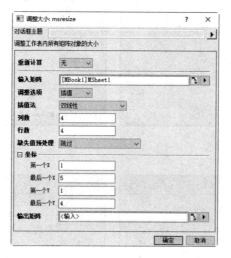

图 4-55　"调整大小"对话框

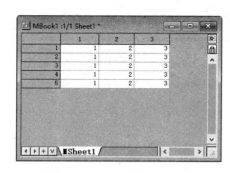
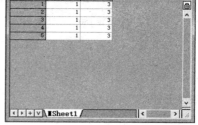

5×3 矩阵　　　　　　　　　　　　5×2 矩阵

图 4-56　矩阵行列调整

"调整大小"对话框中的选项说明如下：

（1）"调整选项"选项：Origin 可以通过对矩阵中进行扩展、收缩、插值、填充，主要是对变换过程中矩阵值进行计算。

选择"扩展"、"收缩"选项，与执行"扩展"、"收缩"命令相同，这里不再介绍。

（2）"插值法"选项：选择利用插值进行调整，激活该选项，其中插值的方法包含：最近、双线性、双三次卷积、样条、双二次、双三次拉格朗日、随机 Kringing 方法、反距离加权法（IDW）、中心。

（3）列数、行数：显示矩阵的行数和列数。

（4）缺失值预处理：选择缺失值的处理方法，默认为"跳过"。

（5）坐标：X、Y 坐标值。

（6）"输出矩阵"选项：在该选项下显示输出矩阵位置，单击右侧三角按钮▶，弹出如图 4-57 所示的快捷菜单，用于选择矩阵输出位置。

图 4-57　快捷菜单

实例——矩阵和工作表转换

本实例演示通过销售业绩表数据（见图 4-58），将工作表转换为矩阵，并演示矩阵的各种变换操作。

	A	B	C	D	E
1	销售业绩表				
2	姓名	产品A	产品B	产品C	评定
3	Lily	35	32	40	TRUE
4	Vian	24	36	35	FALSE
5	Tom	30	28	38	FALSE
6	Jerry	33	32	39	TRUE
7	Shally	23	29	37	FALSE

图 4-58　原始数据

 操作步骤

（1）启动 Origin 2023，将源文件下的"评定销售人员业绩 .xlsx"文件拖放到工作区，导入数据文件，工作表中数据为 XYYYY，如图 4-59 所示。

	A(X)	B(Y)	C(Y)	D(Y)	E(Y)
长名称	姓名	产品A	产品B	产品C	评定
单位					
注释					
文件头	销售业绩表 销售业绩表 销售业绩表				
F(x)=					
迷你图					
1	Lily	35	32	40	
2	Vian	24	36	35	
3	Tom	30	28	38	
4	Jerry	33	32	39	
5	Shally	23	29	37	
6					
7					
8					

图 4-59　导入数据

（2）选择菜单栏中的"工作表"→"转换成 XYZ 数据"命令，弹出"转换成 XYZ 数据"对话框，在"转换选项"→"数据结构"下拉列表中选择"没有 X 和 Y"选项，如图 4-60 所示。

（3）单击"确定"按钮，关闭该对话框，自动在当前在工作表窗口中创建一个工作表 XYZConvert1，将当前工作表中的数据转换为 A（X）、B（Y）、C（Z）数据，如图 4-61 所示。

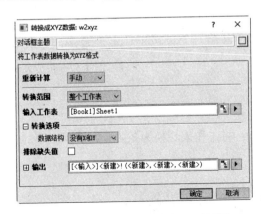

图 4-60 "转换成 XYZ 数据"对话框

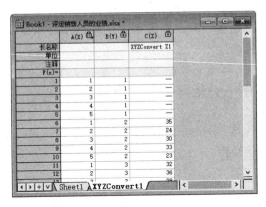

图 4-61 工作表 XYZConvert1

（4）激活工作表 Sheet1，选择菜单栏中的"工作表"→"转换成 XYZ 数据"命令，弹出"转换成 XYZ 数据"对话框，在"转换选项"→"数据结构"下拉列表中选择"没有 X 和 Y"选项，勾选"排除缺失值"复选框。单击"确定"按钮，关闭该对话框，自动在当前在工作表窗口中创建一个工作表 XYZConvert2，排除当前工作表中的缺失值，数据转换为 XYZ 数据 XYZConvert2，如图 4-62 所示。

（5）将鼠标光标放置在 XYZ 工作表 XYZ-Convert2 左上角的空白单元格，当鼠标光标变为箭头状时单击，选中所有单元格。

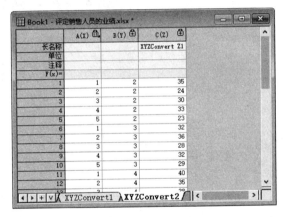

图 4-62 新建工作表 XYZConvert2

（6）选择菜单栏中的"工作表"→"转换为矩阵"→"XYZ 网格化"命令，弹出"XYZ 网格化"对话框，在"网格化方法和参数"选项选择"均匀分布"，其余选择默认参数选项，如图 4-63 所示。单击"确定"按钮，关闭该对话框，系统自动在当前在工作表窗口中创建一个矩阵表 MBook3，如图 4-64 所示。

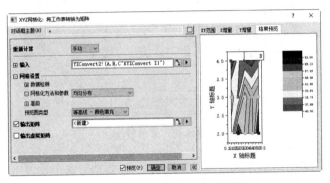

图 4-63 "XYZ 网格化"对话框

（7）在矩阵窗口标题栏上单击鼠标右键，在弹出的快捷菜单中选择"显示图像缩略图"命令，在矩阵簿窗口上方显示矩阵的图形缩略图。

（8）在矩阵窗口标题栏上单击鼠标右键，在弹出的快捷菜单中选择"显示 XY"命令，自动将行号、列号替换为 X、Y 的值，如图 4-65 所示。

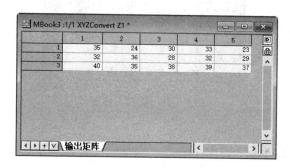

图 4-64　新建矩阵文件 MBook3

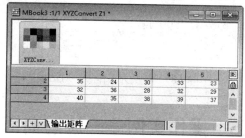

图 4-65　显示矩阵 XY 值和缩略图

（9）激活矩阵表 MBook3，选择菜单栏中的"矩阵"→"转置"命令，弹出"转置"对话框，在"输出矩阵"下拉列表中选择"＜新建＞：新建矩阵工作簿"选项，图 4-66 所示。单击"确定"按钮，关闭该对话框，新建矩阵表 MBook4，并在矩阵表中添加了创建转置后的矩阵，如图 4-67 所示。

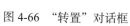

图 4-66　"转置"对话框

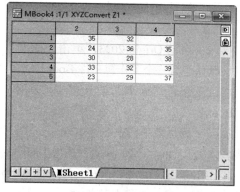

图 4-67　新建矩阵表 MBook4

（10）激活矩阵表 MBook4，选择菜单栏中的"矩阵"→"转换为工作表"命令，弹出"转换为工作表"对话框，在"方法"下拉列表中选择"直接转换"，在"数据格式"下拉列表中选择"没有 X 和 Y"，图 4-68 所示。单击"确定"按钮，关闭该对话框，自动创建一个工作簿Book6，如图 4-69 所示。

（11）对比发现，图 4-58 所示的原始工作表与经过矩阵转换的图 4-67 中的转换工作表中数据完全相同。

（12）保存项目文件。选择菜单栏中的"文件"→"保存项目"命令，弹出"另存为"对话框，在"文件名"文本框内输入"销售业绩表数据转换"，单击"保存"按钮，保存项目文件。

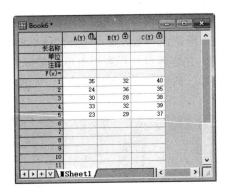

图 4-68 "转换为工作表"对话框　　　　图 4-69 转换工作表

4.5 操作实例——波动曲面矩阵

本实例通过数学表达式 $z = \cos x^2 + \sin y^2$ 设置矩阵的值，并将矩阵与工作表 XYZ 网格文件进行转换，得到相应的数据文件，用于后期进行三维图形绘制和数据分析。

操作步骤

4.5.1 创建矩阵文件

（1）启动 Origin 2023，单击"标准"工具栏中的"新建项目"按钮，创建一个新的项目，默认包含一个工作簿文件 Book1。

（2）单击"标准"工具栏中"新建矩阵"按钮，自动创建矩阵簿窗口，默认名称为 MBook1。

（3）选择菜单栏中的"矩阵"→"设置值"命令，弹出"设置值"对话框，在公式编辑框内输入公式 sin（x^2）+cos（y^2），如图 4-70 所示。

（4）单击"确定"按钮，即可在 MBook1：MSheet1 中填充通过函数计算的值，默认矩阵大小为 32×32，如图 4-71 所示。

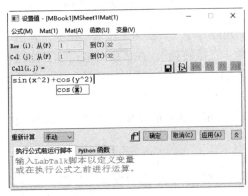

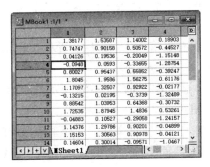

图 4-70 "设置值"对话框　　　　图 4-71 设置数据

（5）选择菜单栏中的"查看"→"显示图像缩略图"命令，在矩阵簿窗口上方显示矩阵对应的图形缩略图。

（6）选择菜单栏中的"查看"→"显示 XY"命令，自动将行号、列号替换为 1~10 的数据值。其中，行标签显示 X 值，列标签显示 Y 值，单元格内显示 Z 值。

（7）选择菜单栏中的"矩阵"→"行列数/标签设置"命令，弹出"矩阵的行列数和标签"对话框，用于设置矩阵列数为 50，如图 4-72 所示。

（8）单击"确定"按钮，即可在 MBook1：MSheet1 中扩展列数，添加列使用缺失值填充，结果如图 4-73 所示。

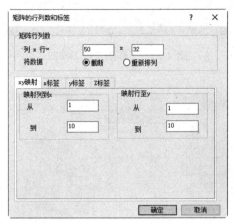

图 4-72　"矩阵的行列数和标签"对话框

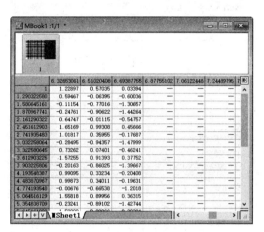

图 4-73　设置行列数

4.5.2　矩阵转换为工作表

（1）在工作环境中将矩阵簿窗口 MBook1 置为当前。

（2）选择菜单栏中的"矩阵"→"转换为工作表"命令，弹出"转换为工作表"对话框。在"方法"下拉列表中选择"直接转换"选项，在"数据格式"下拉列表中选择"Y 数据跨列"，勾选"X 数据在第一列"复选框；在"Y 数据在"下拉列表中选择"用户自定义参数"选项。在"输出工作表"选项中选择"新建"，如图 4-74 所示。

（3）单击"确定"按钮，关闭该对话框，自动创建一个工作表文件 Book2，如图 4-75 所示。该工作表中在自定义参数"UserDefined"中显示 Y 值，第一列 A（X）列中显示 X 值，数据区的其他单元格显示 Z 值。

4.5.3　工作表转换为 XYZ 格式

（1）将工作表窗口 Book2 置为当前。

（2）选择菜单栏中的"工作表"→"转换成 XYZ 数据"命令，弹出"转换成 XYZ 数据"对话框，在"转换选项"→"数据结构"下拉列表中选择"没有 X 和 Y"选项，如图 4-76 所示。

（3）单击"确定"按钮，关闭该对话框，自动在当前在工作表窗口中创建一个工作表 Book2：XYZConvert1，将当前工作表中的数据转换为 A（X）、B（Y）、C（Z）数据，如图 4-77 所示。

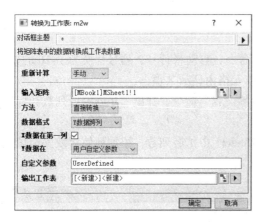

图 4-74 "转换为工作表"对话框

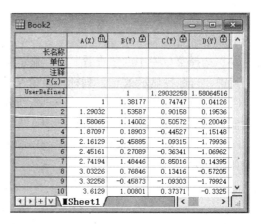

图 4-75 工作表文件 Book2

图 4-76 "转换成 XYZ 数据"对话框

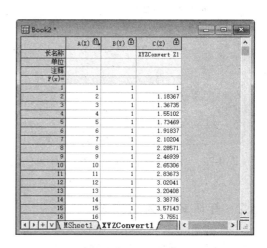

图 4-77 新建工作表文件 Book2

4.5.4 转换网格矩阵

（1）将 XYZ 工作表窗口 Book2 置为当前，该工作表 Book2：XYZConvert1 中数据为 XYZ。

（2）将鼠标光标放置在 XYZ 工作表左上角的空白单元格，当鼠标光标变为箭头状时单击，选中所有单元格，如图 4-78 所示。

（3）选择菜单栏中的"工作表"→"转换为矩阵"→"XYZ 网格化"命令，弹出"XYZ 网格化"对话框，采用默认参数选项，如图 4-79 所示。

（4）单击"确定"按钮，关闭该对话框，自动在当前在工作表窗口中创建一个矩阵表 MBook3：输出矩阵，如图 4-80 所示。

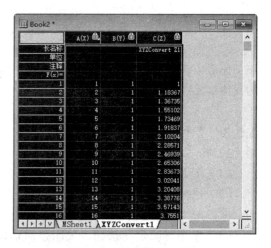

图 4-78 选中所有单元格

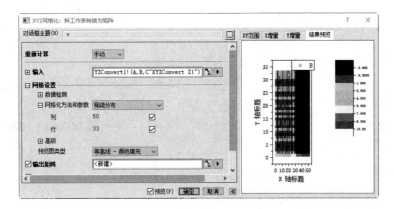

图 4-79　"XYZ 网格化"对话框

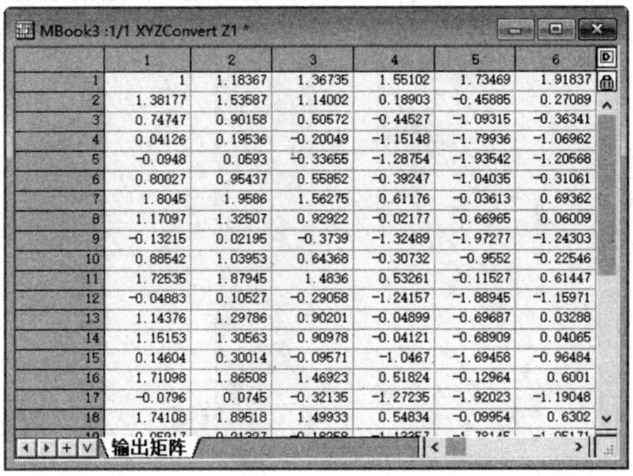

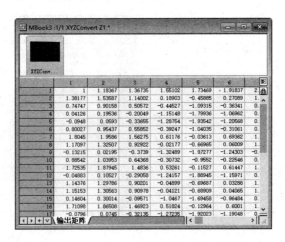

图 4-80　新建矩阵文件 MBook3

（5）在矩阵窗口标题栏上单击鼠标右键，在弹出的快捷菜单中选择"显示图像缩略图"命令，在矩阵簿窗口上方显示矩阵的图形缩略图。

（6）在矩阵窗口标题栏上单击鼠标右键，在弹出的快捷菜单中选择"显示 XY"命令，自动将行号、列号替换为 X、Y 的编号，如图 4-81 所示。

图 4-81　显示矩阵 XY 值

4.5.5 矩阵变形

（1）激活矩阵窗口 MBook3，矩阵列、行数为 50×32。

（2）选择菜单栏中的"矩阵"→"调整大小"命令，弹出"调整大小"对话框，设置列数为 4，行数为 400，在"输出矩阵"下拉列表中选择"＜新建＞＜新建＞：新工作簿"选项，如图 4-82 所示。单击"确定"按钮，关闭该对话框，创建一个矩阵簿 MBook4：Resize of 输出矩阵，如图 4-83 所示。

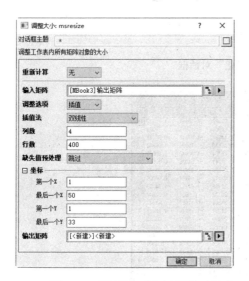

图 4-82 "调整大小"对话框

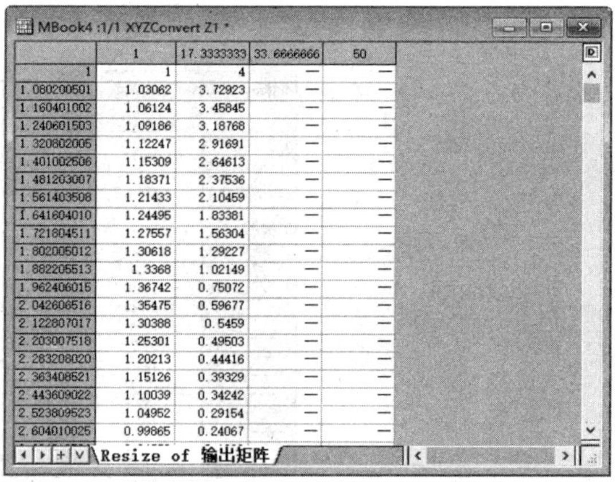

图 4-83 调整矩阵

（3）将矩阵簿 MBook4 置为当前。选择菜单栏中的"矩阵"→"收缩"命令，弹出"收缩"对话框，设置列因子为 2，行因子为 10，在"输出矩阵"下拉列表中选择"＜新建＞：新建矩阵工作簿"选项，如图 4-84 所示。单击"确定"按钮，关闭该对话框，创建一个矩阵簿 MBook5，如图 4-85 所示。

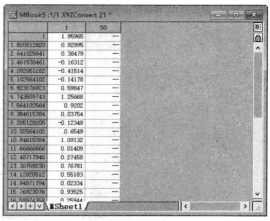

图 4-84 "收缩"对话框

图 4-85 收缩矩阵

（4）将矩阵簿 MBook5 置为当前。选择菜单栏中的“矩阵”→“转置”命令，弹出“转置”对话框，在“输出矩阵”下拉列表中选择“＜新建＞：新建矩阵工作簿”选项，如图 4-86 所示。单击“确定”按钮，默认将整个矩阵表中的数据进行行列转换，创建矩阵簿 MBook6，如图 4-87 所示。

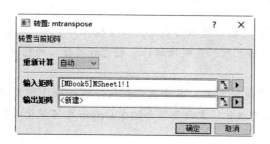

图 4-86　“转置”对话框

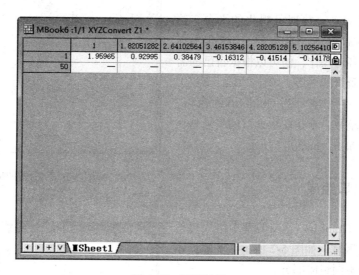

图 4-87　矩阵转置

（5）选择菜单栏中的“文件”→“保存项目”命令，弹出“另存为”对话框，在“文件名”文本框内输入“波动曲面网格矩阵”，单击“保存”按钮，保存项目文件。

第5章　数据可视化

所谓"数据可视化"，是指以数据为视角，以可视化为手段，将相对晦涩的数据通过可视、交互的方式进行展示，从而形象、直观地解释、表达数据蕴含的信息和规律，从而得到更有价值的信息。

数据可视化不仅仅是统计图表。本质上，任何能够借助于图形的方式展示事物原理、规律、逻辑的方法都叫数据可视化。本章简要介绍在 Origin 中可视化数据的常用方法。

5.1　图形窗口

图形窗口是 Origin 数据可视化的平台，这个窗口和工作簿窗口是相互独立的。如果能熟练掌握图形窗口的各种操作，便可以根据自己的需要来获得各种高质量的图形。

图形窗口为一个编号为 Graph(n) 的窗口，其中 n 是一个正整数，新建图形窗口的编号是在原有编号基础上加 1，如图 5-1 所示。

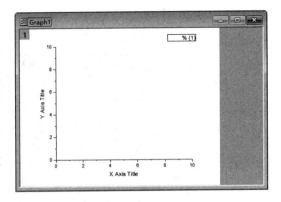

图 5-1　空白的图形窗口

5.1.1　图形窗口组成

在图形窗口 Graph1 中，图的基本组成包括页面区域和灰色区域，如图 5-2 所示。下面具体介绍页面区域的不同组成部分。

1）页面区域：整个图表及其包含的元素，具体指窗口中的整个白色区域。

2）绘图区：以坐标轴为界并包含全部数据系列的矩形框区域。

3）网格线：可添加到图表中以易于查看和计算数据的线条，是坐标轴上刻度线的延伸，并穿过绘图区。主要网格线标出了轴上的主要间距，用户还可在图表上显示次要网格线，用以标示主要间距之间的间隔。

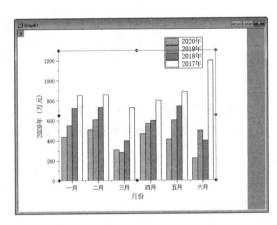

图 5-2　图表的基本组成示例

4）数据标志：图表中的条形、面积、圆点、扇面或其他符号，代表源于数据表单元格的单个数据点或值，例如，图 5-2 中的土黄色、绿色、紫色和黄色条形。具有相同样式的数据标志代表一个数据系列。

5）数据系列：源自数据表的行或列的相关数据点。图表中的每个数据系列具有唯一的颜色或图案，并且在图表的图例中表示。例如，图 5-2 中的图表有 4 个数据系列，土黄色系列表示 2020 年企业净利润、绿色系列表示 2019 年企业净利润、紫色系列表示 2018 年企业净利润、黄色系列表示 2017 年企业净利润。

6）分类名称：通常将工作表数据中的行或列标题作为分类名称。例如，在图 5-2 中的图表中，"一月"～"六月"为分类名称。

7）图例：图例是一个位于右上角方框，用于标识数据系列或分类的图案或颜色。

8）图表数据系列名称：通常将工作表数据中的行或列标题作为系列名称，出现在图表的图例中。在图 5-2 的图表中，行标题"2017 年"、"2018 年"、"2019 年"和"2020 年"以系列名称出现。

5.1.2　浮动工具栏

在 Origin 2023 中，大多数的二维图形都有一套"快速编辑"的浮动工具，利用浮动工具可以交互式修改常用的图形属性，定制图形外观。

浮动工具栏中的编辑工具取决于所选对象。根据所选对象的不同，浮动工具栏分为五种，分别对应于页面、图层、图形、文本或图形对象，以及坐标轴这五个层级的图形属性。

1. 页面工具栏

在图形窗口中，单击页面绘图区，系统自动在单击的位置显示相应的浮动工具栏，如图 5-3 所示。利用该浮动工具栏可以缩放设置绘图区的图框、图层坐标轴、设置刻度线和坐标轴标题样式等常用操作。

单击浮动工具栏下方的"…"按钮，弹出"自定义浮动工具栏"对话框，如图 5-4 所示，显示浮动工具栏中的命令按钮及其说明。

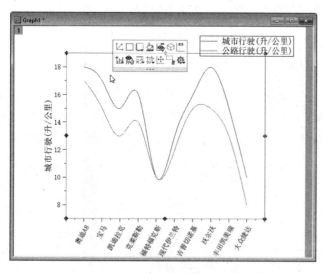

图 5-3　页面浮动工具栏

图 5-4　"自定义浮动工具栏"对话框

2. 坐标轴浮动工具栏

通过浮动工具栏上的按钮快速地完成坐标轴的许多常规属性的编辑，对于更复杂的轴属性，则可以使用轴对话框进行编辑。

在图形窗口中，单击坐标轴，系统自动在单击的位置显示相应的浮动工具栏，如图 5-5 所示。利用该浮动工具栏可以缩放坐标轴、设置刻度线和坐标轴标题样式等常用操作。

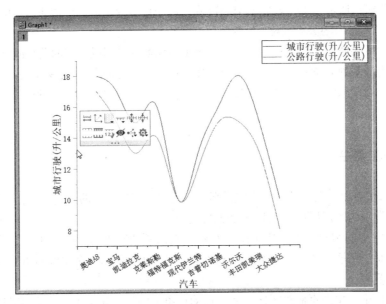

图 5-5　坐标轴浮动工具栏

3. 图形浮动工具栏

在图形上单击，系统自动弹出图形的浮动工具栏，如图 5-6 所示，利用该浮动工具栏可以设置所画数据点的类型、大小、颜色以及数据点之间连线的类型、粗细、颜色等。

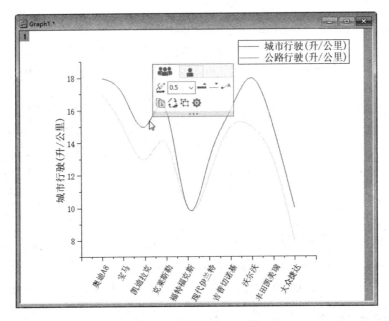

图 5-6　图形浮动工具栏

5.1.3 绘图模板

Origin 支持超过 100 种绘图类型，可应用于不同的技术领域。其中，二维图形基于工作表数据绘制。

（1）在菜单栏选择"绘图"命令，即可查看 Origin 2023 内置的图形模板，利用 Origin 2023 可创建至少十类图形，即基础二维图、多面板 / 多轴、统计图、等高线图、专业图、分组图、三维图和函数图等。

（2）内置的图形模板中包含有"基础 2D 图"模板、"条形图、饼图、面积图"模板，如图 5-7 所示，这里主要介绍简单的二维绘图命令。

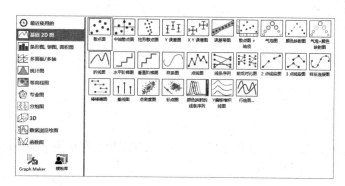

基础 2D 图模板

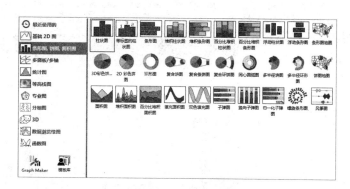

条形图、饼图、面积图模板

图 5-7 基础二维图模板

说明：

利用工作表中的数据绘图是一种常用的基础绘图方法，以数据列 X 为横坐标、数据列 Y 为纵坐标。

在工作表中通过鼠标拖动，或使用组合键：Ctrl 键单独选取、Shift 键选中区域。通常是以列为单位选取（也可以只选取部分行的数据），列要设定自变量 X 和因变量 Y。

- 通常最少要有一个 X 列；
- 如果有多个 Y 列，则自动生成多条曲线；
- 如果有多个 X 列，则每个 Y 列对应左边最近的 X 列。

实例——食品类商品销售额数据图表

某平台 2021 年下半年各品类的商品销售额数据如图 5-8 所示。本实例利用 Origin 2023 的基础二维图形模板绘制折线图、散点图、阶梯图、点线图、柱状图，对比显示各个品类各月的销售额。

	A 月份	B 食品类	C 玩具类	D 饰品类
1	月份	食品类	玩具类	饰品类
2	7月	7002	4449	398
3	8月	7695	4674	11103
4	9月	5147	2523	3133
5	10月	5241	3141	2331
6	11月	6533	2253	4057
7	12月	1994	1190	2993

图 5-8　原始数据

 操作步骤

（1）启动 Origin 2023，将源文件下的"某平台 2021 年下半年销售额 .xlsx"文件拖放到工作区，导入数据文件，如图 5-9 所示。

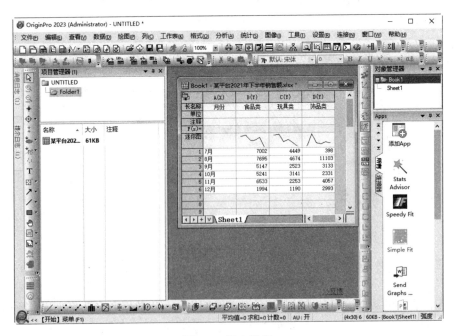

图 5-9　导入数据

（2）单击工作表 B(Y) 列标签选中 B(Y) 列食品类商品销售额。

（3）选择菜单栏中的"绘图"→"基础 2D 图"→"折线图"命令，在当前工作簿中创建图形文件 Graph1，并自动在该图形文件中绘制 B(Y) 列食品类商品销售额的折线图，如图 5-10 所示。

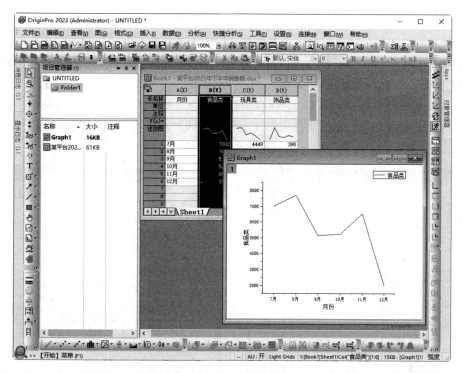

图 5-10 折线图绘图结果

（4）选择菜单栏中的"绘图"→"基础 2D 图"→"散点图"命令，在当前工作簿中创建图形文件 Graph2，并自动在该图形文件中绘制 B(Y) 列食品类商品销售额的散点图，如图 5-11 所示。

（5）选择菜单栏中的"绘图"→"基础 2D 图"→"水平阶梯图"命令，在当前工作簿中创建图形文件 Graph3，并自动在该图形文件中绘制 B(Y) 列食品类商品销售额的水平阶梯图，如图 5-12 所示。

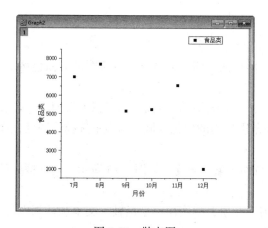

图 5-11 散点图

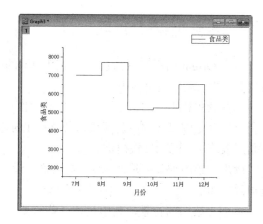

图 5-12 水平阶梯图

（6）选择菜单栏中的"绘图"→"基础 2D 图"→"点线图"命令，在当前工作簿中创建图形文件 Graph4，并自动在该图形文件中绘制 B(Y) 列食品类商品销售额的点线图，如图 5-13

所示。

（7）选择菜单栏中的"绘图"→"条形图、饼图、面积图"→"柱状图"命令，在当前工作簿中创建图形文件 Graph5，并自动在该图形文件中绘制 B(Y) 列食品类商品销售额的柱状图，如图 5-14 所示。

（8）选择菜单栏中的"文件"→"保存项目"命令，弹出"另存为"对话框，在文件列表框中指定保存文件的路径，在"文件名"文本框内输入"食品类商品销售额数据图表"，单击"保存"按钮，保存项目文件。

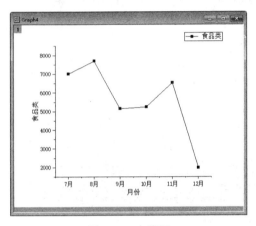

图 5-13　点线图

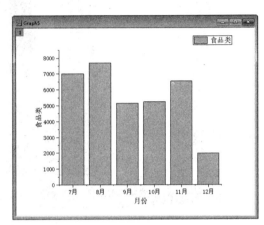

图 5-14　柱状图

5.2　二维图形修饰处理

通过 5.1 节的学习，读者可能会感觉到简单的绘图命令并不能满足我们对可视化的要求。为了让所绘制的图形让人看起来舒服并且易懂，Origin 提供了许多图形修饰的命令。本节主要介绍一些常用的图形修饰命令。

5.2.1　图形页面属性设置

每个 Origin 图形窗口都包含一个可编辑的图形页面，即图形窗口内包含图形的白色区域。设置页面也就是设置页面中元素。

选择菜单栏中的"格式"→"页面属性"命令，或双击图形页面（选择图形页面时，一般选择坐标轴范围以外的白色区域，若选择坐标轴范围以内的白色区域，则表示选择绘图区，而不是图表区），或按 F2 快捷键。

弹出"绘图细节 - 页面属性"对话框，设置页面区域的属性，如图 5-15 所示。对话框中的选项说明如下：

页面是绘图的背景，其中包括一些必要的图形元素，如图层、坐标轴、文本和数据图等。该对话框中包含 5 个选项卡，用于设置这些图形元素属性。

（1）"打印 / 尺寸"选项卡：

1）在"尺寸"选项组下输入图形页面区域的宽度和高度，同时还可以制定尺寸单位，默认值为毫米。

图 5-15　"绘图细节 - 页面属性"对话框

2）在"打印时使用打印机默认尺寸"选项组下设置页面打印显示大小。默认情况下，图形页面的尺寸由默认打印机驱动程序的可打印区域指定，位于页面外部的内容（图 5-1 右侧的灰色区域）不会打印或导出。

按住 Ctrl 快捷键，滚动鼠标滚轮，即可放大、缩小图形页面，效果如图 5-16 所示。

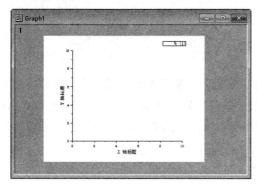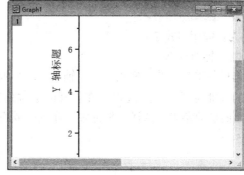

图 5-16　图形页面放大、缩小

（2）"其他"选项卡：在"视图模式"选项组下显示 Origin 中的四个视图。

（3）"图层"选项卡：设置图层及图层中个元素的属性。

（4）"显示"选项卡：设置页面颜色与图形的显示。

（5）"图例 / 标题"选项卡：在"图例更新模式"下拉列表框中选择需要的更新模式，如图 5-17 所示。

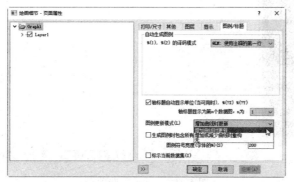

图 5-17　修改图例更新模式

5.2.2　设置坐标轴

坐标轴的设置在所有设置中是最重要的，因为这是达到图形"规范化"和实现各种特殊需要的最核心要求。没有坐标轴的数据将毫无意义，不同坐标轴的图形将无从比较。

单击坐标轴浮动工具栏中的按钮，弹出对应的选项列表以供选择。下面介绍坐标轴浮动工具栏每个按钮选项的意义。

⇌：轴刻度。

↗：重新调整轴。

▥：显示网格线。

▽：刻度样式。

↔：增长刻度线。

↔：减短刻度线。

▱：显示相对的轴。

▥：添加第二个轴。

123：显示刻度线标签。

✆：隐藏所选对象。

⁂：应用格式于。

✿：轴对话框。

选择菜单栏中的"格式"→"轴"→"X 轴""Y 轴""Z 轴"命令，或单击坐标轴浮动工具栏中的"轴对话框"按钮✿，在打开的下拉列表中选择"轴对话框"命令。或单击鼠标右键，在弹出的快捷菜单中选择"坐标轴"命令，或直接双击坐标轴刻度线，弹出"坐标轴"对话框，如图 5-18 所示。

图 5-18　"显示"选项卡

在该对话框中可以设置坐标轴的类型和位置、刻度线标记、标签位置等选项。在左侧面板中选择一个或者多个（按住 Ctrl 键选择）要自定义属性的轴图标，然后选择相应的选项卡和选项进行设置。

默认打开"刻度"选项卡，坐标轴上的刻度指定了数值的范围、数值出现的间隔和坐标轴之间相互交叉的位置。

"坐标轴"对话框中的选项说明如下：

（1）"显示"选项卡用于控制坐标轴的显示。坐标轴按方向分为水平与垂直，"水平"选项中包含左、右轴；"垂直"选项中包含上、下轴。由于系统默认的只有左边和底部的坐标轴，因此如果需要右边和顶部的坐标轴，可以在该选项卡中进行设置。勾选"各轴各自调整刻度"复选框，根据数据图自动调整刻度。

（2）"刻度"选项卡主要用于设置坐标刻度的相关属性，包括主要和次要刻度，如图 5-19 所示。

1）起始、结束：可以设置坐标值的起始范围和坐标刻度的结束范围。

2）类型：可以对坐标轴或坐标值进行特殊设置，如对数或指数形式，如图 5-20 所示。

3）调整刻度：基本刻度值包括固定值与常规值。

4）重新调整页边距：输入也便于与整个页面的比值。

5）翻转：勾选该复选框，翻转带刻度的坐标轴。对于垂直坐标轴，进行上下翻转；对于水平坐标轴，进行左右翻转。

6）主刻度：设置长刻度的类型。默认选择"按增量"进行定义刻度时，可以直接定义增量（间隔）值或者根据描点刻度值计算。

7）次刻度：设置短刻度的类型。默认选择"按数量"进行定义刻度时，定义计数（数量值）。

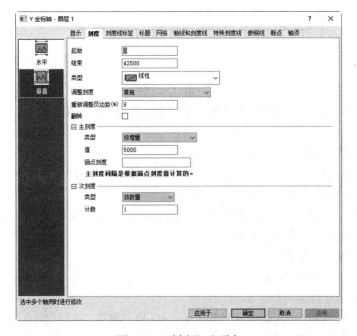

图 5-19　"刻度"选项卡　　　　　　　　　　　　图 5-20　刻度类型下拉选项

（3）"刻度线标签"选项卡：用于设置坐标轴上的数据（标签）的显示形式，如显示类型、颜色、大小、小数点位置、有效数字等，如图 5-21 所示。

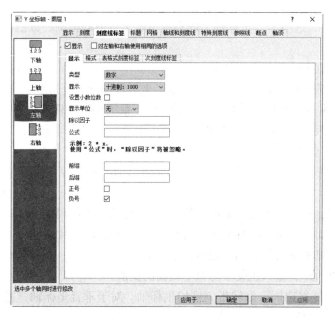

图 5-21 "刻度线标签"选项卡

1）在左侧列表中选择坐标轴。有四个坐标轴，分别是下轴（底部 x 轴坐标）、上轴（顶部 X 坐标）、左轴（左边 y 轴坐标）和右轴 t（右边 y 轴坐标）。

2）对左轴和右轴使用相同的选项：图形默认的有下轴和左轴两个坐标，若图形包含左轴和右轴时，选择该项，只需要是指左轴或右轴中的一个即可。

3）显示：默认勾选该复选框，在该选项卡中显示参数子选项卡，包括显示、格式、表格式刻度标签和次刻度线标签。

"显示"子选项卡：

• 类型：数据类型，默认状态下与数据源数据保持一致，本例中为数字型，也可以修改显示格式，如强制显示为日期型等。如果源数据为日期型，坐标轴也要设置为日期型才能正确显示。

• 显示：主要用于显示呈现数据的格式，如十进制、科学计数法等。

• 设置小数位数：选中复选框后，填入的数字为坐标轴标签（数值）的小数位数。

• 显示单位：主要用于显示数据的数量级单位，如 102，103 等。

• 除以因子：整体数值除以一个数值，典型的为 1000，即除以 1000 倍；或者 0.001，即乘以 1000 倍，这个选项对于长度单位来说是很有用的。

• 公式：使用公式代替制定的标签数值。

• 前缀：标签的前缀，如在刻度前加入单位 ¥ 等。

• 后缀：标签的后缀，如在刻度后加入单位 mm，eV 等。

• 正号：标签数值为正值时，在数值前添加正号，如 10 显示为 +10；默认不选择该复选框。

• 负号：标签数值为负值时，在数值前添加负号。

"格式"子选项卡：设置坐标轴上标签（文字）的颜色、方向和大小。

"表格式刻度标签"子选项卡用于启用表格式布局并根据参数进行设置。

"次刻度线标签"子选项卡用于设置次刻度线标签的显示或隐藏，还可以定义刻度线的显示位置。

（4）"标题"选项卡：设置图形中坐标轴标题（即名称），如图 5-22 所示。坐标轴标题和字体选项也可以通过双击图形中的文本对象直接编辑。

1）文本：在文本框中键入坐标轴标题。输入框中显示"%（？ Y）"是系统内部代码，表示会自动设置使用工作表（Worksheet）中 Y 列的 LongName 作为名称，以 Y 列的"单位"作为坐标轴的单位。

2）颜色：设置标题文字颜色。

3）旋转（度）：设置标题文字的旋转角度。

4）位于轴的：设置标题文字在坐标轴水平方向的位置。

5）字体：设置标题的字体类型与字体大小。

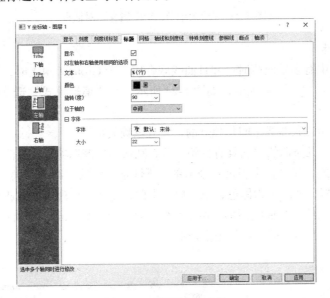

图 5-22　"标题"选项卡

提示："%（？ Y）"这串符号尽量不要改动，因为以后数据工作表修改了，这个图形的标题会自动跟着修改的。如果需要也可以直接输入标题名称。

5.2.3　绘图属性设置

绘图属性设置是指在选定作图类型之后，对数据点、曲线、坐标轴、图例、图层以及图形整体的设置，最终产生一个具体的、生动的、美观的、准确的、规范的图形。

选择菜单栏中的"格式"→"绘图属性"命令，或单击图形浮动工具栏中的"打开绘图详细信息"按钮 ⚙，或在图形上单击鼠标右键，在弹出的快捷菜单中选择"绘图属性"命令，或直接双击图形,弹出"绘图细节 - 绘图属性"对话框,如图 5-23 所示。

该对话框可对图形进行相关的设定,结构上从上到下分别是:Graph(图形)、Layer(层)、Plot(图形)、Line(线)、Symbol(点)。

图 5-23 中显示的是数据曲线的内容,单击 [»] 按钮,可隐藏或显示左边窗口。

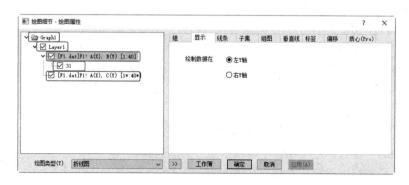

图 5-23 "绘图细节 - 绘图属性"对话框

1. "组"选项卡

当 Graph 图形中有多条曲线时,并且曲线联合成一个 Group(组)时,"绘图细节 - 绘图属性"对话框中将显示"组"选项卡,如图 5-24 所示。在"编辑模式"选项组下显示两种编辑模式。

(1)独立:表示几条曲线之间是独立的,没有依赖关系。

(2)从属:表示几条曲线之间具有依赖关系,默认选择该选项,并激活下面列表中的选项,线条颜色、线条样式、线复合类型表。分别单击不同选项中的"细节"栏,弹出滑块列表,单击可进入详细的设置,曲线 1 为黑色;也可以单击此行,在下拉列表框中选择其他颜色。

若选中多列数据绘制多曲线图形,由于系统默认为组(Group),即所有曲线的符号、线型和颜色会统一设置(按默认的顺序递进呈现)。

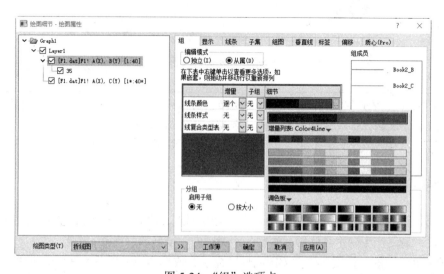

图 5-24 "组"选项卡

2. "显示"选项卡

该选项卡主要设置数据显示的坐标轴,包括左 Y 轴、右 Y 轴,如图 5-25 所示。

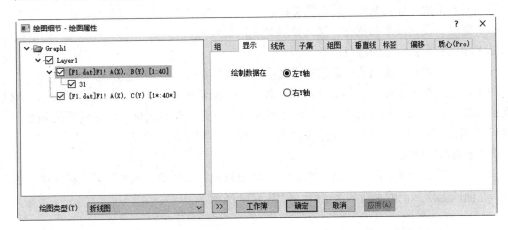

图 5-25 "显示"选项卡

3. "线条"选项卡

该选项卡主要设置曲线的连接方式、线型、线宽、填充等,如图 5-26 所示。

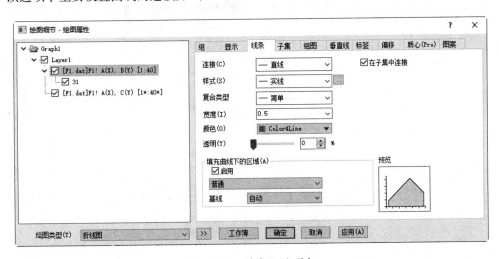

图 5-26 "线条"选项卡

(1)连接:为数据点的连接方式。选择不同的连接方式是为了得到平滑曲线,使图形美观,使用何种平滑曲线,需要视具体的情况,以能够准确合理地表达图形为主,有时候为了科学的需要,不能使用平滑效果,需要选择直线型或点线段。

1)直线型:用直线连接所有的点。

2)2 点线段、3 点线段:通过点线段连接所有的点。

3)B- 样条:对于坐标点,Origin 根据立方 B- 样条生成的光滑曲线,和样条曲线不同的是该曲线不要求通过原始数据点,但要通过第一和最后一个数据点,对数据 X 也没有特别的要求。

4)样条曲线:用光滑的曲线连接所有的点。

5)Bezier 曲线:和 B- 样条曲线接近,曲线将四个点分成一组,通过第一、第四个点,而不通过第二个、第三个点。

（2）样式：设置线条的类型，如实线、画线、点线、点画线等。

（3）复合类型：设置图形中的多线类型。

（4）宽度：设置线条的宽度，默认显示设置为 0.5。

（5）颜色：设置线条的颜色。

（6）透明：通过滑块调节线条的透明度，默认值为 0%，表示不透明。

（7）填充曲线下的区域：勾选"启用"复选框，激活填充曲线和添加基线的选项。填充曲线默认选择"普通"，表示将曲线和 x 轴之间的部分填充，在右侧显示填充效果的预览图。在"基线"下拉列表中选择基线的位置，如上轴、下轴等，默认值为自动。

4."垂直线"选项卡

当曲线类型是"散点图"或含有散点时，选中该选项卡中的"水平"复选框或"垂直"复选框，在曲线上添加点的垂线和水平线，如图 5-27 所示。

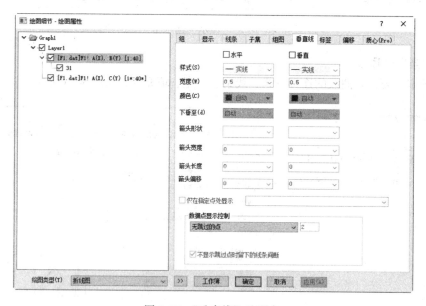

图 5-27 "垂直线"选项卡

5.2.4 图例属性设置

图例的常规属性可以通过浮动工具栏上的按钮快速地完成，对于更复杂的图例属性，可以使用相应的对话框进行编辑。

单击图例，选择菜单栏中的"格式"→"对象属性"命令，或单击浮动工具栏中的"详细"按钮 ⚙，在打开的下拉列表中选择"属性"命令，或单击鼠标右键，在弹出的快捷菜单中选择"属性"命令，弹出"文本对象 – Legend"对话框，如图 5-28 所示。

"文本对象 – Legend"对话框中的选项说明如下：

（1）"文本"选项卡：在该选项卡中除了可以设置图例文本的常规格式，还可以设置图例文本的特殊格式，例如上下标、旋转角度、添加希腊字符等，如图 5-28 所示的。

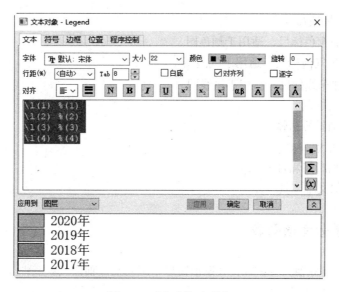

图 5-28 "文本"选项卡

在文本格式下方的列表框中，可以编辑图例的表示方法，在对话框底部的列表框中可以预览对应的图例效果。图例脚本依赖于"替换符号（%,$）"将变量值转换为可读符号和文本。在图形窗口中双击图例对象内部，可以看到此表示法，如图 5-29 所示。

（2）"符号"选项卡：可以设置图例的符号样式。

（3）"边框"选项卡：可以设置图例的框架样式、边框和底纹以及边距。Origin 增加了简化的图例文字换行 (不需要 %(CRLF))，选中"自动换行，调整高度"复选框，图例中的文本即可自动换行，并调整图例的高度。

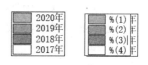

图 5-29　查看图例表示法

（4）"位置"选项卡：设置图例在图形窗口中的位置。

（5）"程序控制"选项卡：可以将 LabTalk 脚本与文本对象相关联，并指定一个在此之后运行脚本的条件。

5.2.5　图形注释

向图形添加文本或绘图对象等注释有助于强化图形，增强图形的可读性。添加图形注释就如同添加静态的文本对象一样简单。

在"添加对象到当前图形窗口"和"工具"工具栏中显示各种图形注释按钮，如图 5-30 所示。

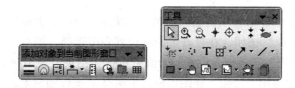

图 5-30　"添加对象到当前图形窗口""工具"工具栏

下面介绍常用按钮命令。

▤ 按钮：添加颜色标尺，适用于颜色图。

◎| 按钮：添加气泡标尺，适用于气泡图。

⬚ 按钮：添加箱线标尺，适用于箱线图。

▦ 按钮：重构图例。

⚲ 按钮：添加星号括弧。

▦ 按钮：添加 XY 标尺。

⚙ 按钮：添加时间和日期。

Ⲧ 按钮：添加文本工具。

实例——职工绩效考核图表

本实例利用"坐标轴"对话框，在图形窗口中定制坐标轴样式。

操作步骤

（1）启动 Origin 2023，打开源文件目录，将"职工绩效考核表 .xlsx"文件拖放到工作区中，导入数据文件，打开"绩效考核工资表"工作表，如图 5-31 所示。

（2）在工作表中选中 I（Y）列。单击"2D 图形"工具栏中的"点线图"按钮 ∕，在图形窗口 Graph1 中绘制点线图，如图 5-32 所示。

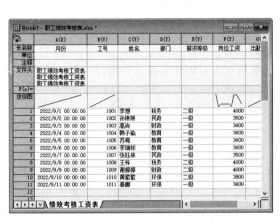

图 5-31　导入数据

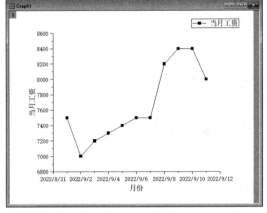

图 5-32　点线图

（3）激活图形窗口 Graph1，单击坐标轴 Y，自动弹出浮动的坐标轴工具栏，单击坐标轴浮动工具栏中的"轴对话框"按钮，在打开了的下拉列表中选择"轴对话框"命令。弹出"坐标轴"对话框，打开"刻度"选项卡，设置起始值为 6000，结束值为 10000，其他采用默认设置，如图 5-33 所示。单击"应用"按钮，在图形窗口中调整 Y 坐标轴刻度，如图 5-34 所示。

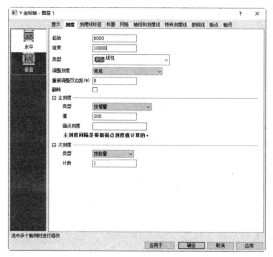

图 5-33　"刻度"选项卡

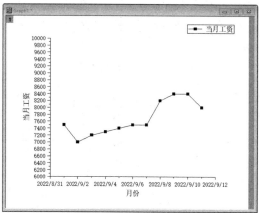

图 5-34　调整 Y 轴刻度

（4）在左侧列表中选择"水平"选项，切换到 X 轴，在"坐标轴"对话框中打开"刻度线标签"选项卡。在"显示"选项卡中选择显示格式，在"格式"选项卡中选择"旋转（度）"为45，方向为"竖排文本中的横排字母和数字"，位置为"紧邻刻度"，如图 5-35 所示。单击"应用"按钮，在图形窗口中调整 X 坐标轴刻度标签，如图 5-36 所示。

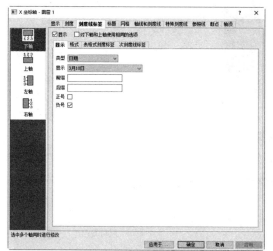

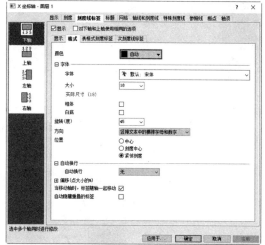

图 5-35　"刻度线标签"选项卡

（5）在"坐标轴"对话框中打开"标题"选项卡，如图 5-37 所示。

在左侧选择"左轴"选项，在"颜色"下拉列表中选择红色，设置"字体""大小"为36。

在左侧选择"下轴"选项，在"颜色"下拉列表中选择红色，设置"字体""大小"为36。

（6）打开"网格"选项卡，勾选"显示"复选框，显示主网格线和次网格线，如图 5-38 所示。

（7）单击"确定"按钮，应用设置的绘图主题，刻度定义旋转坐标轴文本的结果如图 5-39 所示。

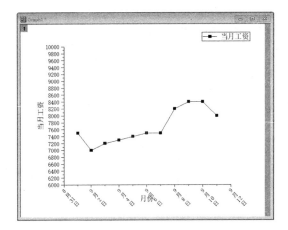

图 5-36　调整 X 坐标轴刻度标签

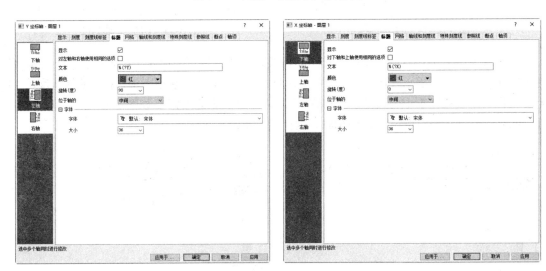

图 5-37　"标题"选项卡

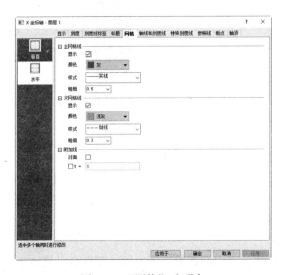

图 5-38　"网格"选项卡

（8）在绘图区单击鼠标右键，在弹出的快捷菜单中选择"调整页面至图层大小"命令，根据内容调整页面，向下移动 X 轴标题"月份"，结果如图 5-40 所示。

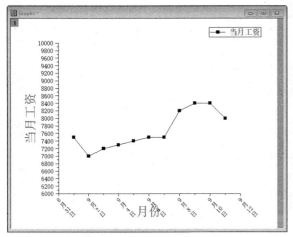

图 5-39　坐标轴设置结果

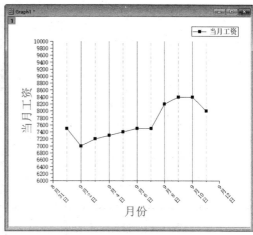

图 5-40　调整页面

（9）单击"添加对象到当前图形窗口"工具栏中的"日期和时间"按钮，弹出"日期和时间"对话框，采用默认参数，如图 5-41 所示。单击"确定"按钮，关闭该对话框，自动在绘图区右上方添加日期和时间，如图 5-42 所示。

（10）在日期和时间文本上单击鼠标右键，在弹出的快捷菜单中选择"属性"命令，弹出"文本对象"对话框，设置字体大小为 36，如图 5-43 所示。单击"确定"按钮，关闭该对话框，字体设置结果如图 5-44 所示。

图 5-41　"日期和时间"对话框

（11）单击图形，在弹出的图形浮动工具栏中单击"显示数据标签"按钮 ✏，自动在绘图区柱形上方添加图形对应的数据，结果如图 5-45 所示。

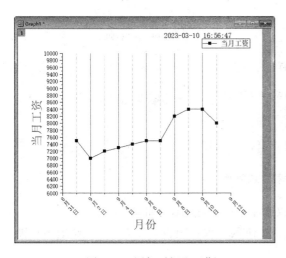

图 5-42　添加时间和日期

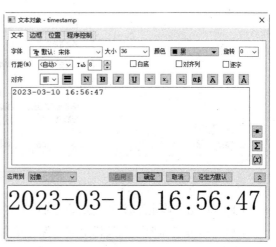

图 5-43　"文本对象"对话框

153

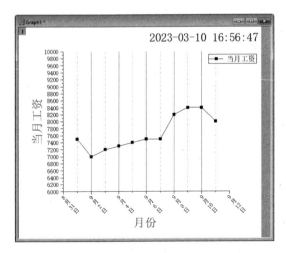

图 5-44　设置文本大小

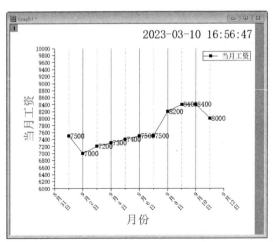

图 5-45　显示数据标签

（12）双击图形，弹出"绘图细节 - 绘图属性"对话框，选中曲线，打开"标签"选项卡，勾选"自动调整位置以避免重叠"复选框，在"位置调整方向"下拉列表中选择"X"，单击"应用"按钮，调整 X 方向数据标签位置；在"位置调整方向"下拉列表中选择"Y"，单击"应用"按钮，调整 Y 方向数据标签位置，如图 5-46 所示。

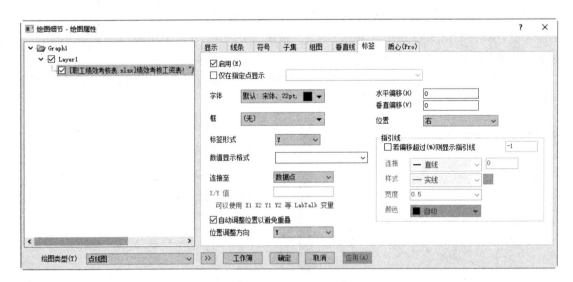

图 5-46　"标签"选项卡

（13）单击"确定"按钮，关闭该对话框，数据标签位置调整结果如图 5-47 所示。

（14）单击"标准"工具栏上的"保存项目"按钮，保存项目文件为"职工绩效考核图表 .opju"。

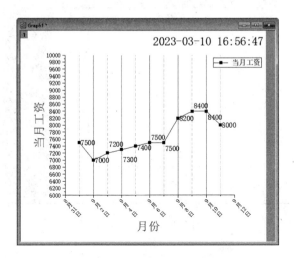

图 5-47　调整数据标签位置

5.3　图层管理

在 Origin 中，图层是最终的组织工具，并且在处理多条曲线及复杂图形时，图层可以起到辅助作用。

5.3.1　图层的概念

图层类似于投影片，将不同属性的对象分别放置在不同的投影片（图层）上。一个完整的图形就是由它所包含的所有图层上的对象叠加在一起构成的，如图 5-48 所示。

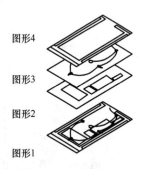

图层是 Origin 的图形窗口中基本要素之一，它是由一组坐标轴组成的一个 Origin 对象。一个基本的图层一般包括坐标轴、数据图、图例三个元素。

图层是 Origin 绘图的基本要素，一个图形窗口至少有一个图层，最多可以高达 121 个图层。在 Origin 2023 中，一个图形窗口中可以有多个图层，每个图层中的图轴确定该图层和总数据的显示。

图 5-48　图层效果

选择菜单栏中的"插入"→"新图层（轴）"命令，或单击"图形"工具栏中指定类型的图层，或在图层窗口空白处单击鼠标右键，直接添加指定坐标轴类型的图层。

图层的标记在图形窗口的左上角用数字显示，如图 5-49 所示。图层标记为按下状态时，表示当前的图层。例如，图 5-49 所示的图形窗口中包含 3 个图层，数字 1 表示图层 1，数字 2 表示图层，图中数字 3 显示为按下状态，表示当前图层为图层 3。

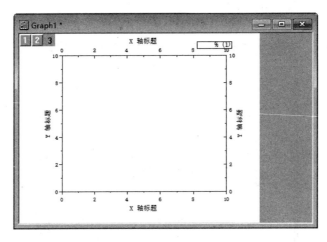

图 5-49　多图层显示

5.3.2　图层添加图形

当单个的图表无法直观的表达数据分析结果时，可以通过添加图层在同一个图表中添加折线图、散点图等基本图形。

选择菜单栏中的"插入"→"在当前图层添加绘图"命令，或单击绘图区浮动工具栏中的"添加绘图"按钮 ，弹出如图 5-50 所示的选项下拉列表，选择绘图命令。

弹出"提示信息"对话框，选择"否"选项，不显示图表绘制对话框，如图 5-51 所示。单击"确定"按钮，关闭对话框，在当前图形上添加图形。

图 5-50　"添加绘图"选项列表

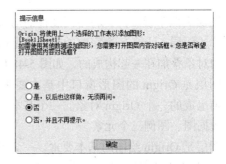

图 5-51　"提示信息"对话框

5.3.3　图层管理器

Origin 提供了详细直观的"图层管理器"对话框，用户可以方便地通过对不同选项卡中的各选项进行设置，从而实现创建新图层、设置图层排列、大小、位置、坐标轴、显示颜色及线型的各种操作。

选择菜单栏中的"图"→"图层管理"命令，或在图层图标上单击鼠标右键，在弹出的快捷菜单中选择"图层管理"命令，系统会弹出如图 5-52 所示的"图层管理"对话框。

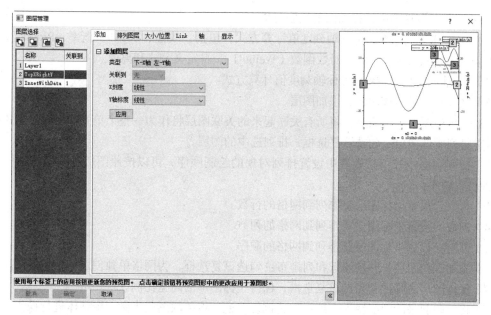

图 5-52 "图层管理"对话框

"图层管理"对话框中的选项说明如下：

（1）"图层选择"选项组：在该选项组中包含 4 个按钮，用于对新建的图层进行移动。

：将所选图层移到前面。

：向前移动选定图层。

：向后移动选定图层。

：将所选图层移到后面。

（2）"添加"选项卡：

1）"类型"：在该下拉列表中显示根据坐标轴位置和数据图样式进行分类的图层。

• 下 -X 轴 左 -Y 轴：添加默认的包含底部 X 轴和左部 Y 轴的图层。

• 上 -X 轴（关联 Y 轴的刻度和尺寸）：添加包含上部 X 轴的刻度和尺寸关联图层，隐藏 Y 轴。

• 左 -Y 轴（关联 X 轴的刻度和尺寸）：添加包含左部 Y 轴的刻度和尺寸关联图层，隐藏 X 轴。

• 右 -Y 轴（关联 X 轴的刻度和尺寸）：添加包含右部 Y 轴的刻度和尺寸关联图层，隐藏 X 轴。

• 上 -X 轴 右 -Y 轴（关联尺寸）：添加包含上部 X 轴和右部 Y 轴的关联图层。

• 下 -X 轴 右 -Y 轴（关联尺寸）：添加包含下部 X 轴和右部 Y 轴的关联图层。

• 插图（关联尺寸）：添加嵌入式的关联图层（默认的包含底部 X 轴和左部 Y 轴）。

• 带数据的插图（关联尺寸）：添加嵌入式的关联图层（默认的包含底部 X 轴和左部 Y 轴，图层中显示数据图）。

• 无轴（关联 XY 轴的刻度和尺寸）：添加不显示 X 轴和 Y 轴的图层，对应 X 轴和 Y 轴与默认 X 轴和 Y 轴的刻度和尺寸关联（相同）。

2）"关联到"：只有选择"插图（关联尺寸）"和"带数据的插图（关联尺寸）"才可以激

活该选项，并在该选项中选择插图的关联对象。

3）"X 刻度"：选择 X 坐标轴刻度值计算方式，包括：线性、Log10、概率、Probit、倒数、偏移倒数、Logit、Ln、Loge 双对数倒数（Weibull）、自定义公式和离散。

4）"Y 轴标度"：选择 Y 坐标轴刻度值计算方式。

5）"应用"：单击该按钮，添加图层。

（3）"排列图层"选项卡：将所有关联起来的关联图层将作为一整个单元，设置排列关系。

1）排列所选图层：勾选该复选框，排列选中的图层。

2）排列顺序：在下拉列表中设置排列对象的绘制顺序，可以按照图层号顺序，也可以按照当前位置顺序。

3）行数：设置坐标图层要排列到网格的行数。

4）列数：设置坐标图层要排列到网格的列数。

5）方向：设置坐标图层要排列到网格的顺序。

6）添加空白图层，并按照行和列排布：勾选该复选框，为网格单独创建一个新的图层。

7）保持图层宽高比：勾选该复选框，保持坐标图形的高宽比例。

8）将关联起来的图层视为一组：勾选该复选框，将关联图层当做一个整体进行操作。

9）关联图层：勾选该复选框，连接图层。

10）用统一尺度设置图层宽度：勾选该复选框，新的图层与原始图层宽度尺度相同。

11）用统一尺度设置图层高度：勾选该复选框，新的图层与原始图层高度尺度相同。

12）显示轴框：勾选该复选框，显示轴线框。

13）间距：设置该网格周围的空隙大小。

（4）"大小 / 位置"选项卡：对图层选择列表中的所有选定图层进行调整大小、移动、交换和对齐设置。

（5）"Link（链接）"选项卡：该选项卡用于设置与当前层所连接的层的连接方式参数。

（6）"轴"选项卡：该选项卡用于设置新图层坐标轴的显示、刻度线方向、标签显示、刻度标签显示混合公式。

（7）"显示"选项卡：该选项卡用于新图层颜色设置、边框尺寸设置和缩放元素设置。

5.4　可视化图表

可视化图表可将数据之间的复杂关系用图形表示出来，能够更加直观、形象地反映数据的趋势和对比关系，使数据易于阅读和评价。

数据可视化有众多展现方式，并非简单地使用一种图表把数据展示出来，而是要分析需求，不同的数据类型要选用合适的图表还原和探索数据隐藏价值，满足用户对数据的价值期望。本节简要介绍 Origin 中几种常用图表（如折线图、柱状图、条形图、饼图、散点图、面积图、箱形图、雷达图）的创建方法。

5.4.1　绘制折线图

折线图是一个由笛卡尔坐标系（直角坐标系），一些点和线组成的统计图表，可以显示随时间（根据常用比例设置）而变化的连续数据，非常适用于表示数据在相等时间间隔下或有序类别的变化。通常情况下，类别数据或时间的推移沿水平轴均匀分布，数值数据沿垂直轴均匀分布。

在折线图中，类别数据沿水平轴均匀分布，所有值数据沿垂直轴均匀分布。如果分类标签是文本并且代表均匀分布的数值（如月、季度或财政年度），则应该使用折线图。当有多个系列时，尤其适合使用折线图。对于一个系列，应该考虑使用类别图。如果有几个均匀分布的数值标签（尤其是年），也应该使用折线图。

实例——月收入折线对比图

本节练习使用如图 5-53 所示的数据制作月收入对比图，通过对操作步骤的讲解，读者可以掌握在图表中添加误差线、误差带的操作方法。

月收入对比图（万元）						
	A	B	C	D	E	F	G
1	月收入对比图（万元）						
2	年度	1月	2月	3月	4月	5月	6月
3	2016年	15	30	35	44	55	45
4	2017年	24	40	49	60	68	65

图 5-53　月收入对比图表

操作步骤

（1）启动 Origin 2023，将源文件下的"月收入对比图 .xlsx"文件拖放到工作区，导入数据文件，如图 5-54 所示。

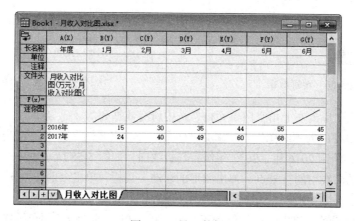

图 5-54　导入数据

（2）在工作表 Book1 中单击左上角空白单元格，选中所有数据，选择菜单栏中的"工作表"→"转置"命令，弹出"转置"对话框，"标签类型"选择"长名称"，如图 5-55 所示。单击"确定"按钮，将工作表中的数据进行行列转换，结果如图 5-56 所示。

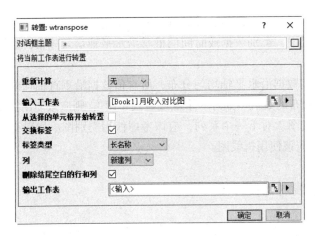

图 5-55 "转置"对话框

（3）Origin 工作表中数据区第一行显示表格数据名称。选择第一行，单击鼠标右键，在弹出的快捷菜单中选择"设置为长名称"命令，将第一行数据添加到长名称行，数据区剩余数据向上递增。

（4）利用浮动工具栏中的"设置为 X"按钮**X**、"设置为 Y"按钮 **Y**，将 A 列绘图属性设置为 X，B、C 列绘图属性设置为 Y 列，数据整理结果如图 5-57 所示。

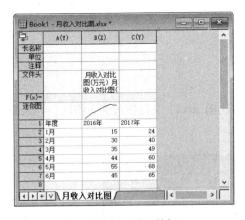

图 5-56 转置数据

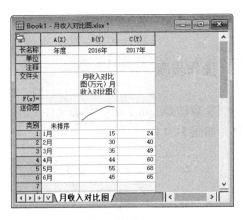

图 5-57 数据整理

（5）在工作表中单击左上角空白单元格，选中所有数据列。

（6）选择菜单栏中的"绘图"→"基础 2D 图"→"点线图"命令，在当前工作簿中创建图形文件 Graph1，绘制 2016 年、2017 年销售额折线图，如图 5-58 所示。

（7）单击图的曲线中的符号点，弹出图形的浮动工具栏，单击多曲线"图形符号"按钮，在下拉颜色列表中选择 2D 球，如图 5-59 所示，设置符号大小为 24。

（8）单击曲线图形，弹出图形的浮动工具栏，单击单曲线"线条颜色"按钮，在下拉颜色列表中选择橙色，该曲线自动变为橙色，如图 5-60 所示。

（9）单击图形的浮动工具栏"线的粗细"下拉列表，选择 5，将该曲线线宽设置为 5，如图 5-61 所示。

（10）采用同样的方法，设置下面的曲线颜色为蓝色，结果如图 5-62 所示。

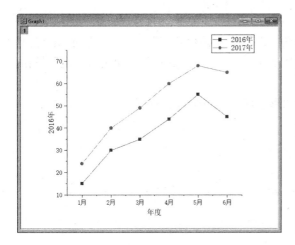

图 5-58　折线图

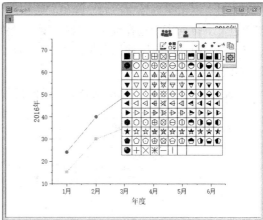

图 5-59　设置曲线符号

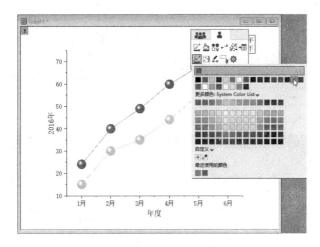

图 5-60　设置曲线颜色

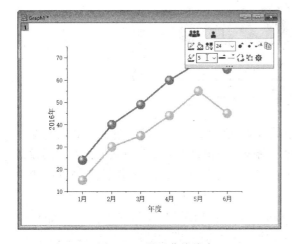

图 5-61　设置曲线线宽

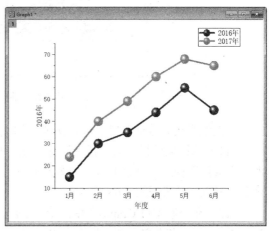

图 5-62　设置曲线颜色

（11）双击坐标区空白处，弹出"绘图细节 - 图层属性"对话框，打开"背景"选项卡，在"颜色"下拉列表中选择浅灰，"透明度"设置为 44%，在"渐变填充"→"模式"选项下选择"双色"，"第二颜色"选择为灰，"方向"为"从下到上"，如图 5-63 所示。单击"确定"按钮，关闭该对话框。

此时，坐标区背景色设置完成，横向拖动图形边框，效果如图 5-64 所示。

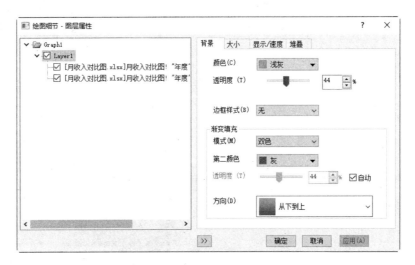

图 5-63 "绘图细节 - 图层属性"对话框

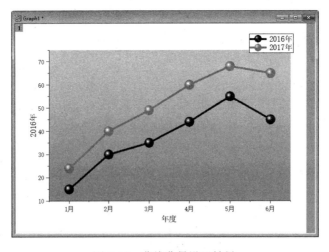

图 5-64 曲线背景设置结果

误差线是代表数据系列中每一数据与实际值偏差的图形线条，常用的误差线是 Y 误差线。

（12）选择菜单栏中的"插入"→"误差棒"命令，弹出"误差棒"对话框，在"误差来源"中选择数据的百分数 10%，如图 5-65 所示。单击"确定"按钮，关闭对话框。在工作表中添加误差列，结果如图 5-66 所示。

（13）在图形窗口 Graph1 中的 2017 年营业额曲线上中添加误差线。在图形窗口 Graph1 中选中 2016 年的营业额曲线，重复步骤（12）的操作，在 2016 年营业额曲线上中添加误差线，效果如图 5-67 所示。

图 5-65　"误差棒"对话框

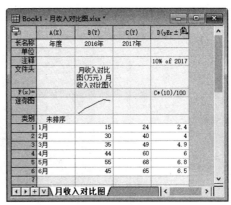

图 5-66　添加误差列

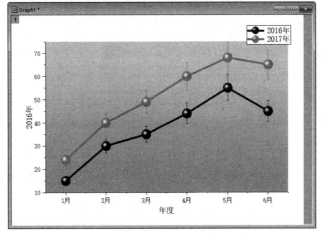

图 5-67　添加误差线

（14）误差棒图也可以用误差带表示，可以将误差棒改为误差带图。双击误差棒图，弹出"绘图细节 - 绘图属性"对话框，打开"误差棒"选项卡，在"连接"下拉列表中选择"直线"，勾选"填充曲线之下的区域"复选框，如图 5-68 所示，自动添加"图案"选项卡，更改误差带填充颜色，单击"确定"按钮，误差带图效果如图 5-69 所示。

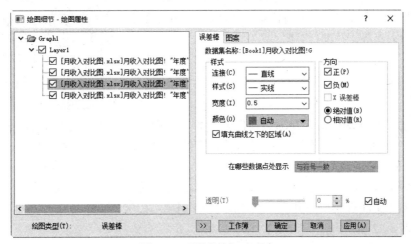

图 5-68　"误差棒"选项卡

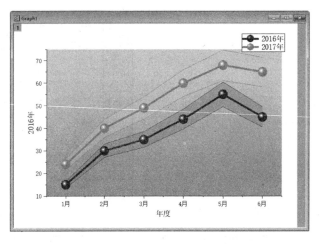

图 5-69 误差带图

（15）单击"标准"工具栏上的"保存项目"按钮![按钮]，保存项目文件为"月收入折线对比图 .opju"。

5.4.2 绘制柱状图、条形图

柱状图、条形图采用长方形的形状和颜色编码数据的属性，可以展示多个分类的数据变化，或者描述同类别各项数据之间的差异，简明、醒目，是一种常用的统计图表，适用对比分类数据。

柱状图、条形图还包括堆积条形图和百分比堆积条形图。堆积柱状图、堆积条形图常用于显示各项与整体的关系，不仅可以比较同类别中各变量的大小，还可以显示不同类别变量的总和差异。百分比堆积条形图则适合展示同类别的每个变量占整体的比例。

实例——绘制某企业月收入条形对比图

某企业 2021 年和 2022 年上半年月收入如图 5-70 所示，本实例利用条形图、柱状图，分析该企业 2021 年、2022 年这两年的月收入趋势，并进行对比。

	A	B	C
1	月份	2021年	2022年
2	1月	15	24
3	2月	30	32
4	3月	35	40
5	4月	44	36
6	5月	55	58
7	6月	45	55

图 5-70 原始数据

 操作步骤

（1）启动 Origin 2023，打开源文件目录，将"上半年月收入 .xlsx"文件拖放到工作区中，导入数据文件，打开"上半年月收入"工作表，如图 5-71 所示。

（2）选择菜单栏中的"绘图"→"条形图、饼图、面积图"→"柱状图"命令，在当前工作簿中创建图形文件 Graph1，并自动在该图形文件中绘制 2021 年和 2022 年上半年月销售额的柱状图，如图 5-72 所示。

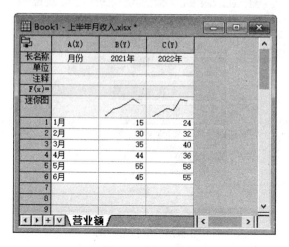

图 5-71 导入数据

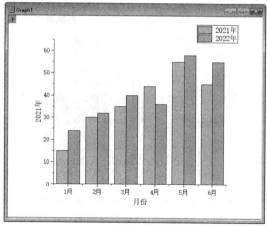

图 5-72 柱状图

（3）选择菜单栏中的"绘图"→"条形图、饼图、面积图"→"带标签的柱状图"命令，在当前工作簿中创建图形文件 Graph2，并自动在该图形文件中绘制 2021 年和 2022 年上半年月销售额的带标签柱状图，如图 5-73 所示。

（4）选择菜单栏中的"绘图"→"条形图、饼图、面积图"→"条形图"命令，在当前工作簿中创建图形文件 Graph3，绘制上半年月销售额的条形图，如图 5-74 所示。

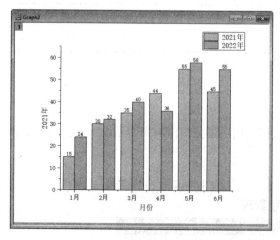

图 5-73 带标签柱状图

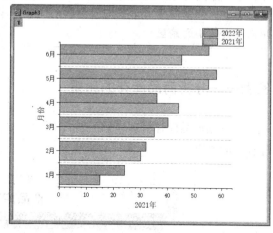

图 5-74 条形图

（5）选择菜单栏中的"绘图"→"条形图、饼图、面积图"→"堆积柱状图"命令，在当前工作簿中创建图形文件 Graph4，并自动在该图形文件中绘制 2021 年和 2022 年上半年月销售额的堆积柱状图，如图 5-75 所示。

（6）选择菜单栏中的"绘图"→"条形图、饼图、面积图"→"堆积条形图"命令，在当前工作簿中创建图形文件 Graph5，绘制上半年月销售额的堆积条形图，如图 5-76 所示。

（7）单击"标准"工具栏上的"保存项目"按钮，保存项目文件为"上半年月收入条形图 .opju"。

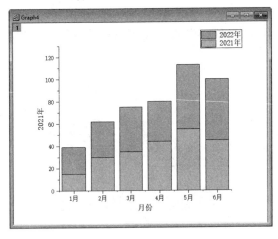

图 5-75　堆积柱状图

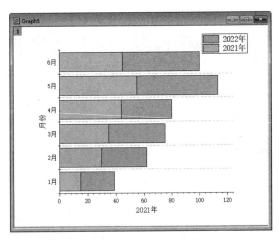

图 5-76　堆积条形图

5.4.3　绘制饼图

饼图也称为扇图，使用圆心角不同的扇形显示某一数据系列中每一项数值与总和的比例关系，每个扇形用一种颜色进行填充，各百分比之和是 100%。适用于展示各个部分之间的比例差别较大，且需要突出某个重要项的数据。

提示：为便于查看一些小的扇区，可以在紧靠主图表的一侧生成一个较小的饼图或条形图，用来放大较小的扇区。

实例——分析商品库存的比重

某商场商品库存管理表如图 5-77 所示，本实例使用饼图分析该商场商品入库量、出库量和库存量的比重。

商品名称	型号	颜色	入库量	出库量	库存量
商品库存管理					
A	XS010	落日金	800	620	180
B	XS020	天空蓝	620	120	500
A	XS030	樱花粉	700	360	340
C	XS040	皓月灰	900	500	400
D	XS501	天空蓝	450	130	320
B	XS612	玫瑰红	850	250	600
D	XS703	太空白	980	470	510
C	XS726	皓月灰	1200	980	220
A	XS808	玫瑰红	460	180	280

图 5-77　商品库存管理表

操作步骤

（1）启动 Origin 2023，打开源文件目录，将"商品库存管理 .xlsx"文件拖放到工作区中，导入数据文件，打开工作表，如图 5-78 所示。

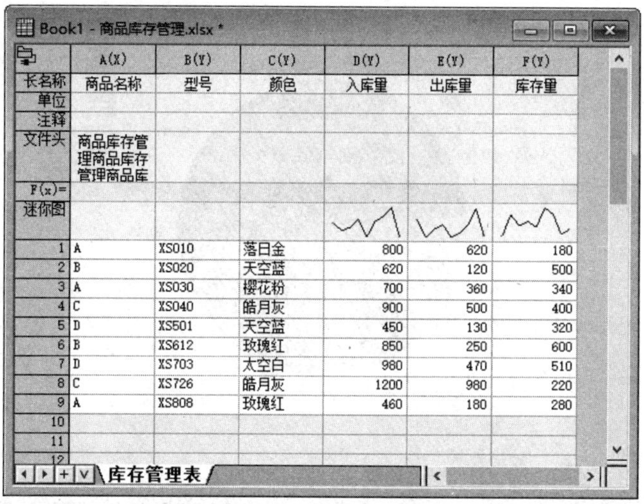

图 5-78　导入数据

（2）选中 B、C 利用浮动工具栏中的"设置为 X"按钮**X**，将 A、B 列绘图属性设置为 X，数据整理结果如图 5-79 所示。

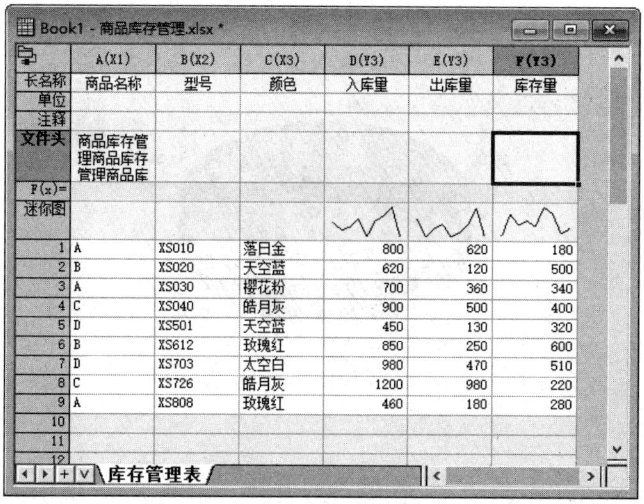

图 5-79　设置绘图属性

（3）在工作表中选择 B、D 列，选择菜单栏中的"绘图"→"条形图、饼图、面积图"→"2D 彩色饼图"命令，在当前工作簿中创建二维饼图 Graph1，分析根据型号进行统计的入库量比重，如图 5-80 所示。

（4）在工作表中选择 B、E 列，选择菜单栏中的"绘图"→"条形图、饼图、面积图"→"3D 彩色饼图"命令，在当前工作簿中创建三维饼图 Graph2，分析根据型号进行统计的出库量比重，如图 5-81 所示。

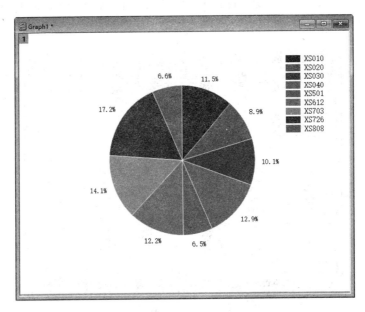

图 5-80　2D 饼图

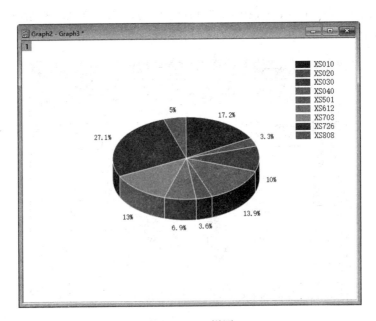

图 5-81　3D 饼图

（5）在工作表中选择 C~F 列，选择菜单栏中的"绘图"→"条形图、饼图、面积图"→"环形图"命令，在当前工作簿中创建环形图 Graph4，分析根据颜色进行统计的入库量、出库量和库存量比重，如图 5-82 所示。

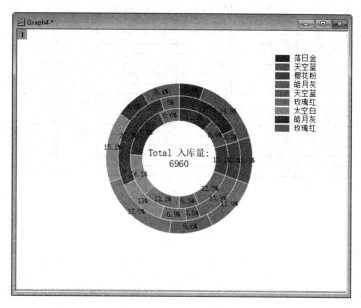

图 5-82　环形图

（6）单击"标准"工具栏上的"保存项目"按钮 ■，保存项目文件为"分析商品库存的比重 .opju"。

5.4.4　绘制面积图

面积图又叫区域图，将折线图中折线与自变量坐标轴之间的区域使用颜色或者纹理填充，填充区域称为面积，强调的是数量随着时间而变化的程度，颜色的填充可以更好地突出总值趋势信息。因此，面积图最常用于表现趋势和关系，而不是传达特定的值。面积图还常用于直观地展现累计的数据，例如，用某企业每个月销售额绘制面积图，从整个年度上分析，其面积图所占据的范围累计就是该企业的年效益。

面积图根据强调的内容不同，可以分为以下三类。

（1）普通面积图：所有的数据都从相同的零轴开始，显示各种数值随时间或类别变化的趋势线。

（2）堆积面积图：每一个数据集的起点都是基于前一个数据集，用于显示每个数值所占大小随时间或类别变化的趋势线，在表现大数据的总量分量的变化情况时格外有用。

（3）百分比堆积面积图：显示每个数值所占百分比随时间或类别变化的趋势线，可强调每个系列的比例趋势线。

实例——分析物资产量的比重

现有 16 年内粮食、棉花、油料的产量和增长数据，如图 5-83 所示。本实例使用面积图分析各种物资产量随时间增长的变化情况。

	A	B	C	D	F	F	G	H	I
1	序号	统计时间	粮食产量（万吨）	粮食产量比上年	棉花（万吨）	棉花比上年	油料（万吨）	油料比上年增长（%）	
2	1	2005年	48402.19	3.1	571.42	-9.6	3077.14	0.4	
3	2	2006年	49804.23	2.9	753.28	31.8	2640.31	-14.2	
4	3	2007年	50413.85	1.2	759.71	0.9	2786.99	5.6	
5	4	2008年	53434.29	6	723.23	-4.8	3036.76	9	
6	5	2009年	53940.86	0.9	623.58	-13.8	3139.42	3.4	
7	6	2010年	55911.31	3.7	577.04	-7.5	3156.77	0.6	
8	7	2011年	58849.33	5.3	651.89	13	3212.51	1.8	
9	8	2012年	61222.62	4	660.8	1.4	3285.62	2.3	
10	9	2013年	63048.2	3	628.16	-4.9	3348	1.9	
11	10	2014年	63964.83	1.5	629.94	0.3	3371.92	0.7	
12	11	2015年	66060.27	3.3	590.74	-6.2	3390.47	0.6	
13	12	2016年	66043.51	0	534.28	-9.6	3400.05	0.3	
14	13	2017年	66160.73	0.2	565.25	5.8	3475.24	2.2	
15	14	2018年	65789.22	-0.6	610.28	8	3433.39	-1.2	
16	15	2019年	66384.34	0.9	588.9	-3.5	3492.98	1.7	
17	16	2020年	66949.15	0.9	591.05	0.4	3586.4	2.7	
18									

图 5-83　物资产量统计表

操作步骤

（1）启动 Origin 2023，打开源文件目录，将"物资产量统计表 .xlsx"文件拖放到工作区中，导入数据文件，打开工作表，如图 5-84 所示。

	A(X)	B(Y)	C(Y)	D(Y)	E(Y)	F(Y)	G(Y)	H(Y)
长名称	序号	统计时间	粮食产量（万吨）	粮食产量比上年增长（%）	棉花（万吨）	棉花比上年增长（%）	油料（万吨）	油料比上年增长（%）
单位								
注释								
F(x)=								
迷你图								
1	1	2005年	48402.19	3.1	571.42	-9.6	3077.14	0.4
2	2	2006年	49804.23	2.9	753.28	31.8	2640.31	-14.2
3	3	2007年	50413.85	1.2	759.71	0.9	2786.99	5.6
4	4	2008年	53434.29	6	723.23	-4.8	3036.76	9
5	5	2009年	53940.86	0.9	623.58	-13.8	3139.42	3.4
6	6	2010年	55911.31	3.7	577.04	-7.5	3156.77	0.6
7	7	2011年	58849.33	5.3	651.89	13	3212.51	1.8
8	8	2012年	61222.62	4	660.8	1.4	3285.62	2.3
9	9	2013年	63048.2	3	628.16	-4.9	3348	1.9
10	10	2014年	63964.83	1.5	629.94	0.3	3371.92	0.7
11	11	2015年	66060.27	3.3	590.74	-6.2	3390.47	0.6
12	12	2016年	66043.51	0	534.28	-9.6	3400.05	0.3
13	13	2017年	66160.73	0.2	565.25	5.8	3475.24	2.2
14	14	2018年	65789.22	-0.6	610.28	8	3433.39	-1.2
15	15	2019年	66384.34	0.9	588.9	-3.5	3492.98	1.7
16	16	2020年	66949.15	0.9	591.05	0.4	3586.4	2.7
17								
18								

图 5-84　导入数据

（2）在工作表中选择 D、F、H 列，选择菜单栏中的"绘图"→"条形图、饼图、面积图"→"面积图"命令，在当前工作簿中创建图形文件 Graph1，绘制粮食、棉花、油料的增长率面积图，如图 5-85 所示。

（3）选择菜单栏中的"绘图"→"条形图、饼图、面积图"→"堆积面积图"命令，在当前工作簿中创建图形文件 Graph2，绘制粮食、棉花、油料的增长率堆积面积图，如图 5-86 所示。

从图中看到，堆积面积图按照自下而上的顺序逐个堆叠填充区域，因此先绘制的图形位于底部，后绘制的图形位于上方。

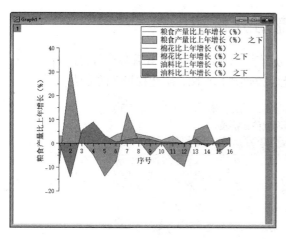

图 5-85　面积图

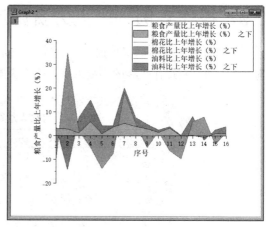

图 5-86　堆积面积图

（4）选择菜单栏中的"绘图"→"基础 2D 图"→"折线图"命令，在当前工作簿中创建图形文件 Graph3，并自动在该图形文件中绘制粮食、棉花、油料的增长率折线图，如图 5-87 所示。

提示：面积图和折线图对比：面积图和折线图都是展示时间或者连续数据上的趋势，折线图相互之间不进行遮盖，可以用于显示更多的记录。面积图可以进行层叠，非常适合观察总量和分量的变化。

（5）选择菜单栏中的"绘图"→"条形图、饼图、面积图"→"条形图"命令，在当前工作簿中创建图形文件 Graph4，绘制条形图，如图 5-88 所示。

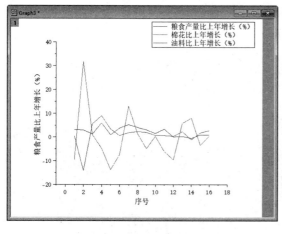

图 5-87　折线图

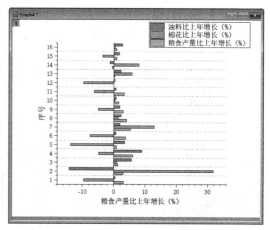

图 5-88　条形图

提示：面积图主要展示时间或者连续数据上的趋势，条形图主要展示的是分类数据的对比。面积图和条形图都可以进行层叠，都可以观察总量和分量的变化，观察各个分量的占比。

（6）单击"标准"工具栏上的"保存项目"按钮🖬，保存项目文件为"分析粮食产量的比重 .opju"。

5.5 操作实例——人力资源流动分析图

本节练习利用柱形图根据"人力资源流动分析表"（见图 5-89）查看各个月份的新进率和流失率。通过对操作步骤的详细讲解，读者应能掌握创建柱形图、美化柱形图的方法。

月份	月初人数	期间新增	辞职	退休	月末人数	增（减）人数	新进率	流失率	增长率
\multicolumn{10}{c}{年度人力资源流动分析表}									
1月	68	14	8	2	72	4	20.59%	12.20%	5.88%
2月	72	8	3	0	77	5	11.11%	3.75%	6.94%
3月	77	10	2	0	85	8	12.99%	2.30%	10.39%
4月	85	3	5	1	82	-3	3.53%	6.82%	-3.53%
5月	82	9	9	0	82	0	10.98%	9.89%	0.00%
6月	82	20	12	0	90	8	24.39%	11.76%	9.76%
7月	90	1	2	0	89	-1	1.11%	2.20%	-1.11%
8月	89	6	6	2	87	-2	6.74%	8.42%	-2.25%
9月	87	3	3	1	86	-1	3.45%	4.44%	-1.15%
10月	86	7	5	3	85	-1	8.14%	8.60%	-1.16%
11月	85	1	7	1	78	-7	1.18%	9.30%	-8.24%
12月	78	11	2	0	85	7	14.10%	4.49%	8.97%

图 5-89 人力资源流动分析表

操作步骤

5.5.1 绘制柱状图

（1）启动 Origin 2023，打开源文件目录，将"人力资源流动分析 .xlsx"文件拖放到工作区中，导入数据文件，打开工作表，如图 5-90 所示。

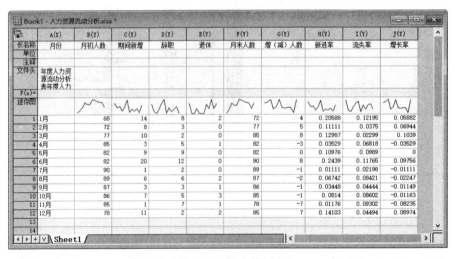

图 5-90 导入数据

（2）在工作表中选中所有 A~F 数据列。单击"2D 图形"工具栏中的"点线图"按钮 ，在图形窗口 Graph1 中绘制点线图，如图 5-91 所示。

（3）激活工作表 Sheet1，在工作表中选中所有 A、H、I 数据列。单击"2D 图形"工具栏中的"柱状图"按钮 ▥，在图形窗口 Graph2 中绘制新进率和流失率柱状图，如图 5-92 所示。

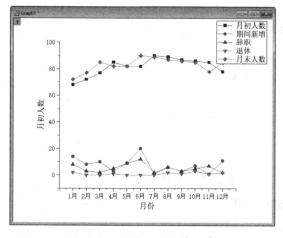

图 5-91　点线图

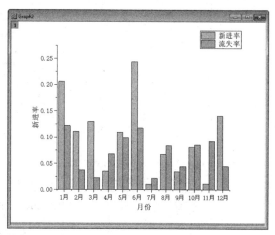

图 5-92　新进率和流失率柱状图

5.5.2　图形修饰

（1）双击柱状图，弹出"绘图细节-绘图属性"对话框，打开"图案"选项卡，将边框"颜色"改为"无"，"宽度"为 1，填充"颜色"选择"蓝"色，选择"图案"为"疏"，"宽度"为 0.5，"渐变填充"设置为"双色"，"第二颜色"为"青"色，方向设置为"从上到下"，如图 5-93 所示。

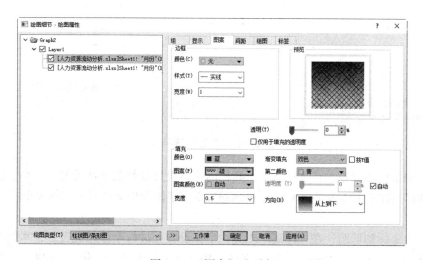

图 5-93　"图案"选项卡

（2）打开"间距"选项卡，为柱形显示的更好看一点，将"柱状/条形间距"设置为 35，如图 5-94 所示。

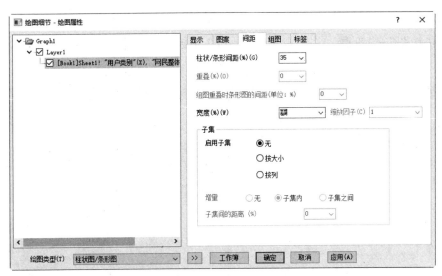

图 5-94 "间距"选项卡

（3）打开"标签"选项卡，勾选"启用"复选框，因为是数字，所以字体设置为"Times New Roman"大小为14，并加粗、斜体、加下画线，位置设置为"外部顶端"，如图 5-95 所示，单击"确定"按键，图表效果如图 5-96 所示。

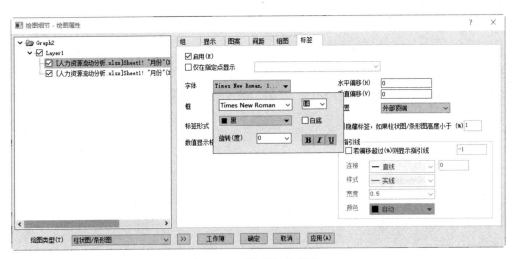

图 5-95 "标签"选项卡

（4）选中坐标轴标签，在"样式"工具栏的字体设置处修改字体类型、大小、加粗等。本例中坐标轴标签数字字体为 Times New Roman，汉字字体为华文隶书，字体大小统一为 22，字体加粗。

（5）选中坐标轴标题，在"浮动"工具栏字体设置处进行字体相关设置，本例中坐标轴标题数字字体为 Times New Roman，汉字字体为华文隶书，字体大小统一为 28，结果如图 5-97 所示。

（6）打开图形窗口，单击绘图区，在绘图区浮动工具栏中单击"图层框架"按钮口，自动在绘图区添加图层边框，如图 5-98 所示。

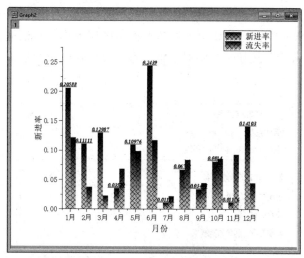

图 5-96　图形属性设置效果

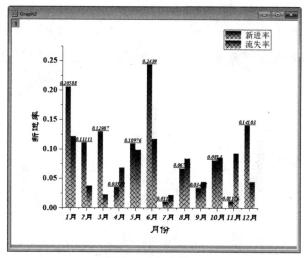

图 5-97　文字设置

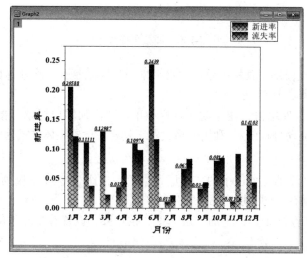

图 5-98　添加边框

（7）横向拖动图层边框，图形边框超出图层。单击鼠标右键，在弹出的快捷菜单中选择"调整页面至图层大小"命令，弹出"调整页面至图层大小"对话框，采用默认参数，如图 5-99 所示，单击"确定"按钮，关闭对话框，系统自动对图形窗口页面进行调整，结果如图 5-100 所示。

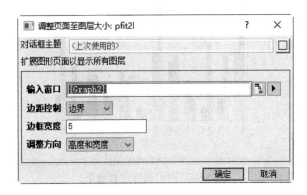

图 5-99　"调整页面至图层大小"对话框

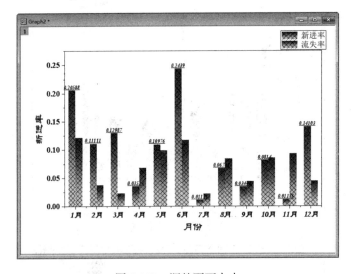

图 5-100　调整页面大小

（8）选中图例，在浮动工具栏中单击"水平排列"按钮，将处置排列的图例转换为水平排列，将其放置到图表下方。

（9）在坐标区空白处单击，在浮动工具栏中单击"添加图层标题"按钮，添加图表标题，输入"人力资源流动分析图"，利用"格式"工具栏，设置字体样式为华文彩云，字体大小为 36，如图 5-101 所示。

（10）单击绘图区浮动工具栏中的"图层背景色"按钮，在下拉列表中选择背景颜色，如图 5-102 所示，自动在绘图区填充图表背景的样式。

（11）单击绘图区浮动工具栏中的"透明度"按钮，设置背景颜色的透明度为 60%，效果如图 5-103 所示。

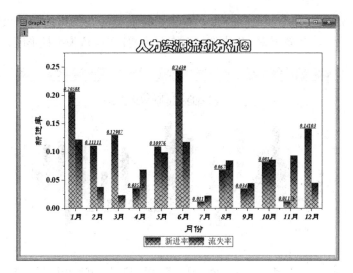

图 5-101　添加图层标题

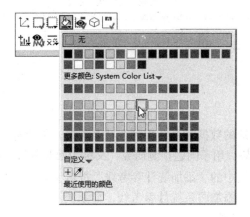

图 5-102　设置图表区背景

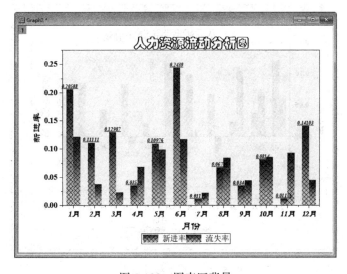

图 5-103　图表区背景

（12）选择图形中左侧的新近率柱形，单击鼠标右键，在弹出的快捷菜单中选择"更改Y"→"增长率"命令，将新近率-流失率柱形图改为增长率-流失率柱形图，如图5-104所示。

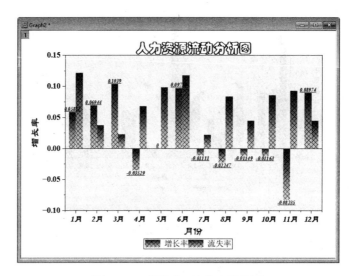

图 5-104　增长率-流失率柱形图

5.5.3　添加参考线

在统计、分析一些特殊的数据时，会用到一些参考线，如趋势线和误差线。趋势线以图形的方式表示数据系列的趋势，用于问题预测研究，又称为回归分析。

单击绘图区浮动工具栏中的"添加统计参考线"按钮 ⊼⋙ 下的"均值＋标准差""均值-标准差"命令，自动在图形中添加两条统计参考线，显示统计参考线标签，调整标签位置，设置标签文字为红色，如图5-105所示。

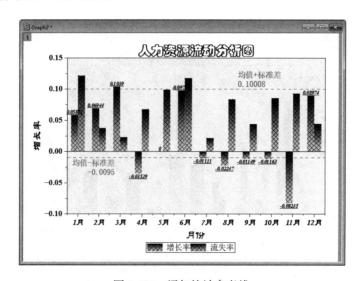

图 5-105　添加统计参考线

5.5.4　添加趋势线

趋势线利用图表具有的功能对数据进行检测，然后以此为基础绘制一条趋势线，从而达到对以后的数据进行检测的目的。在图表中添加趋势线能够非常直观地对数据的变化趋势进行分析预测。

（1）单击绘图区浮动工具栏"添加绘图" 下拉列表中的"点线图"命令，弹出"图层内容"对话框，在左侧列表选中"新进率"，添加到右侧列表，如图 5-106 所示。单击"确定"按钮，在图表中添加新进率点线图，如图 5-107 所示。

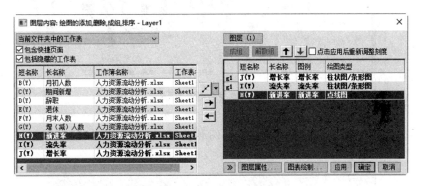

图 5-106　"图层内容"对话框

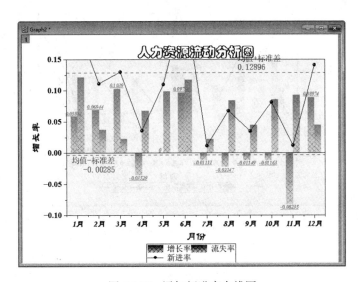

图 5-107　添加新进率点线图

（2）单击绘图区的浮动工具栏中的"重新缩放"按钮 ，自动在绘图区进行缩放，调整图形的合理显示，结果如图 5-108 所示。

（3）单击趋势线上的数据标记，在浮动工具栏中设置图形符号为"2D 球形"，符号大小为15，线条宽度为3，再次调整图例水平显示，效果如图 5-109 所示。

（4）单击"标准"工具栏上的"保存项目"按钮 ，保存项目文件为"人力资源流动分析图 .opju"。

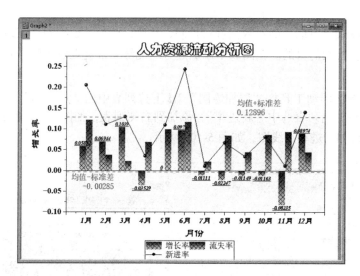

图 5-108　图形缩放结果

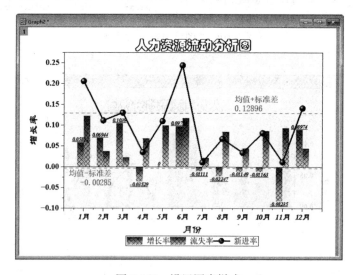

图 5-109　设置图表样式

第6章 三维数据可视化

三维可视化将海量的数据信息通过立体的三维交互式进行呈现和管理，同时还能对同类信息进行分类集成，简化管理者的信息收集、整理流程的工作量，同时还能提升决策层的预见性，减少或规避损失。

数据统计分析可视化依赖可视化的数据图表，对当前的运行状态及数据一目了然，成为最高效清晰的沟通形式。

6.1 三维绘图

三维图形基于工作表数据（XYY，XYZ）、矩阵排列的工作表数据（称之为虚拟矩阵），或者矩阵数据绘制。

6.1.1 矩阵创建三维图形

在 Origin 的矩阵窗口中可以利用矩阵数据绘制三维图形。

选择菜单栏中的"绘图"→"3D"命令，打开 3D 绘图模板，如图 6-1 所示。可以利用这些命令绘制三维图形。除此之外，"3D 和等高线图形"工具栏包含一系列三维图形命令，也可以绘制三维图形，如图 6-2 所示。

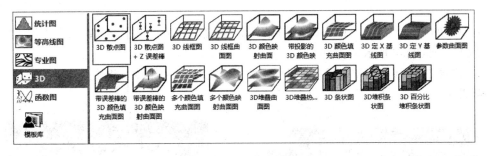

图 6-1 3D 绘图模板

图 6-2 "3D 和等高线图形"工具栏

6.1.2 工作表创建三维图形

在 Origin 中，在工作表窗口中可以利用 XYY、XYZ 数据绘制三维图形或虚拟三维图形。

选择菜单栏中的"绘图"→"3D"命令，打开三维绘图命令模板，如图 6-3 所示。工作表窗口中的三维绘图命令比数据表窗口中多。

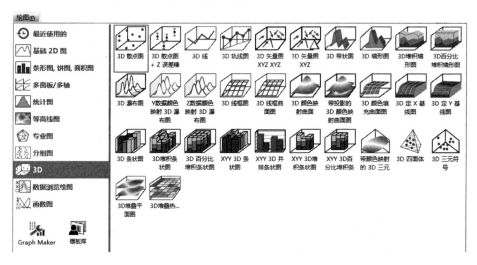

图 6-3　3D 绘图命令模板

实例——绘制三维螺旋线

本实例在工作表和矩阵中利用 Origin 2023 的 3D 图形模板绘制三维散点图和曲线图。

 操作步骤

（1）启动 Origin 2023，打开源文件目录，将"参数螺旋线 .csv"文件拖放到工作区中，导入数据文件，如图 6-4 所示。

（2）选择 C（Y）列，单击浮动工具栏中的"设置为 Z"按钮 **Z**，将该列转换为 C（Z）列，如图 6-5 所示。

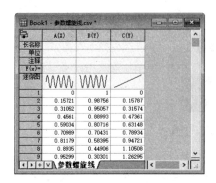

图 6-4　导入数据

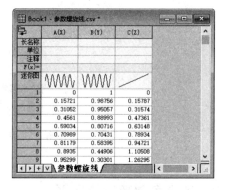

图 6-5　设置绘图属性

（3）将工作表 Book1 置为当前，单击的"3D 散点图"按钮 ，弹出"图表绘制"对话框，在左侧"绘图类型"列表中选择"3D 散点图 / 轨线图 / 矢量图"选项，在右侧"显示"列表中设置 X 轴数据为 A 列、Y 轴数据为 B 列、Z 轴数据为 C 列，如图 6-6 所示。

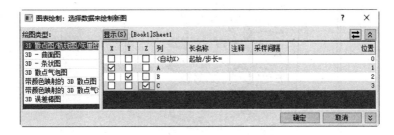

图 6-6　"图表绘制"对话框

（4）单击"确定"按钮，在图形窗口 Graph1 中显示工作表中数据对应的三维散点图，如图 6-7 所示。

（5）在工作表中单击左上角空白单元格，选中所有数据列。选择菜单栏中的"绘图"→"3D"→"3D 线"命令，在图形窗口 Graph2 中绘制三维曲线图，如图 6-8 所示。

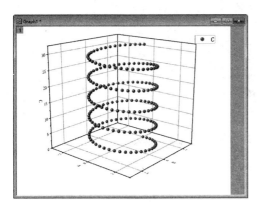

图 6-7　三维散点图

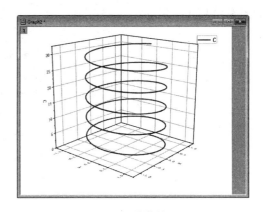

图 6-8　三维曲线图

（6）双击 Graph1 图形，弹出"绘图细节 - 绘图属性"对话框，勾选"XY 投影""ZX 投影""YZ 投影"复选框，如图 6-9 所示。单击"确定"按钮，显示三个平面的投影，如图 6-10 所示。

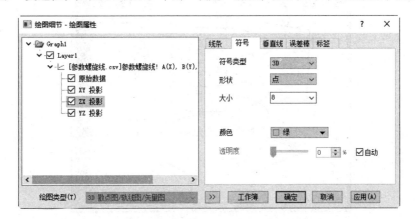

图 6-9　"绘图细节 - 绘图属性"对话框

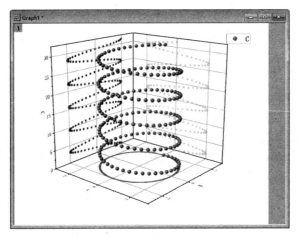

图 6-10　显示投影

（7）双击 Graph2 图形，弹出"绘图细节 - 绘图属性"对话框，在"标签"选项卡中勾选"启用"和"仅在指定点显示"复选框，如图 6-11 所示。单击"确定"按钮，显示指定点标签，如图 6-12 所示。

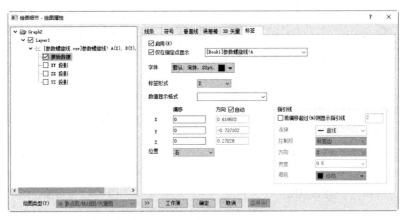

图 6-11　"绘图细节 - 绘图属性"对话框

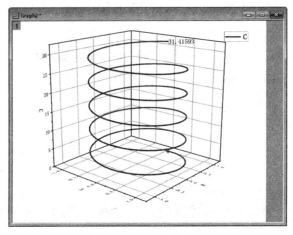

图 6-12　显示指定点标签

（8）选择菜单栏中的"文件"→"项目另存为"命令，弹出"保存为"对话框，在文件列表框中指定保存文件的路径，在"文件名"文本框内输入"三维螺旋线图"，保存项目文件。

6.2　三维图形基本类型

Origin 可以利用 3 种方式来创建三维图形，即点线模型方式、线框模型方式、曲面模型方式。点线模型方式为一种点模型，它由三维的点、线组成，没有面的特征。线框模型方式为一种轮廓模型，它由三维的直线和曲线组成，没有面的特征。曲面模型用面描述三维对象，它不仅定义了三维对象的边界，而且还定义了表面，具有面的特征。另外，颜色可以用来代表第四维，引申出颜色曲面模型。

6.2.1　三维点线图

三维图形的形式有很多种，但最基本的是点、线图形，也就是三维散点图。

1. 三维散点图

选择菜单栏中的"绘图"→"3D"→"3D 散点图"命令，或单击"3D 和等高线图形"工具栏中的"3D 散点图"按钮，在图形窗口中绘制三维散点图。

2. 三维曲线图

在 XYZ 三维坐标系中绘制的曲线图称为三维曲线图，只有在工作表中可以绘制三维曲线图。

选择菜单栏中的"绘图"→"3D"→"3D 线"命令，在图形窗口中绘制三维曲线图。

实例——绘制三维散点图

本实例在矩阵表中利用 Origin 2023 的 3D 图形模板绘制三维散点图。

其中，$Z = X^2 + Y^2$，$x \in [-4, 4]$。

 操作步骤

（1）启动 Origin 2023，单击"标准"工具栏中"新建矩阵"按钮，自动创建矩阵簿窗口，默认名称为 MBook1。

（2）选择菜单栏中的"矩阵"→"行列数 / 标签设置"命令，弹出"矩阵的行列数和标签"对话框，在"xy 映射"选项下设置 x、y 取值范围为"从 −4 到 4"，如图 6-13 所示。单击"确定"按钮，关闭该对话框，在当前矩阵工作表中设置矩阵的行、列值。

（3）选择菜单栏中的"矩阵"→"设置值"命

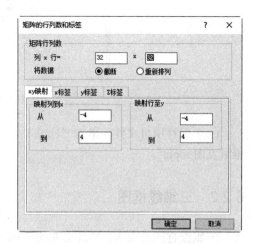

图 6-13　"矩阵的行列数和标签"对话框

令，弹出"设置值"对话框，在公式编辑框输入公式"x^2+y^2"，如图 6-14 所示。

（4）单击"确定"按钮，关闭该对话框，将当前矩阵工作表中填入公式计算的 z 值，如图 6-15 所示。

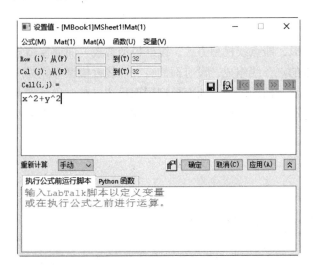

图 6-14 "设置值"对话框　　　　　　　图 6-15 计算矩阵值

（5）绘制三维图形。选择菜单栏中的"绘图"→"3D"→"3D 散点图"命令，在图形窗口 Graph1 中显示矩阵表中数据对应的三维散点图，如图 6-16 所示。

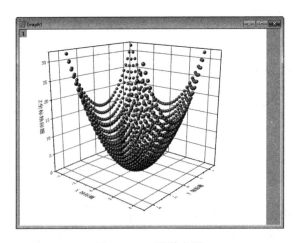

图 6-16 三维散点图

（6）保存项目文件。单击"标准"工具栏上的"保存项目"按钮，保存项目文件为"三维散点图 .opju"。

6.2.2 三维线框图

三维线框图是由 X、Y 和 Z 指定的网线面，而不是单根曲线。无论是矩阵表数据还是工作表数据，都可以绘制三维线框图。

1. 三维线框图

选择至少一个 Z 列或矩阵，选择菜单栏中的"绘图"→"3D"→"3D 线框图"命令，或单击"3D 和等高线图形"工具栏中的"线框图"按钮 ，绘制 3D 线框图（没有填充的 XY 网格线）。其中，使用矩阵来画的图仅显示主网格线。

2. 三维线框曲面图

选择至少一个 Z 列或矩阵，选择菜单栏中的"绘图"→"3D"→"3D 线框曲面图"命令，绘制 3D 线框图（没有填充的 XY 网格线）。其中，使用矩阵绘制的图显示主网格线和次网格线。

实例——绘制三维高斯线框图

本实例利用 Origin 2023 的 3D 图形模板在矩阵表中绘制高斯曲面的三维线框图。

操作步骤

（1）启动 Origin 2023，单击"标准"工具栏中"新建矩阵"按钮，自动创建矩阵簿窗口，默认名称为 MBook1。

（2）选择菜单栏中的"矩阵"→"设置值"命令，弹出"设置值"对话框，选择菜单栏中的"公式"→"加载示例"→"2D　Gaussian Surface（二维高斯曲面）"命令，如图 6-17 所示。

（3）单击"确定"按钮，关闭该对话框，在当前矩阵工作表中设置二维高斯曲面值，如图 6-18 所示。

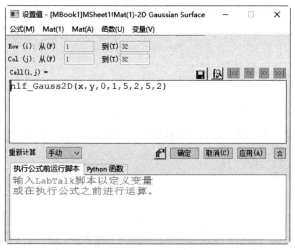

图 6-17　"设置值"对话框　　　　　　　图 6-18　设置二维高斯曲面值

（4）选择菜单栏中的"绘图"→"3D"→"3D 线框图"命令，在图形窗口 Graph1 中显示矩阵表中数据对应的三维线框图，如图 6-19 所示。

（5）保存项目文件。选择菜单栏中的"文件"→"项目另存为"命令，打开"保存为"对话框，在文件列表框中指定保存文件的路径，在"文件名"文本框内输入"三维线框图"，保存项目文件。

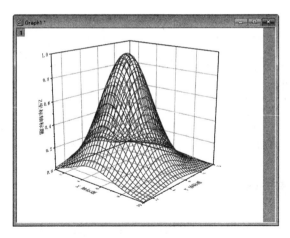

图 6-19　三维线框图

6.2.3　三维曲面图

曲面图是在线框图的基础上，在小网格之间用颜色填充。它的一些特性正好和线框图相反，它的线条是黑色的，线条之间有颜色。而在线框图里，线条之间是黑色的，而线条有颜色。在曲面图里不用考虑像线框图一样隐蔽线条，但要考虑用不同的方法对表面加色彩。

在工作表中曲面图性包含 3D 颜色映射曲面图、带投影的 3D 颜色映射曲面图、3D 颜色填充曲面图。

在矩阵表中曲面图种类较多，包含 3D 颜色映射曲面图、带投影的 3D 颜色映射曲面图、3D 颜色填充曲面图、带误差棒的 3D 颜色填充曲面图、带误差棒的 3D 颜色映射曲面图、多个颜色填充曲面图、多个颜色映射曲面图。

实例——绘制三维曲面图

本实例在矩阵表中利用 Origin 2023 的 3D 图形模板绘制下面函数的三维线框曲面图和三维曲面线。

$$z = \cos\sqrt{x^2 + y^2} \quad -5 \leqslant x, \quad y \leqslant 5$$

 操作步骤

（1）启动 Origin 2023，单击"标准"工具栏中"新建矩阵"按钮，自动创建矩阵簿窗口，默认名称为 MBook1。

（2）选择菜单栏中的"矩阵"→"行列数/标签设置"命令，弹出"矩阵的行列数和标签"对话框，在"矩阵行列数"选项下设置行列数均为"100"，在"xy 映射"选项下设置 x、y 取值范围为"从 −5 到 5"，如图 6-20 所示。单击"确定"按钮，关闭该对话框，在当前矩阵工作表中设置矩阵的行、列值。

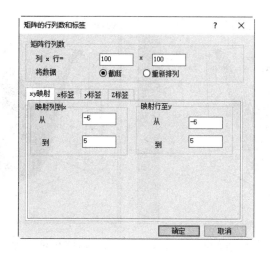

图 6-20 "矩阵的行列数和标签"对话框

（3）选择菜单栏中的"矩阵"→"设置值"命令，弹出"设置值"对话框，在公式编辑框输入公式"cos（sqrt（x^2+y^2））"，如图 6-21 所示。

（4）单击"确定"按钮，关闭该对话框，将当前矩阵工作表中填入公式计算的 z 值，如图 6-22 所示。

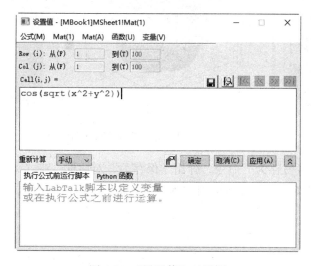

图 6-21 "设置值"对话框

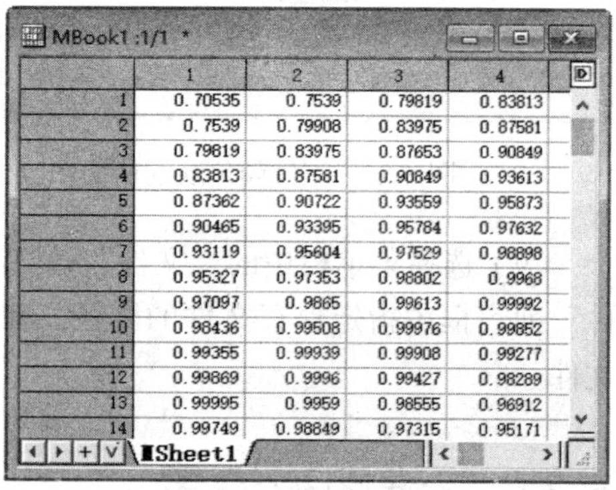

图 6-22 计算矩阵值

（5）选择菜单栏中的"绘图"→"3D"→"3D 线框曲面图"命令，在图形窗口 Graph1 中显示工作表中数据对应的三维线框曲面图，如图 6-23 所示。

（6）选择菜单栏中的"绘图"→"3D"→"3D 颜色填充曲面图"命令，在图形窗口 Graph2 中显示工作表中数据对应的三维颜色填充曲面图，如图 6-24 所示。

（7）选择菜单栏中的"绘图"→"3D"→"3D 颜色映射曲面"命令，在图形窗口 Graph3 中显示工作表中数据对应的三维颜色映射曲面图，如图 6-25 所示。

（8）选择菜单栏中的"绘图"→"3D"→"带投影的 3D 颜色映射曲面图"命令，在图形窗口 Graph4 中显示工作表中数据对应的带投影的三维颜色映射曲面图，如图 6-26 所示。

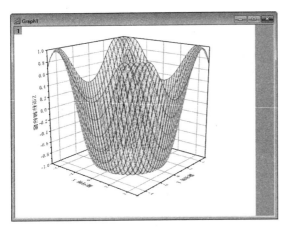

图 6-23　三维线框曲面图

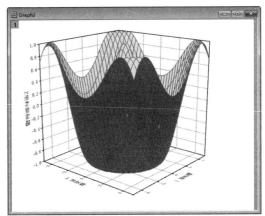

图 6-24　三维颜色填充曲面图

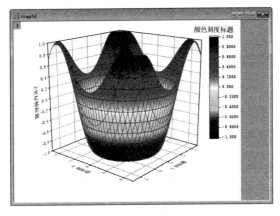

图 6-25　三维颜色映射曲面图

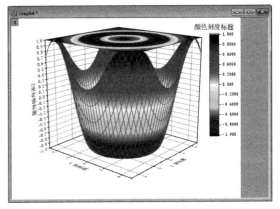

图 6-26　带投影的三维颜色映射曲面图

（9）选择菜单栏中的"文件"→"项目另存为"命令，弹出"保存为"对话框，在"文件"列表框中指定保存文件的路径，在"文件名"文本框内输入"三维曲面图"，保存项目文件。

6.3　三维图形设置

在前面章节已经介绍了一些二维图形修饰处理命令，这些命令在三维图形里同样适用。三维图形基本设置包括坐标系坐标轴处理、图形样式处理等。

6.3.1　坐标系设置

二维图形坐标轴、坐标系的处理操作在三维图形中同样适用。三维坐标系主要由 XY 平面、YZ 平面、XZ 平面这三个平面构成，每个平面又由网格线组成，主要利用浮动工具栏中的按钮控制。

6.3.2　坐标轴处理

坐标轴处理包括坐标轴的刻度、标签、标题等特征，最简单方法还是通过浮动工具栏设置。

6.3.3　图形样式设置

三维图形基本设置包括图形样式设置、曲面设置、网格显示设置，一般通过"绘图细节 - 绘图属性"对话框中不同的选项卡进行设置。

选择菜单栏中的"格式"→"绘图属性"命令，或直接双击图形，弹出"绘图细节 - 绘图属性"对话框，如图 6-27 所示。

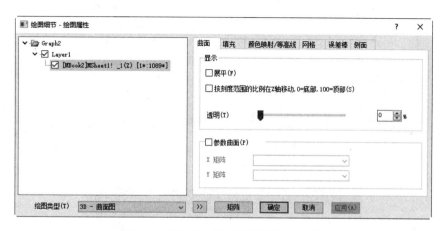

图 6-27　"绘图细节 - 绘图属性"对话框

不同类型的三维图（散点图、线框图、曲面图和函数图）绘图属性内容不同，这里以曲面图为例进行介绍。

"绘图细节 - 绘图属性"对话框中选项说明如下：

（1）"曲面"选项卡：设置三维曲面图形的显示方式、透明度和参数矩阵。

（2）"网格"选项卡：勾选"启用"复选框，激活网格线设置参数，如图 6-28 所示。

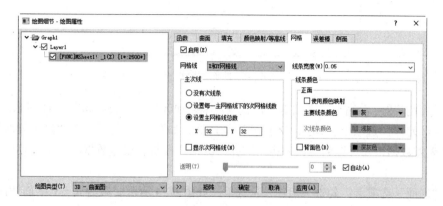

图 6-28　"网格"选项卡

1）网格线：网格线由 X 轴与 Y 轴方向的水平线、垂直线组成，在该选项下可以选择设置 X 和 Y 网格线、仅 X 网格线、仅 Y 网格线。

2）主次线：网格线包含主网格线与次网格线，在该选项下可以选择是否包含次网格线，还可以设置主网格线中 X 轴与 Y 轴方向线条的数目。

3）显示次网格线：选择该选项，在网格线中显示次网格线。

（3）"填充"选项卡：勾选"启用"复选框，激活网格线颜色填充参数，如图 6-29 所示。效果如图 6-30 所示。

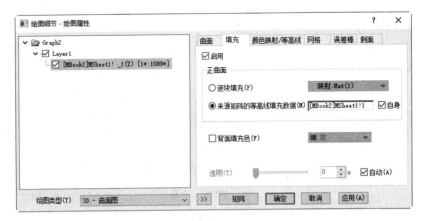

图 6-29 "填充"选项卡

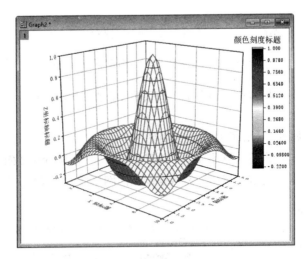

图 6-30 曲面颜色填充

（4）"颜色映射/等高线"选项卡：设置颜色映射和等高线参数，如图 6-31 所示。

（5）"误差棒"选项卡：勾选"Z 误差"复选框，如图 6-32 所示，在"误差数据"下拉列表中选择误差数据，才可以激活误差棒中"棒"的样式参数和误差数据的正负，效果如图 6-33 所示。

（6）"侧面"选项卡：勾选"启用"复选框，如图 6-34 所示。激活 X、Y 平面侧面的颜色，还可以设置侧面的透明度，如图 6-35 所示。

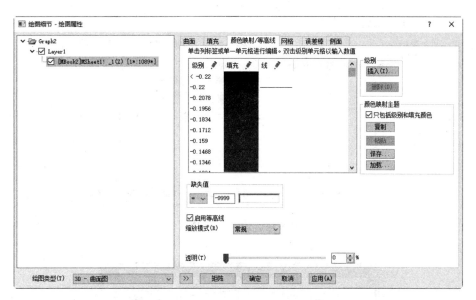

图 6-31　"颜色映射/等高线"选项卡

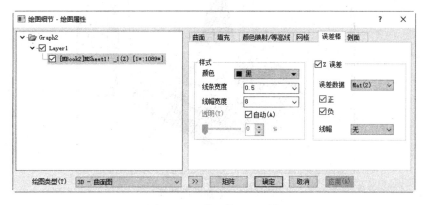

图 6-32　"误差棒"选项卡

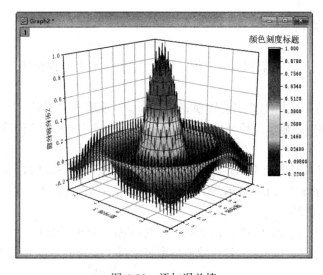

图 6-33　添加误差棒

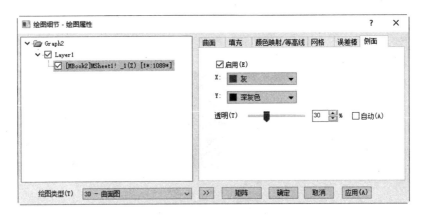

图 6-34 "侧面"选项卡

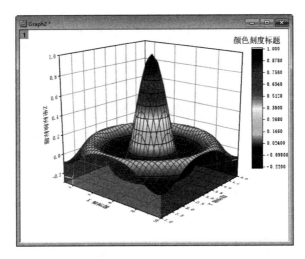

图 6-35 添加曲面侧面

6.3.4 三维图形旋转

在 Origin 中，三维图形旋转可以让三维图形任意角度、任意方向旋转。

1. 任意旋转图形

单击坐标系浮动工具栏中的"旋转模式"命令 ↻，或单击"工具"工具栏中的"旋转工具"按钮 ，在图形中间显示旋转坐标符号，按下鼠标左键，向任意方向旋转图形，如图 6-36 所示。

按 Ctrl 键，固定 X 轴方向不动，在 YZ 平面任意旋转；按下 Shift 键，固定 Y 轴方向不动，可在 XZ 平面任意旋转；按 Ctrl+Shift 键，固定 Z 轴方向不动，可在 XY 平面任意旋转。

2. 指定角度旋转图形

"3D 旋转"工具栏（见图 6-37）中的包含顺时针旋转、逆时针旋转、向左旋转、向右旋转、向上旋转、向下旋转等操作，在工具栏数值框中显示每次旋转的角度，默认值为 10°，效果如图 6-38 所示。

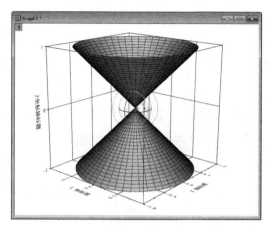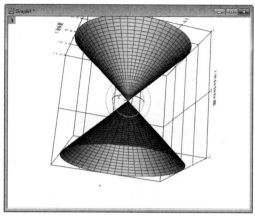

图 6-36　任意旋转

图 6-37　"3D 旋转"工具栏

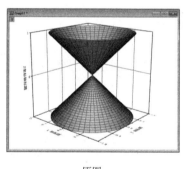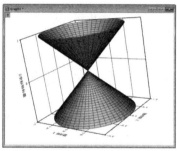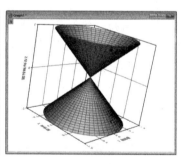

原图　　　　　　　　　　　向左旋转 60°　　　　　　　　　　向右旋转 60°

图 6-38　旋转三维图形

3. 重置图形

单击"3D 旋转"工具栏中的"重置旋转"按钮 ，将图形恢复到默认角度。相当于撤回所有旋转操作。

6.3.5　图形透视处理

透视是景物的近大远小现象，透视现象应用到图形中同样有用，图形的透视效果是三维图形处理的一个重要功能。

单击"3D 旋转"工具栏中的"增加透视"按钮 ，图形越近越大，越远越小，利用工具栏数值框中增加每次透视角度，默认值为 10°，如图 6-39 所示。

单击"3D 旋转"工具栏中的"减少透视"按钮，图形越近越小，越远越大，利用工具栏数值框中较少每次透视角度，默认值为 10°，如图 6-40 所示。

单击"3D 旋转"工具栏中的"重置"按钮，将图形恢复到默认状态，相当于撤回所有透视操作。

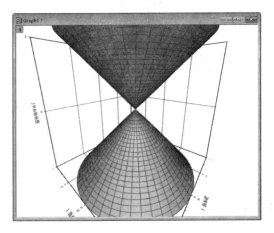

图 6-39 增加透视

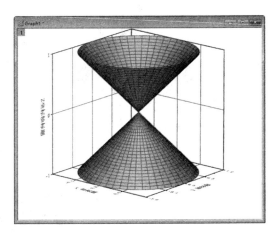

图 6-40 减少透视

6.3.6 光照处理

在 Origin 中绘制三维图形时，不仅可以画出带光照模式的曲面，还能在绘图时指定光线来源。

1. 光照控制

（1）带光照模式的三维曲面图其实是一个带阴影的曲面，结合了周围环境、散射和镜面反射的光照模式。

（2）单击"样式"工具栏中的"光照控制对话框"按钮，弹出"光照"对话框，该对话框中包含两个选项卡。

（3）在"源方向"选项卡可以输入水平、垂直方向角度定义光照方向，也可以使用圆形滑块定义光照方向。本例中，定向光"水平"方向设置为 60°，"垂直"方向设置为 90°，如图 6-41 所示。

（4）"属性"选项卡：定义散射光与镜面反射光的光照强度和光照颜色，如图 6-42 所示。

单击"关闭"按钮，关闭该对话框，添加光照的三维曲面图，结果如图 6-43 所示。

2. 设置光照模式

（1）在 Origin 中绘制带光照的三维图像时，可以在图层上定制光照模式，包括定向光的光照方向和光照颜色。

（2）弹出"绘图细节 - 图层属性"对话框，在左侧侧面结构列表中，选择"Layer（图层）"选项，弹出"光照"选项卡，如图 6-44 所示。

图 6-41 "源方向"选项卡

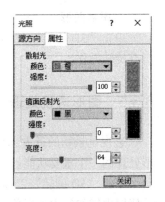

图 6-42 "属性"选项卡

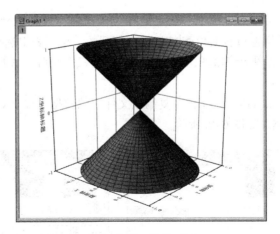

图 6-43　添加光照三维曲面图

图 6-44　"光照"选项卡

"绘图细节 - 图层属性"对话框"光照"选项卡中选项说明如下：

（1）"模式"：指定光照模式，包括无和定向光。

（2）"方向"：通过水平、垂直方向的角度来确定光源位置。勾选"动态光影"复选框，为三维图形添加光照，达到动态照射的效果。

（3）"光照颜色"：需要设置环境光、散射光、镜面反射光的颜色，还可以设置镜面亮度。

实例——绘制叠加曲面

本实例演示如何利用多个矩阵表绘制多个曲面，得到一个由三个曲面组成的叠加曲面，并对叠加的图形进行旋转、透视、光照管理。

 操作步骤

（1）启动 Origin 2023，单击"标准"工具栏中的"新建项目"按钮，创建一个新的项目，默认包含一个工作簿文件 Book1。

（2）单击"标准"工具栏中"新建矩阵"按钮▦，自动创建矩阵簿窗口，默认名称为 MBook1。单击矩阵簿窗口右上角 ▣ 按钮，在打开的下拉列表中选择"插入"命令，在矩阵簿窗口上方添加矩阵的图形缩略图，本例中需要创建三个矩阵，添加两个矩阵即可，如图 6-45 所示。

（3）打开"cylinder1.csv"文件，复制该文件中的数据，按下 Ctrl+V 键，在第一个矩阵中粘贴第一个曲面数据，如图 6-46 所示。

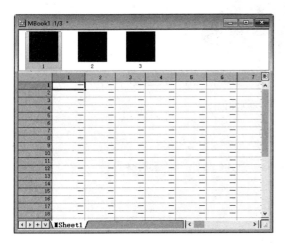

图 6-45　创建矩阵

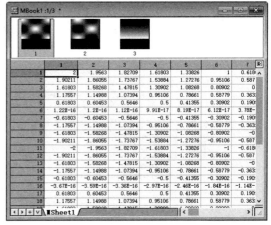

图 6-46　粘贴矩阵 1 数据

（4）采用同样的方法，在第二个矩阵、第三个矩阵中分别粘贴"cylinder2.csv""cylinder3.csv"文件中的数据，如图 6-47 所示。

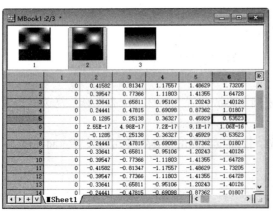

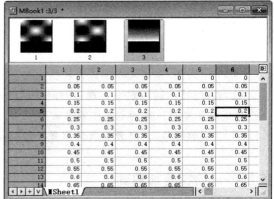

图 6-47　粘贴其余矩阵数据

（5）在弹出的图形窗口 Graph2 中显示工作表 FUNC 的三维参数曲面图。

（6）在矩阵表中选中第一个矩阵，选择菜单栏中的"绘图"→"3D"→"3D 颜色填充曲面图"命令，在图形窗口 Graph1 中显示三维曲面图 1，如图 6-48 所示。

（7）在矩阵表中选中第二个矩阵，选择菜单栏中的"绘图"→"3D"→"3D 颜色填充曲面图"命令，在图形窗口 Graph2 中显示三维曲面图 2，如图 6-49 所示。

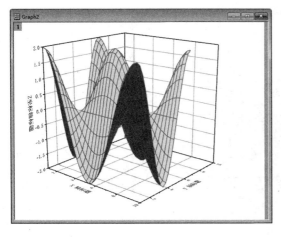

图 6-48　曲面 1

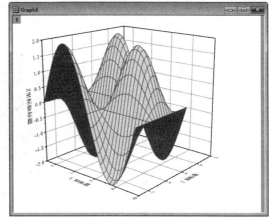

图 6-49　曲面 2

（8）在矩阵表中选中第三个矩阵，选择菜单栏中的"绘图"→"3D"→"多个颜色填充曲面图"命令，在图形窗口 Graph4 中显示三维曲面图 3，如图 6-50 所示。

（9）激活矩阵簿窗口，选择菜单栏中的"绘图"→"3D"→"3D 颜色映射曲面图"命令，在弹出的图形窗口 Graph1 中同时显示三个矩阵对应的三个曲面图，如图 6-51 所示。

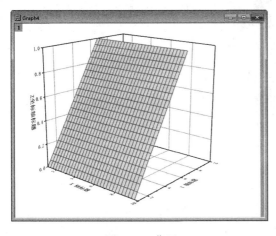

图 6-50　曲面 3

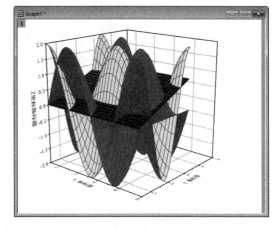

图 6-51　叠加曲面

（10）单击坐标系浮动工具栏中的"旋转模式"命令↺，在图形中显示旋转坐标符号，按下鼠标左键，向任意方向旋转图形，如图 6-52 所示。单击"3D 旋转"工具栏中的"重置旋转"按钮，将图形恢复到旋转前的角度。

（11）单击"3D 旋转"工具栏中的"增加透视"按钮，增加图形透视角度，默认值为 10°，如图 6-53 所示。

（12）双击图形窗口 Graph1 中的图形，弹出"绘图细节 - 绘图属性"对话框。在"网格"选项卡中取消勾选"启用"选项；在"填充"选项卡中选择"来源矩阵的等高线填充数据"选项，勾选"自身"复选框，如图 6-54 所示。单击"确定"按钮，关闭该对话框，三维曲面图网格线条颜色设置结果如图 6-55 所示。

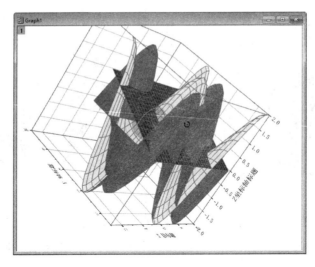

图 6-52　旋转图形

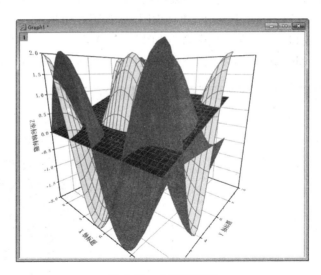

图 6-53　曲面透视图

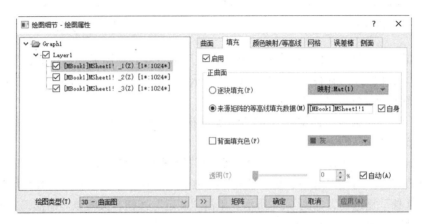

图 6-54　"绘图细节 - 绘图属性"对话框

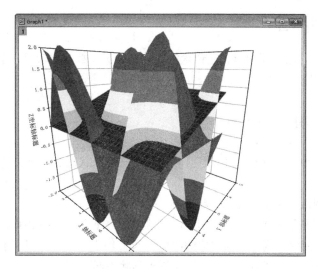

图 6-55 颜色设置结果

（13）单击"样式"工具栏中的"光照控制"对话框按钮 ⚘，弹出"光照"对话框，在"属性"选项卡中定义散反射光与镜面反射光的光照"强度"和光照"颜色"，如图 6-56 所示。在"源方向"选项卡中使用圆形滑块定义光照方向，单击"确定"按钮，添加光照三维曲面图，结果如图 6-57 所示。

（14）选择菜单栏中的"文件"→"保存项目"命令，弹出"另存为"对话框，在"文件名"文本框内输入"叠加曲面"，单击"保存"按钮，保存项目文件。

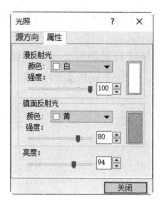

图 6-56 "属性"选项卡

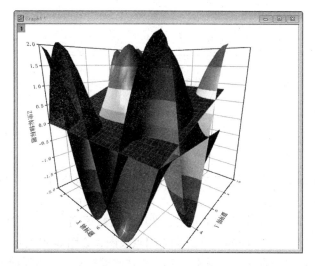

图 6-57 添加光照三维曲面图

6.4 高级三维图

三维图除了基本的点线面图形，还包含实现数据分析、数据比较等一系列功能图形，在工程实际中有很广泛的应用。

6.4.1 三维 XYY 图

Origin 提供了多种三维 XYY 图，根据形状分为三维条状图、三维带状图和三维墙状图折3 种绘图模板。

（1）三维条形图以三维格式显示条状矩形。

（2）三维带状图是按各项目的结构比率，分割带状（长方形）的面而成。带状图综合棒状图与饼图的优点，可同时显现比例与数值的图形。若配上时间亦可显示时间的变化。

（3）三维墙状图与三维带状图类似，只是图形形状不同。

实例——计算机销售公司整机销量分析图表

现有某计算机销售公司整机销量统计表，如图 6-58 所示，本实例利用二维、三维图表命令进行绘图，比较不同机型的销量。

	A	B	C	D
1	某计算机销售公司整机销量统计表			
2	月份	台式机	计算机一体机	笔记本计算机
3	1月份	1115	1005	1540
4	2月份	1120	1280	1890
5	3月份	1189	975	1435
6	4月份	989	845	1765
7	5月份	1020	1105	1350
8	6月份	945	1432	1240
9	7月份	1040	1114	1970
10	8月份	1230	1025	1445
11	9月份	1105	987	1546
12	10月份	985	1045	1650
13	11月份	1005	1124	1450
14	12月份	1123	1300	1960
15				

图 6-58 原始数据

 操作步骤

（1）启动 Origin 2023，打开源文件目录，将"计算机销售公司整机销量统计表 .xlsx"文件拖放到工作区中，导入数据文件，打开工作表，如图 6-59 所示。

（2）在工作表中单击左上角空白单元格，选中所有数据列。单击"2D 图形"工具栏中的"点线图"按钮 ，在图形窗口 Graph1 中绘制多组点线图，如图 6-60 所示。

（3）X 轴刻度标签出现重叠压字现象，单击 X 轴刻度标签，单击浮动工具栏中的"自动换行"按钮 ，将文本标签自动换行，避免重叠压字现象，效果如图 6-61 所示。

图 6-59　导入数据

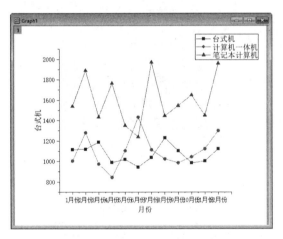

图 6-60　点线图

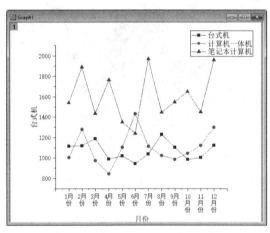

图 6-61　整理图形

提示：若后面的图形出现这种坐标轴刻度标签重叠压字现象情况，自动进行操作，文本步骤中不再赘述。

（4）选择菜单栏中的"绘图"→"条形图、饼图、面积图"→"柱状图"命令，在图形窗口 Graph2 绘制柱状图，如图 6-62 所示。

（5）选择菜单栏中的"绘图"→"条形图、饼图、面积图"→"条形图"命令，在图形窗口 Graph3 中绘制条形图，如图 6-63 所示。

（6）选择菜单栏中的"绘图"→"3D"→"XYY 3D 条状图"命令，在图形窗口 Graph4 中绘制 3D 条状图，如图 6-64 所示。

（7）选择菜单栏中的"绘图"→"条形图、饼图、面积图"→"XYY 3D 并排条状图"命令，在图形窗口 Graph5 中绘制并排条状图，如图 6-65 所示。

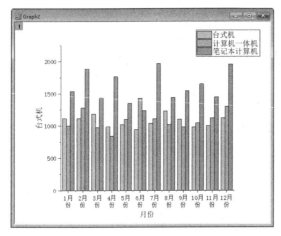

图 6-62　柱状图

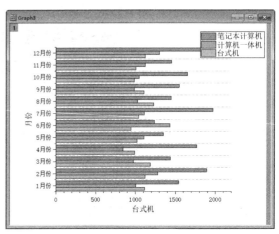

图 6-63　条形图

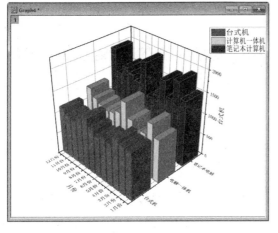

图 6-64　3D 条状图

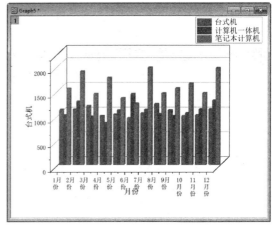

图 6-65　并排条状图

（8）双击 Graph5 中的并排条状图，弹出"绘图细节 - 绘图属性"对话框，在"图案"选项卡中将"边框""颜色"改为"无"，"填充颜色"选择 #OODCOO，选择"形状"为"棱锥台"，"渐变填充"设置为"双色"，"第二颜色"为皇家蓝色，"方向"设置为"从上到下"，如图 6-66 所示。单击"确定"按钮，关闭对话框。图表效果如图 6-67 所示。

（9）选中图例，在浮动工具栏中单击"水平排列"按钮，将垂直排列的图例转换为水平排列，将其放置到图表下方。在浮动工具栏中单击"附加到图形"按钮，将图例添加到图表中，如图 6-68 所示。

（10）在坐标区空白处单击，在浮动工具栏中单击"添加图层标题"按钮，添加图表标题，输入"计算机销售公司整机销量分析图表"，利用"格式"工具栏，设置字体样式为黑体，字体大小为 28，如图 6-69 所示。

（11）单击"标准"工具栏上的"保存项目"按钮，保存项目文件为"计算机销售公司整机销量分析图表 .opju"。

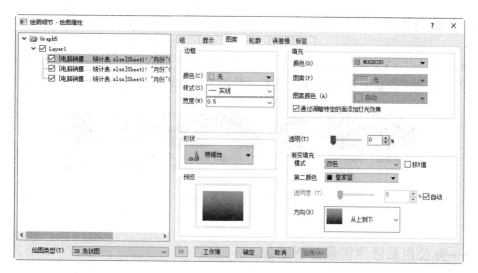

图 6-66　"图案"选项卡

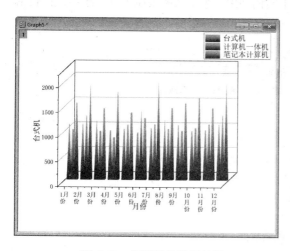

图 6-67　图形属性设置效果

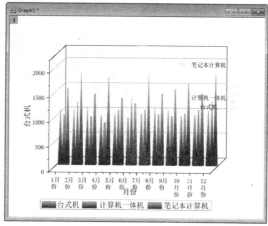

图 6-68　图例设置

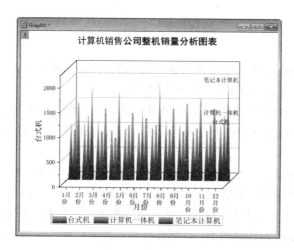

图 6-69　添加图层标题

6.4.2 三维条状图

三维条状图以 XYY 格式显示水平矩形，还包含 XYZ 型数据。绘制三维条状图的命令为 3D 条状图、3D 堆积条状图和 3D 百分比堆积条状图等，如图 6-70 所示。

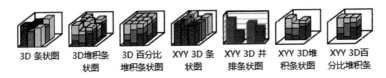

图 6-70 三维条状图

实例——办公用品领用记录分析图表

现有办公用品领用记录表如图 6-71 所示，本实例利用三维条状图表命令进行绘图，比较用品和部门用品领用情况。

	A	B	C	D	E	F
1			办公用品领用记录表			
2	用品	销售部	财务部	客服部	售后部	人事部
3	签字笔	10	4	6	8	7
4	文件夹	5	3	5	4	5
5	文件袋	5	5	2	3	5
6	记事本	6	4	5	7	5
7	打印纸	8	3	9	8	7
8	计算器	34	19	27	30	29
9	荧光笔	15	10	7	9	5
10	档案盒	10	19	15	13	18
11	名片册	100	150	180	130	160
12	胶带	50	25	30	20	32
13						

图 6-71 原始数据

 操作步骤

（1）启动 Origin 2023，打开源文件目录，将"办公用品领用记录表 .xlsx"文件拖放到工作区中，导入数据文件，打开工作表，如图 6-72 所示。

（2）在工作表 Sheet1 中单击左上角空白单元格，选中所有数据列。选择菜单栏中的"绘图"→"条形图、饼图、面积图"→"柱状图"命令，在图形窗口 Graph1 中绘制柱状图，如图 6-73 所示。

（3）在工作表 Sheet1 中选中 B（Y）~ F（Y）列数据，选择菜单栏中的"工作表"→"堆叠列"命令，弹出"堆叠列"对话框，勾选"包含其他列"，选择 A 列，如图 6-74 所示。单击"确定"按钮，即可创建名称为 StackCols1 的堆叠工作表，如图 6-75 所示。

（4）在工作表 StackCols1 修改 B、C 列长名称，选中 C 列，单击浮动工具栏中的设置为 Z 按钮 Z，将 C（Y）设置为 C（Z），结果如图 6-76 所示。

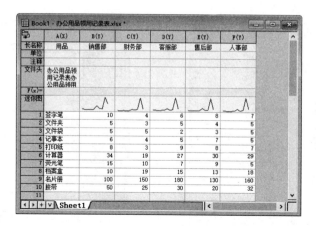

图 6-72 导入数据

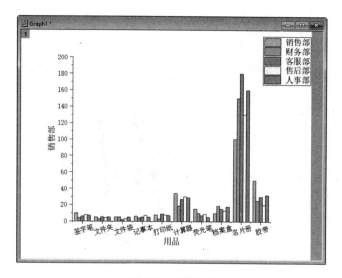

图 6-73 柱状图

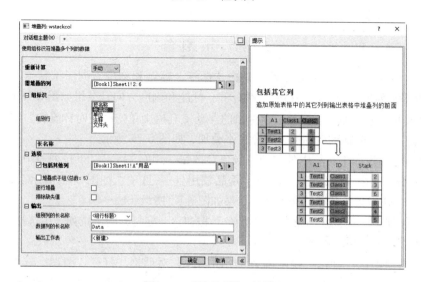

图 6-74 "堆叠列"对话框

图 6-75　堆叠工作表

图 6-76　修改长名称

（5）选择菜单栏中的"绘图"→"3D"→"3D 条状图"命令，在图形窗口中绘制 Graph2 3D 条状图，如图 6-77 所示。

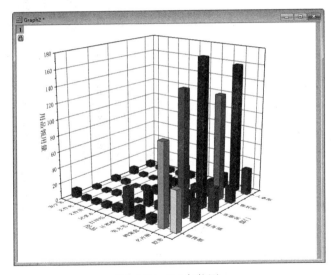

图 6-77　3D 条状图

（6）单击坐标系框架，单击浮动工具栏"标签、标题和刻度方向"按钮下拉列表中的"全部都在屏幕平面内"命令，调整坐标轴标签、标题和刻度方向，结果如图 6-78 所示。

（7）单击下方坐标轴刻度标签，在弹出的浮动工具栏中单击"逆时针旋转"按钮，将文本逆时针旋转下方坐标轴刻度标签，避免文本叠加，如图 6-79 所示。

（8）单击图形浮动工具栏中的"填充颜色"按钮，在"按点"下拉列表中选择颜色列表为 Thermometer，选中"映射：Col（C）：'用品领用量'"选项，如图 6-80 所示，单击"确定"按钮，按照颜色映射为条状图填充颜色，结果如图 6-81 所示。

（9）单击图形浮动工具栏中的"边框颜色"按钮，在打开的下拉列表中选择"无"选项，隐藏 3D 条形图边框颜色，如图 6-82 所示。

（10）双击绘图区，弹出"绘图细节 - 绘图属性"对话框，打开"图案"选项卡，在"形状"选项卡中选中"增量"选项，如图 6-83 所示，按照增量显示条形，效果如图 6-84 所示。

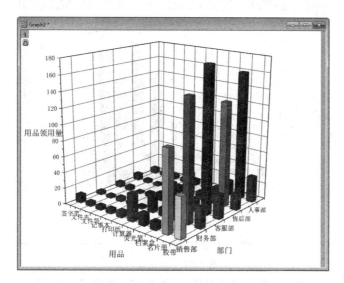

图 6-78 调整坐标轴标签、标题和刻度方向

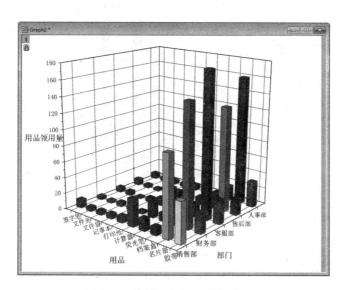

图 6-79 旋转下方坐标轴刻度标签

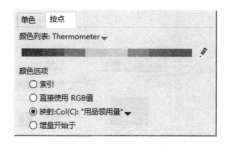

图 6-80 选择颜色列表

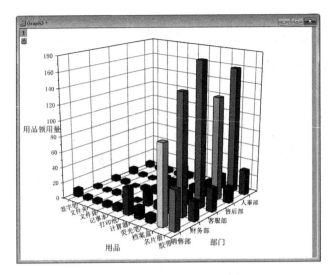

图 6-81　填充颜色

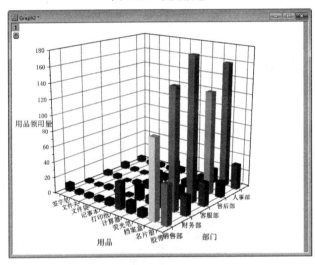

图 6-82　隐藏边框颜色

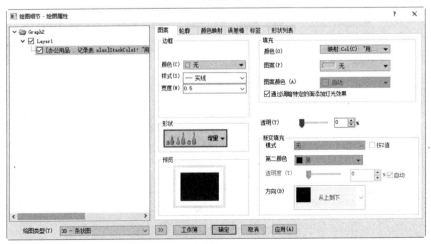

图 6-83　"绘图细节 - 绘图属性"对话框

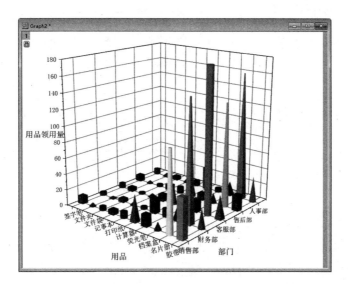

图 6-84　显示条形

（11）在坐标区空白处单击，在浮动工具栏中选择"添加图层标题"按钮，添加图表标题，输入标题为"办公品用量 3D 条形图"，利用"格式"工具栏结果，设置字体样式为微软雅黑，字体大小为 28，加粗字体，颜色为红色，结果如图 6-85 所示。

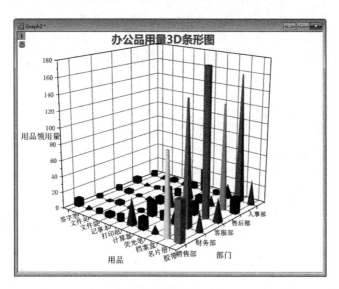

图 6-85　添加图层标题

（12）双击绘图区，弹出"绘图细节 - 页面属性"对话框，选中"Graph2"，打开"显示"选项卡，在"模式"选项卡中选中"更多颜色"，选择"调色板"颜色，如图 6-86 所示，设置页面背景颜色，单击"确定"按钮效果如图 6-87 所示。

（13）单击"标准"工具栏上的"保存项目"按钮，保存项目文件为"办公用品领用记录分析图表 .opju"。

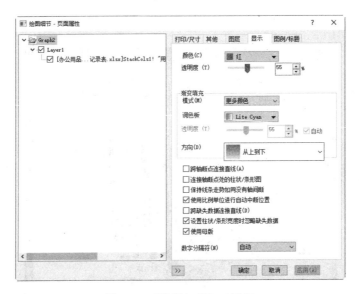

图 6-86 "绘图细节"对话框

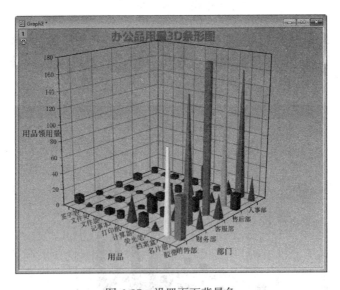

图 6-87 设置页面背景色

6.4.3 三维瀑布图

瀑布图是一种数据可视化形式,有助于理解连续引入的正值或负值的累积效应。瀑布图也被称为飞砖图或马里奥图,因为在半空中有明显的悬浮柱。

实例——在岗职工平均工资分析图表

现有在岗职工平均工资统计表,如图 6-88 所示,本实例利用三维 XYY 图表命令绘制图形,比较不同城市在岗职工平均工资。

	A	B	C	D	E	F	G	H	I
1	日期	北京	上海	成都	大连	福州	济南	昆明	厦门
2	2020年	185026	174678	104463	98812	96478	108391	2304	108554
3	2019年	173205	151772	97519	95442	88952	100593	94063	97779
4	2018年	149843	142983	88011	87592	83175	91651	80253	85166
5	2017年	134994	130765	79292	81884	75133	84645	76350	75452
6	2016年	122749	120503	74408	73764	67630	77012	68375	69218
7	2015年	113073	109279	69123	69390	62478	68997	62033	66930
8	2014年	103400	100623	63201	63609	58838	62323	58153	63062
9	2013年	93997	91477	56581	58946	53420	55840	51119	61754
10	2012年	85306	80191	48302	54821	48088	48829	45094	52673
11	2011年	75835	77031	42363	49728	42240	44004	41645	46414
12	2010年	65683	71874	38603	44615	34805	37854	32022	40283
13	2009年	58140	63549	34195	38765	30704	35661	29889	36455
14									

图 6-88　原始数据

操作步骤

（1）启动 Origin 2023，打开源文件目录，将"在岗职工平均工资 .xlsx"文件拖放到工作区中，导入数据文件，打开工作表，如图 6-89 所示。

长名称单位	A(X)	B(Y)	C(Y)	D(Y)	E(Y)	F(Y)	G(Y)	H(Y)	I(Y)
	日期	北京	上海	成都	大连	福州	济南	昆明	厦门
注释		平均工资	平均工资	平均工资	平均工资	平均工资	平均工资	平均工资	平均工资
F(x)=									
迷你图									
1	2020年	185026	174678	104463	98812	96478	108391	2304	108554
2	2019年	173205	151772	97519	95442	88952	100593	94063	97779
3	2018年	149843	142983	88011	87592	83175	91651	80253	85166
4	2017年	134994	130765	79292	81884	75133	84645	76350	75452
5	2016年	122749	120503	74408	73764	67630	77012	68375	69218
6	2015年	113073	109279	69123	69390	62478	68997	62033	66930
7	2014年	103400	100623	63201	63609	58838	62323	58153	63062
8	2013年	93997	91477	56581	58946	53420	55840	51119	61754
9	2012年	85306	80191	48302	54821	48088	48829	45094	52673
10	2011年	75835	77031	42363	49728	42240	44004	41645	46414
11	2010年	65683	71874	38603	44615	34805	37854	32022	40283
12	2009年	58140	63549	34195	38765	30704	35661	29889	36455
13									
14									
15									

Book1 - 在岗职工平均工资.xlsx *

◄ ► + ▽ \Sheet1 ∧ StackCols1 /

图 6-89　导入数据

（2）在工作表中单击左上角空白单元格，选中所有数据列。单击"2D 图形"工具栏中的"点线图"按钮，在图形窗口 Graph1 中绘制多组点线图，如图 6-90 所示。

（3）选择菜单栏中的"绘图"→"3D"→"3D 带状图"命令，在图形窗口 Graph2 中绘制 3D 带状图，如图 6-91 所示。

（4）在坐标区空白处单击，在浮动工具栏中选择"添加图层标题"按钮，添加图表标题，输入标题为"3D 带状图"，利用"格式"工具栏，设置字体样式为华文新魏，字体大小为 36，颜色为红色，结果如图 6-92 所示。

（5）选择菜单栏中的"绘图"→"3D"→"3D 墙体图"命令，在图形窗口 Graph3 中绘制 3D 墙体图。在坐标区空白处单击，在浮动工具栏中选择"减加图层标题"按钮，添加图表标题，输入标题为"3D 墙体图"，利用"格式"工具栏，设置字体样式为华文新魏，字体大小为 36，颜色为红色，结果如图 6-93 所示。

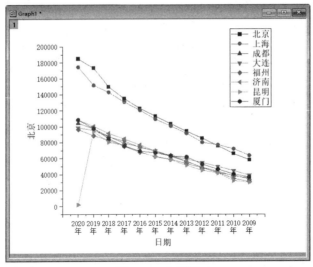

图 6-90　点线图

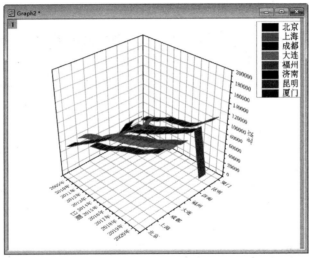

图 6-91　3D 带状图

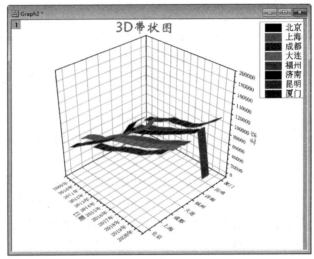

图 6-92　添加图层标题

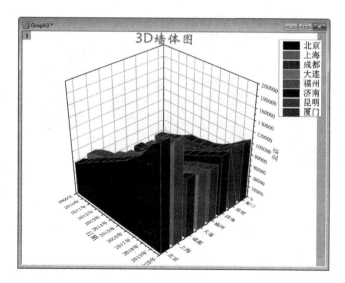

图 6-93 3D 墙体图

（6）选择菜单栏中的"绘图"→"3D"→"3D 堆积墙体图"命令，在图形窗口 Graph4 中绘制 3D 堆积墙体图。在坐标区空白处单击，在浮动工具栏中选择"添加图层标题"按钮，添加图表标题，输入标题为"3D 堆积墙体图"，利用"格式"工具栏，设置字体样式为华文新魏，字体大小为 36，颜色为红色，结果如图 6-94 所示。

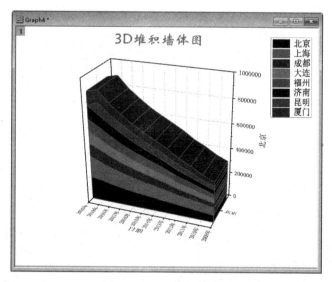

图 6-94 3D 堆积墙体图

（7）选择菜单栏中的"绘图"→"3D"→"3D 百分比堆积墙体图"命令，在图形窗口 Graph5 中绘制 3D 百分比堆积墙体图。在坐标区空白处单击，在浮动工具栏中选择"添加图层标题"按钮，添加图表标题，输入标题为"3D 百分比堆积墙体图"，利用"格式"工具栏，设置字体样式为华文新魏，字体大小为 36，颜色为红色，结果如图 6-95 所示。

（8）选择菜单栏中的"绘图"→"3D"→"3D 瀑布图"命令，在图形窗口 Graph6 中绘制 3D 瀑布图，如图 6-96 所示。

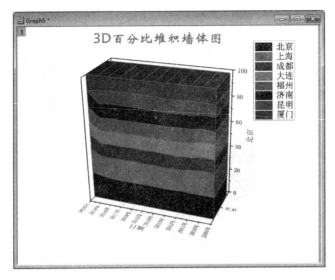

图 6-95　3D 百分比堆积墙体图

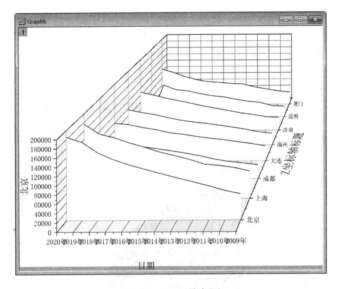

图 6-96　3D 瀑布图

（9）单击图形浮动工具栏中的"填充颜色"按钮，在"按曲线"下拉列表中选择调色板 Viridis，如图 6-97 所示，系统按照调色板中的颜色为瀑布图填充颜色，结果如图 6-98 所示。

（10）单击图形浮动工具栏中的"堆积列"按钮，打开如图 6-99 所示下拉列表，选择"堆积柱状图"→"无"选项，按照调色板中的颜色列表为瀑布图填充颜色。显示无堆积状态的柱状图，效果如图 6-100 所示。

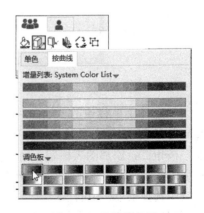

图 6-97　选择调色板

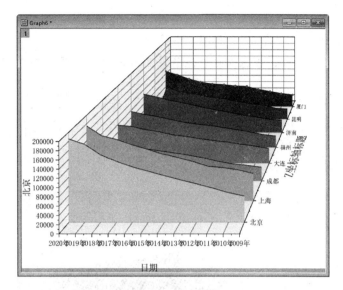

图 6-98　填充颜色

图 6-99　堆积列列表

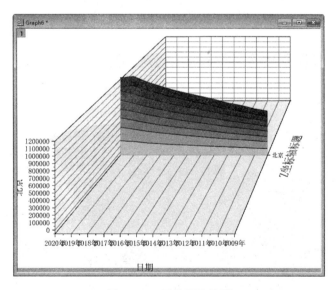

图 6-100　无堆积柱状图

（11）单击下方坐标轴刻度标签，弹出坐标轴浮动工具栏，如图 6-101 所示，单击"顺时针旋转"按钮↻，将标签文本顺时针旋转两次。单击"字体颜色"按钮A，设置文本字体颜色为蓝色，单击"加粗"按钮 B，设加粗字体，结果如图 6-102 所示。

（12）单击坐标轴标签"日期"，利用"格式"工具栏，设置字体为黑体，大小为 28，颜色为蓝色，结果如图 6-103 所示。

（13）单击坐标轴浮动工具栏中的"应用格式于"按钮，将 Y 轴刻度标签的字体颜色和字体设置应用到另外两个坐标轴刻度标签。采用同样的方法，旋转 Z 轴坐标轴标签和坐标轴标签，结果如图 6-104 所示。

图 6-101   坐标轴浮动工具栏

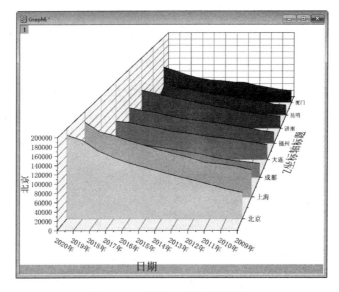

图 6-102   设置坐标轴刻度标签

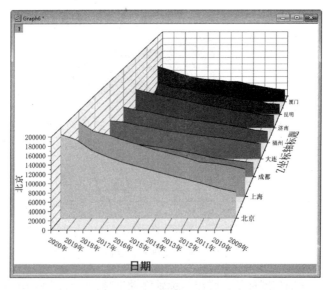

图 6-103   设置坐标轴标签

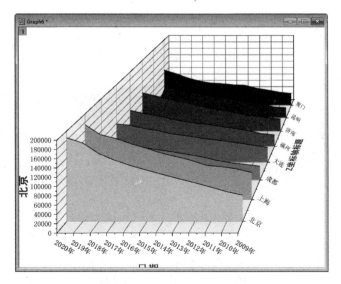

图 6-104　设置其余坐标轴文本

（14）双击绘图区，弹出"绘图细节 - 图层属性"对话框，选择"Layer1"，打开"大小"选项卡，在"图层面积"选项中设置数值，具体参数如图 6-105 所示，单击"确定"按钮，将完整的显示图形与坐标轴，结果如图 6-106 所示。

图 6-105　"绘图细节"对话框

（15）单击"更改绘图类型为"按钮下拉列表中的"3D 墙形图"命令，将 3D 瀑布图改为 3D 墙形图，如图 6-107 所示。

（16）单击"更改绘图类型为"按钮下拉列表中的"3D 带状图"命令，将 3D 墙形图改为 3D 带状图，如图 6-108 所示。

（17）单击"更改绘图类型为"按钮下拉列表中的"3D 条状图"命令，将 3D 带状图改为 3D 条状图，如图 6-109 所示。

（18）单击图形浮动工具栏中的"形状"按钮，打开如图 6-110 所示下拉列表，选择"圆筒"选项，将条形图的条形变为圆筒状，结果如图 6-111 所示。

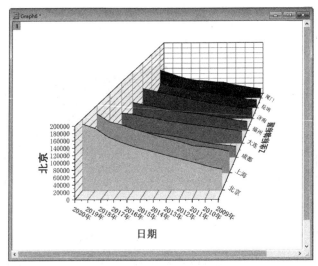

图 6-106　图层大小设置结果

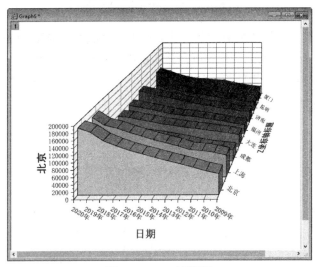

图 6-107　3D 墙形图

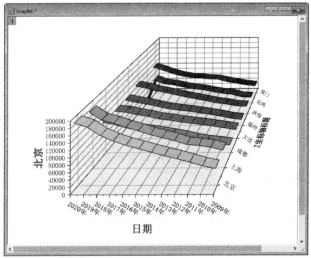

图 6-108　3D 带状图

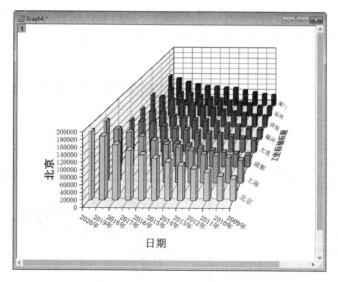

图 6-109　3D 条状图

图 6-110　形状列表

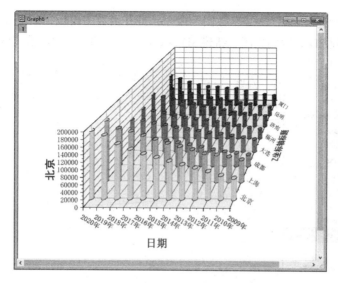

图 6-111　圆筒图

（19）单击图形浮动工具栏中的"填充颜色"按钮，在打开的下拉列表中选择"按点"→"颜色映射"→"日期"选项，如图 6-112 所示，将圆筒图按照日期进行颜色填充，结果如图 6-113 所示。

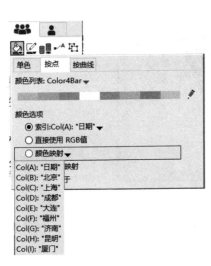

图 6-112　按点列表

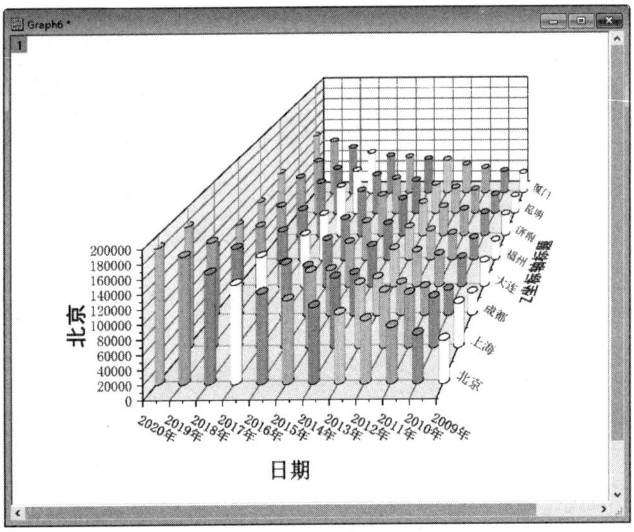

图 6-113　按照日期颜色填充

（20）单击"标准"工具栏上的"保存项目"按钮，保存项目文件为"在岗职工平均工资分析图表 .opju"。

6.4.4　三维函数图

一般情况下，使用工作表和矩阵表中的数据进行三维图绘制，另外还可以利用函数绘制三维图形。

选择菜单栏中的"绘图"→"函数图"命令，打开函数图模板，如图 6-114 所示，显示新建 2D 函数图、新建 2D 参数函数图、新建 3D 函数图、新建 3D 参数函数图四种函数绘图命令。

图 6-114　函数图模板

这四种函数的类型与对应的函数形式见表 6-1。

表 6-1　函数类型与对应的函数形式

类型	函数形式
2D 函数图	$y = f(x)$
2D 参数函数图	$x = f1(t)$ $y = f2(t)$
3D 函数图	$z = f(x, y)$
3D 参数函数图	$x = f1(u, v)$ $y = f2(u, v)$ $z = f3(u, v)$

1. 3D 函数图

（1）选择菜单栏中的"绘图"→"函数图"→"新建 3D 函数图"命令，弹出"创建 3D 函数图"对话框。

（2）单击"主题"右侧的 □ 选项，打开如图 6-115 所示的下拉列表，显示系统自带的函数实例。选择 Saddle（马鞍面）函数，系统自动在"Z(x, y)="文本框中输入马鞍面函数"x^2-y^2"，如图 6-116 所示。

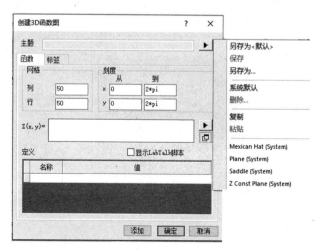
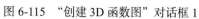

图 6-115　"创建 3D 函数图"对话框 1

图 6-116　"创建 3D 函数图"对话框 2

（3）在"函数"选项卡中定义 x 的取值范围和取值点数，默认取值范围为 0~2π，取值点为100 个。

（4）输入函数时，单击"插入数学公式"按钮 ▶，在打开的下拉列表中选择所需的函数，如图 6-117 所示。即可添加到函数编辑文本框中。

（5）如果希望在一个独立的窗口中输入函数，单击"显示在单独的窗口中"按钮 回，打开如图 6-118 所示的函数编辑窗口。在该窗口中，可以很方便地编辑函数和查看函数的各个数据点。

（6）单击"确定"按钮，关闭"创建 3D 函数图"对话框，即可看到绘制的三维函数图形，同时自动创建矩阵数据表 FUNC，如图 6-119 所示。

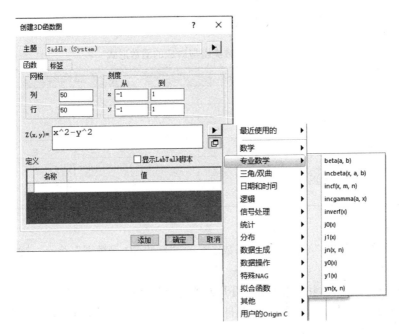

图 6-117 选择数学公式

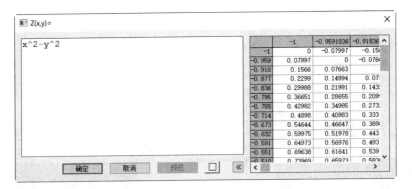

图 6-118 函数编辑窗口

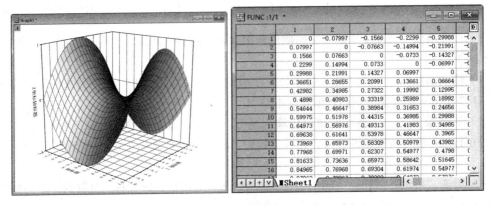

图 6-119 函数图形

2. 三维参数函数图

很多曲面可以用如下参数方程表示，因此，Origin 可以利用参数方程绘制三维曲面。

$$\begin{cases} x = x(u,v) \\ y = y(u,v) \\ z = z(u,v) \end{cases} \begin{pmatrix} a \le u \le b \\ c \le v \le d \end{pmatrix}$$

式中，u、v 是参数。

（1）选择菜单栏中的"绘图"→"函数图"→"新建 3D 参数函数图"命令，弹出"创建 3D 参数函数图"对话框，单击"主题"右侧的 ▶ 选项，在打开的下拉列表中选择 Breather 函数，如图 6-120 所示。此时，自动在"X（u，v）""Y（u，v）""Z（u，v）"文本框中输入函数。

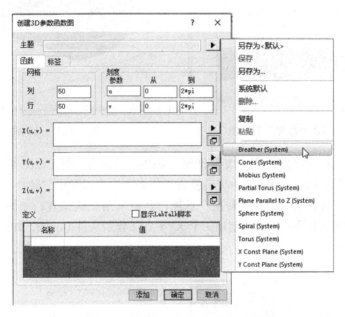

图 6-120　"创建 3D 参数函数图"对话框

（2）单击"确定"按钮，关闭"创建 3D 参数函数图"对话框，即可看到绘制的三维参数函数图形，同时自动创建矩阵数据表 FUNC1。

实例——绘制折叠函数曲面

本节利用函数方程 $z = x^4 - y^2$，$x \in (-2\pi, 2\pi)$，$y \in (0, 4\pi)$ 绘制三维曲面。

 操作步骤

（1）启动 Origin 2023，项目管理器中自动创建项目文件 UNTITLED，该项目文件下默认创建一个文件夹 Folder1，该文件夹中包含工作簿文件 Book1。

（2）选择菜单栏中的"绘图"→"函数图"→"新建 3D 函数绘图"命令，弹出"创建 3D

函数图"对话框，输入函数公式，在"函数"选项卡中定义 x、y 的取值范围和取值点数，取值点为 100 个，如图 6-121 所示的。单击"确定"按钮，关闭"创建 3D 函数图"对话框，在图形窗口 Graph1 中绘制函数图形，如图 6-122 所示。

图 6-121 "创建 3D 函数图"对话框

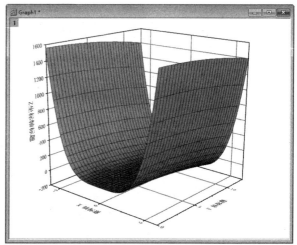

图 6-122 函数曲面

（3）在工作环境中将自动创建的矩阵簿窗口 FUNC 设置为当前，如图 6-123 所示。

（4）选择菜单栏中的"矩阵"→"转换为工作表"命令，弹出"转换为工作表"对话框，在"方法"下拉列表中选择"直接转换"选项，其他采用默认设置，如图 6-124 所示。单击"确定"按钮，关闭该对话框，自动创建一个 XYY 的工作表文件 Book2，如图 6-125 所示。

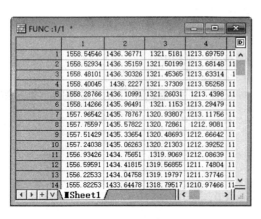

图 6-123 矩阵文件

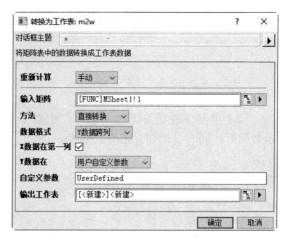

图 6-124 "转换为工作表"对话框 1

（5）将矩阵簿窗口 FUNC 设置为当前，选择菜单栏中的"矩阵"→"转换为工作表"命令，弹出"转换为工作表"对话框，在"方法"下拉列表中选择"XYZ 列"选项，其他采用默认设置，如图 6-126 所示。单击"确定"按钮，关闭该对话框，自动创建一个 XYZ 的工作表文件 Book3，如图 6-127 所示。

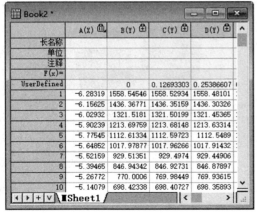

图 6-125　XYY 的工作表

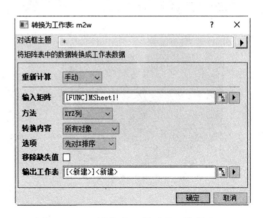

图 6-126　"转换为工作表"对话框 2

（6）将 XYY 工作表文件 Book2（虚拟矩阵）设置为当前，单击窗口左上角选中所有数据，选择菜单栏中的"绘图"→"3D"→"3D 线框图"命令，弹出"Plotting（绘图）"对话框，如图 6-128 所示，单击"确定"按钮，关闭对话框，在图形窗口 Graph2 中绘制三维线框图，如图 6-129 所示。

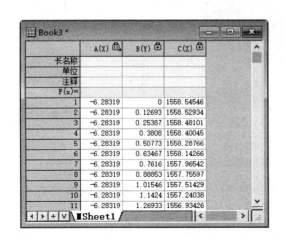

图 6-127　XYZ 的工作表

图 6-128　"Plotting（绘图）"对话框

（7）将 XYZ 工作表文件 Book3 置为当前，单击窗口左上角选中所有数据，选择菜单栏中的"绘图"→"3D"→"3D 线框图"命令，弹出"Plotting（绘图）"对话框，采用默认参数，单击"确定"按钮，关闭对话框，在图形窗口 Graph3 中绘制三维线框图，如图 6-130 所示。

（8）在图形窗口 Graph1 中曲面上单击，弹出浮动工具栏，单击"启用网格"按钮，隐藏曲面图中的网格线，结果如图 6-131 所示。

（9）在图形窗口 Graph2 中曲面上双击，弹出"绘图细节 - 绘图属性"对话框，打开"网格"选项卡，在"主次线"选项组下选择"设置每一主网格线下的次网格线数"单选按钮，勾选"显示次网格线"复选框，设置次线条颜色为 #1E3CFF，如图 6-132 所示。单击"确定"按钮，关闭对话框，图形结果如图 6-133 所示。

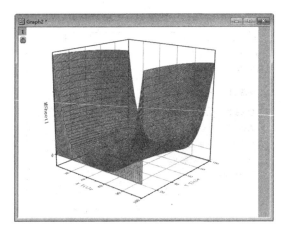

图 6-129　XYY 三维线框图

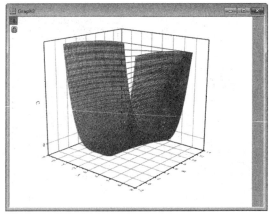

图 6-130　XYZ 三维线框图

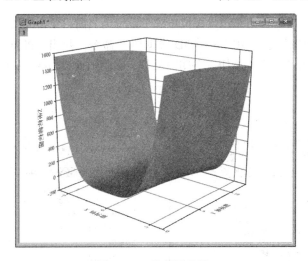

图 6-131　隐藏网格线

图 6-132　"网格"选项卡

（10）在图形窗口 Graph3 中曲面上双击，弹出"绘图细节 - 绘图属性"对话框，打开"网格"选项卡，在"正面"选项组下设置颜色为"红"色，"背面色"为"黄"色，设置"透明"度为 33%，如图 6-134 所示。单击"确定"按钮，关闭对话框，图形结果如图 6-135 所示。

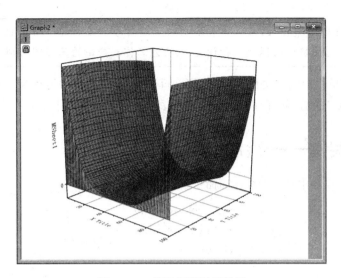

图 6-133 设置图形网格效果

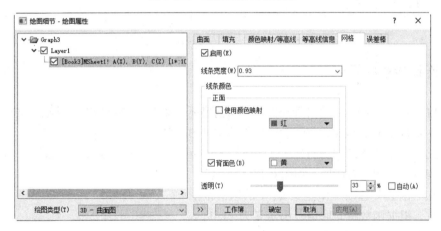

图 6-134 "网格"选项卡

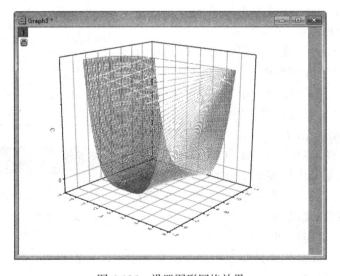

图 6-135 设置图形网格效果

提示：通过虚拟矩阵和 XYZ 工作表绘制的三维图形，显示的网格参数不同。虚拟矩阵绘制的三维图形可以对网格线的根数进行设置，XYZ 工作表绘制的三维图形则不能。

（11）选择菜单栏中的"文件"→"保存项目"命令，弹出"另存为"对话框，在"文件名"文本框内输入"折叠函数曲面"，单击"保存"按钮，保存项目文件。

6.5 操作实例——绘制螺旋管参数曲面

本实例为在工作表中利用参数曲面命令绘制下面的函数。

$$\begin{cases} x = (1-u)(3+\cos v)\cos 4\pi u \\ y = (1-u)(3+\cos v)\sin 4\pi u \\ z = 3u + (1-u)\sin v \end{cases} \quad \begin{pmatrix} -1 \leqslant u \leqslant 1 \\ 0 \leqslant v \leqslant 2\pi \end{pmatrix}$$

 操作步骤

6.5.1 绘制参数曲面

（1）启动 Origin 2023，项目管理器中自动创建项目文件 UNTITLED，该项目文件下默认创建一个文件夹 Folder1，该文件夹中包含工作簿文件 Book1。

（2）选择菜单栏中的"文件"→"新建"→"函数图"→"3D 参数函数图"命令，弹出"创建 3D 参数函数图"对话框，如图 6-136 所示。

（3）在"函数"选项卡中定义 u、v 的取值范围和取值点数，根据函数将 u 取值范围定义为 −1~1，v 取值范围定义为 0~2*pi，取值点为 200 个。

（4）在"X（u，v）"选项卡中定义 X 的公式为（1−u）*（3+cos（v））*cos（4*pi*u）。

（5）在"Y（u，v）"选项卡中定义 Y 的公式为（1−u）（3+cos（v））*sin（4*pi*u）。

（6）在"Z（u，v）"选项卡中定义 Z 的公式为 3*u+（1−u）*sin（v）。如图 6-137 所示。

（7）单击"确定"按钮，关闭"创建 3D 参数函数图"对话框，在图形窗口 Graph1 中绘制函数图形。

（8）自动创建函数工作表文件 FUNC，选择菜单栏中的"查看"→"显示图像缩略图"命令，在矩阵表中显示各个矩阵的缩略图预览，如图 6-138 所示。

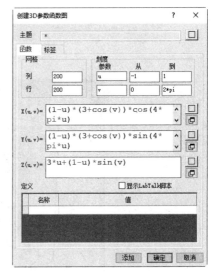

图 6-136 "创建 3D 参数函数图"对话框

（9）选择第一个缩略图，选择菜单栏中的"绘图"→"3D"→"3D 颜色映射曲面"命令，在弹出的图形窗口 Graph2 中显示曲面图，如图 6-139 所示。该图是以 u，v 为 X，Y 轴对应数据得到的图形。

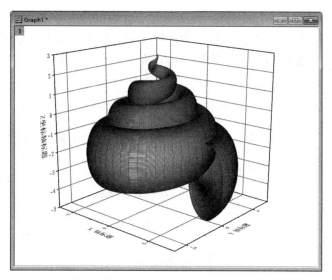

图 6-137　函数图形

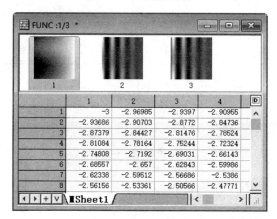

图 6-138　函数矩阵文件

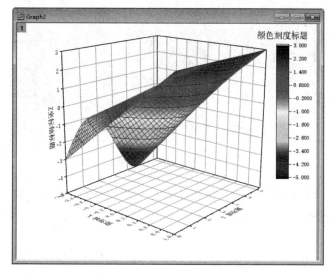

图 6-139　3D 颜色映射曲面图

（10）双击图形，弹出"绘图细节 - 绘图属性"对话框，单击"曲面"选项卡，勾选"参数曲面"选项，分别单击"X 矩阵"和"Y 矩阵"右方的下拉列表，分别选择第二个矩阵和第三个矩阵，对应于 X 轴和 Y 轴，如图 6-140 所示，单击"确定"按钮，结果如图 6-141 所示。

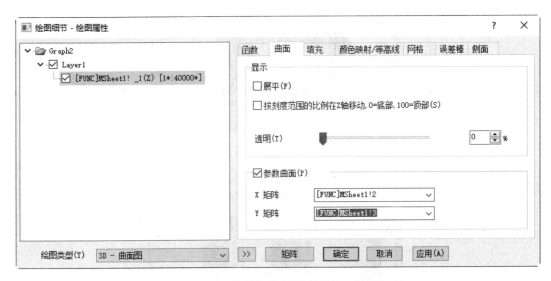

图 6-140　"绘图细节 - 绘图属性"对话框

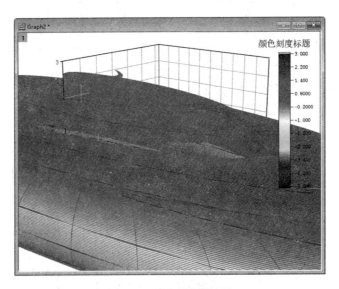

图 6-141　图形设置结果

（11）单击图形窗口坐标系，在弹出的浮动工具栏中单击"重新缩放"按钮，调整图形大小，删除右侧颜色标尺，得到如图 6-142 所示三维图形。其中，图形颜色是根据 Z 轴的数据范围进行设置。

（12）单击图形，在弹出的浮动工具栏中单击"启用网格"按钮，隐藏图形网格，效果如图 6-143 所示。

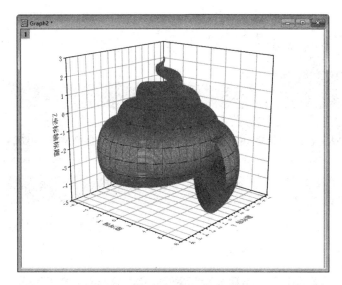

图 6-142　图形自动调整结果

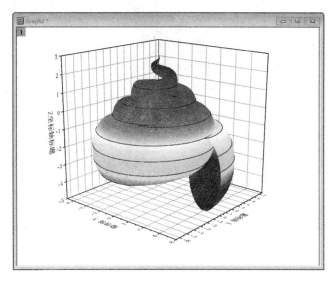

图 6-143　隐藏图形网格

6.5.2　多曲面图形设置

（1）在图形窗口中单击鼠标右键，在弹出的快捷菜单中选择"图表绘制"命令，弹出"图表绘制"对话框，单击"添加"按钮，在"图层"列表中添加两个曲面图，如图 6-144 所示。单击"确定"按钮，关闭对话框，在图形窗口 Graph2 中显示添加的曲面，如图 6-145 所示。

（2）双击图形，弹出"绘图细节 - 绘图属性"对话框，选中第二个曲面，打开"曲面"选项卡，勾选"参数曲面"选项，分别单击"X 矩阵"和"Y 矩阵"右方的下拉列表，分别选择第二个矩阵和第三个矩阵，对应于 X 轴和 Y 轴，勾选"按刻度范围的比例在 Z 轴移动，0 = 底部，100 = 顶部"复选框，设置 Z 轴高度为 40，如图 6-146 所示。

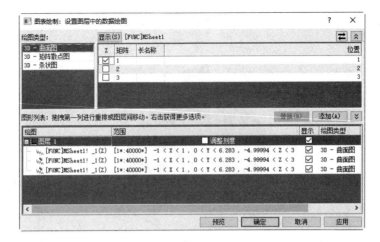

图 6-144　"图表绘制"对话框

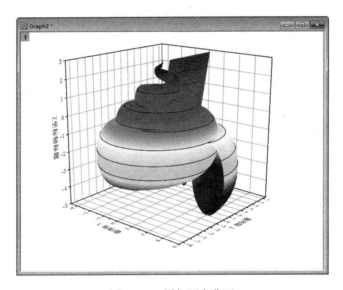

图 6-145　添加两个曲面

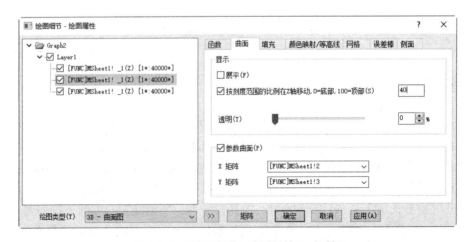

图 6-146　"绘图细节 - 绘图属性"对话框

（3）采用同样的方法，第二个曲面设置 Z 轴高度为 80，单击"确定"按钮，曲面设置结果如图 6-147 所示。

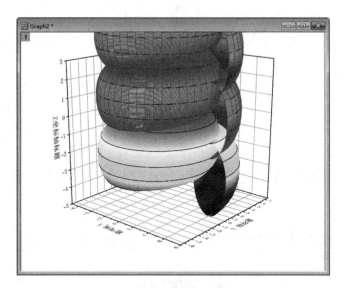

图 6-147 显示多个曲面

（4）单击绘图区的浮动工具栏中的"重新缩放"按钮，自动在绘图区进行缩放，调整图形合理显示，结果如图 6-148 所示。

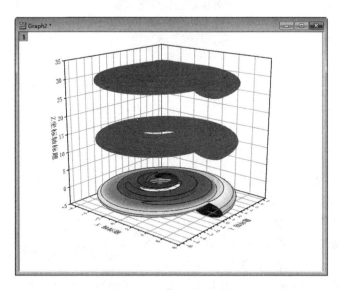

图 6-148 曲面显示调整

（5）双击第二个图形，弹出"绘图细节 - 绘图属性"对话框，打开"网格"选项卡，取消"启用"复选框的勾选，隐藏图形网格。打开"填充"选项卡，在"逐块填充"选择项中选择"RGB：Mat（2）"填充，勾选"背面填充色"复选框，填充颜色为"灰"色，如图 6-149 所示。单击"应用"按钮，显示曲面填充结果，如图 6-150 所示。

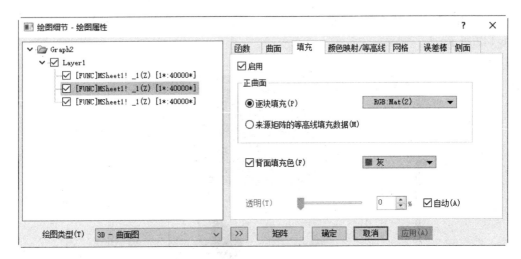

图 6-149   "填充"选项卡

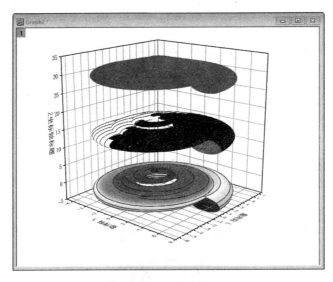

图 6-150   填充曲面

（6）在"绘图细节 - 绘图属性"对话框中选中第三个图形，打开"网格"选项卡，取消"启用"复选框的勾选，隐藏图形网格。打开"颜色映射/等高线"选项卡，单击"填充"列标签，弹出"填充"对话框，选择"加载调色板"选项，选择"Maple"，如图 6-151 所示。单击"确定"按钮，关闭该对话框，返回"绘图细节 - 绘图属性"对话框。"透明"设置为 30%，取消勾选"启用等高线"复选框，如图 6-152 所示，单击"确定"按钮，关闭该对话框，第三个三维曲面图结果如图 6-153 所示。

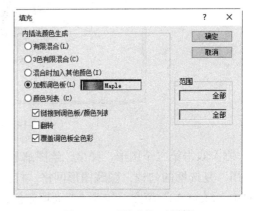

图 6-151   "填充"对话框

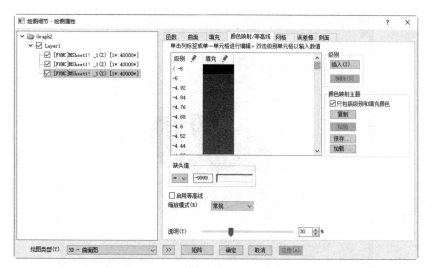

图 6-152 "颜色映射 / 等高线"选项卡

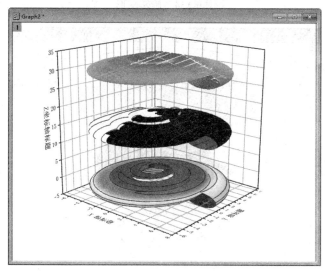

图 6-153 颜色映射结果

6.5.3 三维曲面视图显示

（1）单击"3D 旋转"工具栏中的"向下倾斜"按钮▲，将整个坐标系向下倾斜旋转 20°，如图 6-154 所示。

（2）单击"3D 旋转"工具栏中的"增加透视"按钮▲，增加图形的透视角度，结果如图 6-155 所示。

（3）双击图形窗口 Graph2 中的空白区域，弹出"绘图细节 - 图层属性"对话框，选择"Layer（图层）"选项，打开"光照"选项卡，选中"定向光"选项，设置定向光"水平"方向为 30°、"垂直"方向为 90°，取消勾选"动态光影"复选框，"环境光"为"绿"色，"漫反射光"为"红"色，"镜面反射光"为"黄"色，默认"亮度"为 64，如图 6-156 所示。单击"确定"按钮，关闭对话框，添加光照的三维曲面图结果如图 6-157 所示。

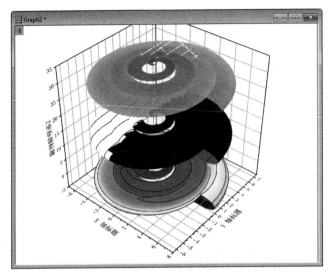

图 6-154　旋转图形

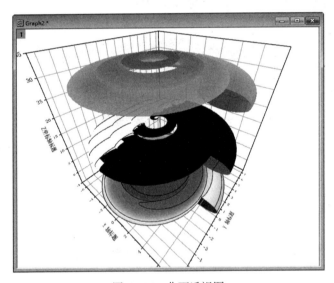

图 6-155　曲面透视图

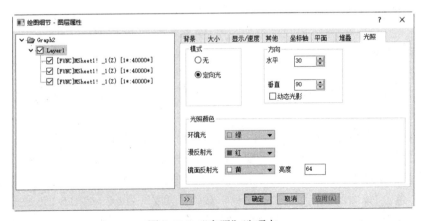

图 6-156　"光照"选项卡

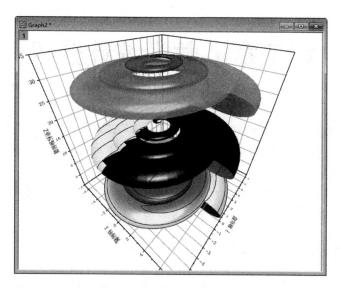

图 6-157 设置结果

（4）单击"3D 旋转"工具栏中的"重置"按钮，将图形恢复到旋转、透视前的角度，如图 6-158 所示。

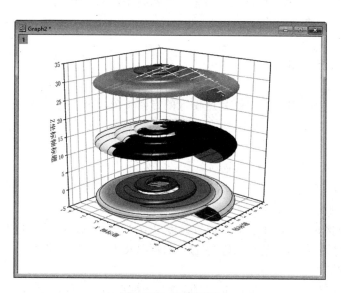

图 6-158 重置图形

（5）选择菜单栏中的"文件"→"项目另存为"命令，弹出"保存为"对话框，在文件列表框中指定保存文件的路径，在"文件名"文本框内输入"螺旋管参数曲面"，保存项目文件。

第7章　数学统计分析

Origin 提供了大量用于统计分析的工具，统计结果的显现方式主要有两种：一种是统计表，便于阅读和对比，数据清晰具体；另一种是统计图，形象地表达统计结果。两者也常常结合使用。

在数学统计应用过程中，Origin 是一个非常重要并且方便的软件。在绘图模板中，有一系列图形命令专门为解决数学统计问题，如箱线图、小提琴图等，这些统计图更贴合数据显示。

7.1　统计量分析

数学统计的任务是采集和处理带有随机影响的数据，或者说收集样本并对之进行加工，从样本中提取有用的信息来研究总体的分布及各种特征数就是构造统计量的过程，因此统计量是样本的某种函数。

常用统计量包括：均值、标准差、方差、众数、中位数、分位数、极差、平均差、偏度、峰度、变异系数等。

7.1.1　列统计和行统计

计算描述统计量时，Origin 根据数据输入的方向（按行、按列），将计算统计量的命令分为行统计与列统计。Origin 一般按照列输入数据，这里只介绍列统计，行统计与其类似，不再赘述。

选择菜单栏中的"统计"→"描述统计"→"列统计"命令，或单击"工作表数据"工具栏中的"列统计"按钮Σ▣，或单击鼠标右键，在弹出的快捷菜单中选择"列统计"命令，弹出如图 7-1 所示的"列统计"对话框。

该对话框中包含 5 个选项卡。分别设置参数单击"确定"按钮，生成相应的描述统计表和分析报表。其中包括：备注（基本信息）、输入数据以及描述统计结果。

1. "输入"选项卡

（1）排除空数据集：选择该复选框，删除选择数据列中的空数据集。

（2）Exclude Text Dataset：选择该复选框，删除选择数据列中的文本数据集。

（3）输入数据：在下拉列表中选择是对当前列统计，还是合并整个数据集统计。

1）数据范围：选择进行统计分析的数据。

2）组：选择进行组合的数据列。

3）加权范围：很多时候在进行统计分析和市场研究的时候，都涉及到对数据进行加权的问题。数据加权是指数据乘以权重。在该选项中选择进行数据加权的数据范围。

2. "输出量"选项卡

选中其中的复选框，选择要计算和显示的统计量。

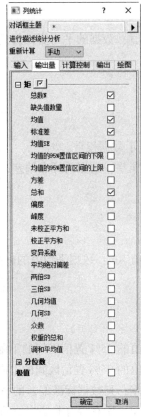

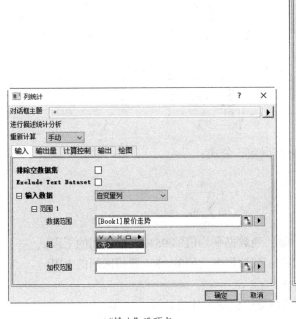

"输入"选项卡　　　　　　　　　"输出量"选项卡

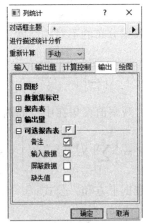

"计算控制"选项卡　　　　　　"输出"选项卡　　　　　　"绘图"选项卡

图 7-1　"列统计"对话框

（1）"矩"选项组：单击该选项组左侧"－"按钮，展开选项组，勾选相应的选项，在输出的分析表中输出基本统计量。

1）总数 N：数据点个数 n。

2）缺失值数量：缺失的数据点个数，公式：

$$n_0 = N - n$$

3）均值：数据的平均值，公式：

$$\overline{x} = \frac{\sum_{i=1}^{n} w_i x_i}{\sum_{i=1}^{n} w_i}$$

式中，w 表示数据权重。

4）标准差：数据的标准偏差，公式：

$$s = \sqrt{\frac{\sum_{i=1}^{n} w_i (x_i - \overline{x})^2}{\lambda}}$$

5）均值 SE：数据平均值的标准误差，公式：

$$s_e = \frac{s}{\sum_{i=1}^{n} w_i}$$

6）均值的 95% 置信区间的下限：列数据平均值的 95% 置信区间的下限。

7）均值的 95% 置信区间的上限：列数据平均值的 95% 置信区间的上限。

8）方差：列数据标准偏差的平方 s^2。

9）总和：所有带有非缺失值的数据的值的合计或总计，公式：

$$\sum_{i=1}^{n} w_i x_i$$

10）偏度：数据的偏度系数，数据分布的不对称性度量。公式：

$$\gamma_1 = \frac{1}{\lambda} \sum_{i=1}^{n} \left[\frac{\sqrt{w_i}(x_i - \overline{x})}{s} \right]^3$$

11）峰度：列数据的峰度系数，观察值聚集在中点周围的程度的测量。公式：

$$\gamma_2 = \frac{1}{\lambda} \sum_{i=1}^{n} \left[\frac{\sqrt{w_i}(x_i - \overline{x})}{s} \right]^4 - 3$$

12）未校正平方和：未校正的数据平方和，公式：

$$\sum_{i=1}^{n} w_i x_i^2$$

13）校正平方和：校正的数据平方和，公式：

$$\sum_{i=1}^{n} w_i (x_i - \overline{x})^2$$

14）变异系数：用于对比率变量离散程度的描述，分为基于均值的变异系数（Mean centered COV）和基于中位数的变异系数（Median centered COV）。前者是通常意义下的变异系数，是标准差除以均值。变异系数的公式：

$$cv = \frac{s}{\bar{x}}$$

15）平均绝对偏差：（MAD）是误差统计值，计算每对实际数据点与拟合数据点之间距离的平均值。公式：

$$d = \frac{\sum\limits_{i=1}^{n} w_i |x_i - \bar{x}|}{\sum\limits_{i=1}^{n} w_i}$$

16）两倍 SD：标准偏差乘以 2。

17）三倍 SD：标准偏差乘以 3。

18）几何均值：几何平均值的公式：

$$\tilde{x} = \sqrt[n]{\prod\limits_{i=1}^{n} x_i}$$

数据值的乘积的 n 次根，其中 n 代表数据数目。

19）几何 SD：几何标准偏差，公式：

$$\tilde{s} = \exp\sqrt{\frac{\sum\limits_{i=1}^{n} w_i (\ln x_i - \ln \bar{x})^2}{n-1}}$$

20）众数：出现频率最高的数据 m。

21）权重的总和：所有数据权重的总和，公式：

$$w = \sum\limits_{i=1}^{n} w_i$$

22）调和平均值：在组中的样本大小不相等的情况下用来估计平均组大小。调和均值是样本总数除以样本大小的倒数总和。

（2）"分位数"：单击该选项组左侧"＋"按钮，展开选项组，勾选相应的选项，在输出的分析表中输出分位数统计量。

1）最小值：数据点的最小值。

2）最小值序号：数据点最小值的索引。

3）第一个四分位数（Q1）：插值操作时的 Q1 值（25%）。

4）中位数：插值操作时的 Q2 值（50%）。

5）第三个四分位数（Q3）：插值操作时的 Q3 值（75%）。

6）最大值：数据点的最大值。

7）最大值序号：数据点最大值的索引。

8）四分位间距（Q3－Q1）：插值范围。

9）极差（最大值－最小值）：最大值－最小值的值。

10）自定义百分位数：定制百分位数。

11）百分位数列表：是否列出百分位数。

12）中位绝对偏差：中位数的平均绝对偏差。

13）稳健变异系数：RobustCV，标准四分位点内距除以中位值，并以百分数表示。

（3）"极值"：勾选该选项，在输出的分析表中计算显示极大/极小值。

3. "计算控制"选项卡

（1）权重法：选择计算权重的方法。

（2）矩方差因子：选择矩方差因子 λ。

（3）分位数插值：选择分位数插值计算的方法。

4. "输出"选项卡

设置输出图形或报表选项。

5. "绘图"选项卡

（1）直方图：是否计算输出柱状统计图。

（2）箱线图：是否计算输出方框统计图。

7.1.2 频数分析

频数分析是指将创建的一列数据区间段，按照区间对要进行频率计数的数列进行计数，将计数结果等有关信息存放在新创建的工作表窗口中。

选择菜单栏中的"统计"→"描述统计"→"频数分布"命令，弹出如图 7-2 所示的"频数分布"对话框，在该对话框中设置数据区间和统计量参数。

单击"确定"按钮，生成频数统计量工作表 FreqCounts1。

"频数分布"对话框中的选项说明如下：

（1）"输入"：选择数据源。

（2）"指定区间范围依据"：选择区间选择的依据，包括：区间中心、区间终点、用户定义边界、用户定义中心。

（3）"计算控制"：

1）最小区间起始：指定区间最小值。

2）最大区间终点：指定区间最大值。

3）区间划分方法：生产区间段的方法：包括区间大小和区间个数。

4）包括离群值<最小值：异常值（离群值）小于最小值时加入到最小区间段。

5）包括离群值>=最大值：异常值（离群值）大于等于最小值时加入到最小区间段。

6）最小值个别计数：计算最小值的个数。

7）最大值个别计数：计算最大值的个数。

（4）"要计算的量"选项组：

图 7-2 "频数分布"对话框

1）区间：选择该选项，计算并输出数据区间。

2）区间始点：选择该选项，计算并输出数据区间最小值。

3）区间中心：选择该选项，计算并输出数据区间中间值。

4）区间终点：选择该选项，计算并输出数据区间最大值。

5）频数：选择该选项，计算并输出区间。

6）累计频数：选择该选项，计算并输出区间内数据出现的次数。

7）相对频率：选择该选项，计算并输出数据区间数据出现的频率 = 次数 / 数据个数。

8）累积频率：选择该选项，计算并输出区间数据出现的频率和（与前面数据）。

9）频率按：选择该选项，设置输出数据频率的输出形式，可以按照分数或百分比。

（5）"输出"：输出目标工作表。

实例——鸢尾花描述性统计分析

数据集 fisheriris.csv 中包含对三种不同的鸢尾花的双基质测量数据。双基质测量包括四种对花的测量：萼片和花瓣的长度和宽度，单位为 cm。本实例利用鸢尾花数据计算统计量和频数，进行描述性统计。

 操作步骤

（1）启动 Origin 2023，打开源文件目录，将 "fisheriris.csv" 文件拖放到工作表中，导入数据文件，如图 7-3 所示。

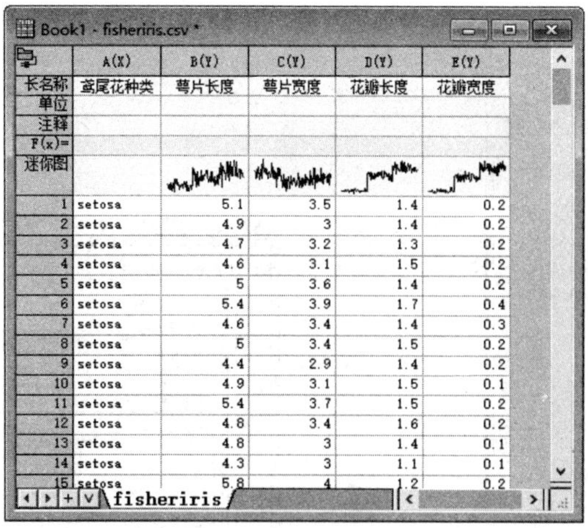

图 7-3　导入数据

（2）在工作表中选中数据列 B（Y）、C（Y）、D（Y）、E（Y），选择菜单栏中的"统计"→"描述统计"→"频数分布"命令，弹出"频数分布"对话框，勾选"要计算的量"选项组下所有的参数，设置"频率按"选项设置按照"百分比"输出数据频率，如图 7-4 所示。单击"确定"按钮，生成萼片和花瓣的长度和宽度的频数统计量工作表 FreqCounts1，如图 7-5 所示。

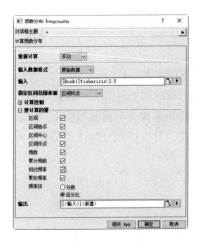

图 7-4 "频数分布"对话框

图 7-5 频数统计量工作表 FreqCounts1

（3）在工作表中选中数据列 B（Y）、C（Y）、D（Y）、E（Y），选择菜单栏中的"统计"→"描述统计"→"列统计"命令，弹出"列统计"对话框。打开"输出量"选项卡，在"矩"选项组中勾选：总数 N、均值、标准差、均值 SE、方差、总和、偏度、峰度、变异系数、众数、极值，如图 7-6 所示。单击"确定"按钮，生成叙述统计分析报表 Desc-StatsCols1 和相应的描述统计量表 DescStatsQuantities1，如图 7-7 和图 7-8 所示。

（4）单击"标准"工具栏上的"保存项目"按钮，保存项目文件为"鸢尾花描述性统计分析 .opju"。

图 7-6 "输出量"选项卡

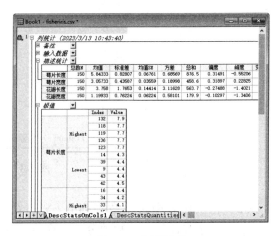

图 7-7 分析报表

图 7-8　相应的描述统计量表

7.2　统计图分析

一张优秀的可视化报表，必然少不了生动形象的图表。如果只会用一些入门级的图表，如柱状图、饼图、折线图，是远远不能满足各种各样的分析场景的，因此我们需要为每个分析场景都能找到与之匹配的图表样式。

7.2.1　统计图绘图模板

在"统计图"图形模板中提供了很多统计图的绘图模板，如图 7-9 所示。

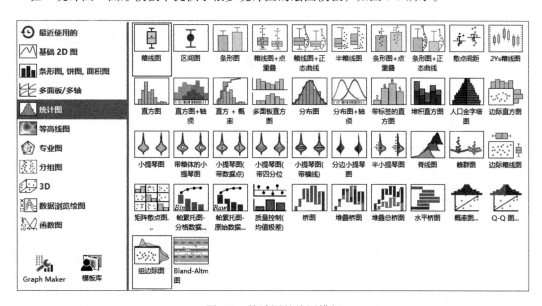

图 7-9　统计图的绘图模板

7.2.2 统计图类型

1. 直方图

直方图又称质量分布图，它是表示资料变化情况的一种主要工具。用直方图可以解析出资料的规则性，比较直观地看出产品质量特性的分布状态，对于资料分布状况一目了然，便于判断其总体质量分布情况。

（1）直方统计图用于对选定数列统计各区间段里数据的个数，它显示出变量数据组的频率分布。

（2）轴须直方图反应数据的密度，一个数据点对应一个轴须线条。

（3）概率直方统计图是统计直方图的延伸，在直方图的基础上绘制概率图，同时在添加的工作表 Book1_A Bins 中输出区间中心、计数、累计总和、累积百分比，在结果日志中计算统计数据的均值、标准差、最大值、最小值、大小。

（4）分布直方统计图是在直方图的基础上绘制分布图，显示数据的分布情况。

2. 箱形图

箱形图又称为盒须图、盒式图或箱线图，是一种用作显示一组数据分散情况资料的统计图，主要用于反映原始数据分布的特征，还可以进行多组数据分布特征的比较，判断数据中的异常值（outlier）、直观判断数据的对称性、判断数据的偏态性。

（1）箱线图：箱线图主要包含六个数据节点，将一组数据从大到小排列，分别计算出数据的上极值，上四分位数 Q_{75}，中位数，下四分位数 Q_{25}，下极值，如图 7-10 所示。

中位数反映一组数据的集中趋势。中位数高，表示平均水平较高；中位数低，表示平均水平较低。中位数在箱子里的位置：若在箱子的正中间，则数据呈正态分布；若靠近箱子的上边，则数据呈左偏分布；若中位数靠近箱子的下边，则数据呈右偏分布。

四分位数的差可以反映一组数据的离散情况。箱子短，表示数据集中；箱子长，表示数据分散。

（2）箱线图扩展：为了在箱线图中体现数据变化趋势，Origin 在"统计图"绘图模板中提供了在箱线图中添加散点图或正态曲线的命令，如图 7-11 所示。在箱线图中添加散点图和正态曲线，可以通过数据点的分布位置和曲线的变化趋势，体现出数据的分布。

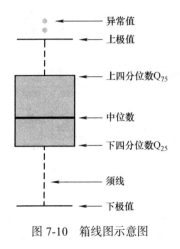

图 7-10　箱线图示意图

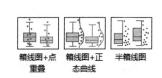

图 7-11　扩展箱线图命令

（3）分组箱线图：分组箱线图用于可视化具有多个子组的数据，为了对同类群体的几批数据的箱形图进行比较、分析评价，Origin 提供了多因子组箱线图 - 索引数据、多因子组箱线图 - 原始数据命令。

3. 小提琴图

通过箱线图，可以查看有关数据的基本分布信息，例如中位数，平均值，四分位数以及最大值和最小值，但不会显示数据在整个范围内的分布。如果数据的分布有多个峰值（也就是数据分布极其不均匀），那么箱线图就无法展现这一信息，这时候就会需要小提琴图。

小提琴图本质上是由核密度图和箱线图两种基本图形结合而来的，是常见的描述数据的统计图，如图 7-12 所示，可以很好地展示数据结果，看起来非常美观。中间黑色粗条表示四分位数的范围，中间白点表示中位数，延伸的细黑线代表 95% 的置信区间。

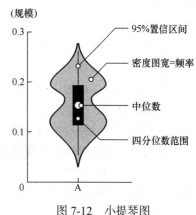

图 7-12　小提琴图

4. 人口金字塔图

人口金字塔图是以图形来呈现人口年龄和性别的分布情形，以年龄为纵轴，以人口数为横轴，按左侧为男、右侧为女绘制图形，其形状如金字塔，能表明人口现状及其发展类型。人口金字塔图是特殊的图形，用来表达人口关系，不适合用于其他方面。

人口金字塔图的水平条代表每一年龄组男性和女性的数字或比例，其中各个年龄性别组相加构成了总人口。人口金字塔图反映了过去人口的情况，如今人口的结构以及今后人口可能出现的趋势。

人口金字塔图能够形象地表示总人口中各年龄人数的多少和相互比例表明人口年龄构成的类型，反映人口状况，预示未来人口发展趋势，反映人口发展的历史。人口金字塔的运用，有利于掌握和研究人类自身生产的过去、现状和未来，对发展和解决人口问题、进行人口预测、制定人口政策、实行人口控制具有重要意义。

5. 帕累托图

帕累托图又称排列图，是一种特殊类型的条形图，图中标绘的值是按照事件发生的频率排序而成，显示由于各种原因引起的缺陷数量或不一致的排列顺序。帕累托图是根据 Vilfredo Pareto 命名的，它的原理是"二八原则"，即 20% 的原因造成 80% 的问题，如 20% 的人控制 80% 的财富。帕累托图是找出影响项目产品或服务质量的主要因素的方法。

帕累托图主要用于分析问题过程或者原因发生过程中某些问题的频率过高时的数据，或者想要关注众多问题或者原因中最显眼的一个，也可以用于分析特定要素的主要原因。例如，要判断客户的主要投诉问题，就可以使用帕累托图来表示，可以直观地看出主要问题。

帕累托图不适用于展示无序的数据，如果要展示数据占比，则用饼图。如果要展示各个数据结果，则用柱状图或者折线图。

6. 脊线图

脊线图是部分重叠的线形图，用以在二维空间产生山脉的印象，其中每一行对应的是一个类别，而 x 轴对应的是数值的范围，波峰的高度代表出现的次数。脊线图适用于可视化指标数据随时间或空间分布的变化。

7. 蜂群图

蜂群图本质上还是"列散点图",是更加规整、整齐划一的箱线图 + 列散点图。

8. 边际图

边际图用于评估两个变量之间的关系并检查它们的分布。边际图是在 X 和 Y 轴边际中,包含直方图、箱线图或点图的散点图。

9. 散点矩阵图

散点矩阵图由直方图和散点图这两种基本图形构建,是确定在多个变量之间是否存在线性关联的图形。

10. 概率图

Q-Q 图(标准常态机率图)是一个概率图,用图形的方式比较两个概率分布,显示 X 轴上的观测值和 Y 轴上的期望值,用概率分布的分位数进行正态性考察,如果样本数对应的总体分布为正态分布,则 Q-Q 图中样本数据对应的散点应基本落在原点出发的 45° 参照线附近。

11. 质量控制图

质量控制图是一种根据假设检验的原理,在以横坐标表示样组编号、以纵坐标表示根据质量特性或其特征值求得的中心线和上、下控制线。在直角坐标系中,把抽样所得数计算成对应数值并以点子的形式按样组抽取顺序标注在图上。视点子与中心线、界限线的相对位置及其排列形状,鉴别工序中有否存在系统原因,分析和判断工序是否处于控制状态。

12. 桥图

桥图是采取绝对值和相对值相结合的方式,直观反映出数据的增减变化过程,适用于表达数个特定数值之间的数量变化关系,多用于经营分析和财务分析。桥图属于特殊图表,不适合于展示特定数值之间的数量变化,不适合展示一般数据的变化和趋势。具有区分正常波动与异常波动功能的统计图形。

13. Bland-Altman 图

Bland-Altman 图是一种简单直观反应数据一致性的图示方法。在生物医学研究论文中,经常看到 Bland-Altman 图。它一般是用来评价两种连续变量测量方法的一致性,通常一个是需要研究的新方法,另外一个是公认的标准方法。采用两种方法分别同时测量同一个对象(自身对照),就会得到两组一样维度的数据,Bland-Altman 图能够直观地反映两者的一致性或者差异性。

实例——两区城镇人口数统计直方图分析

Certain_toxins.xlsx 定义两个数据集,包含表示某大都市东、西两区不同城镇中某种毒素的污染水平的数据,towns1 和 towns2 定义为东、西区两镇人口数。本实例利用统计直方图对比两个区中城镇人口数。

 操作步骤

(1)启动 Origin 2023,打开源文件目录,将 "Certain_toxins.xlsx" 文件拖放到工作表中,导入数据文件,如图 7-13 所示。

（2）选中"单位"行，单击鼠标右键，在弹出的快捷菜单中选择"设置为注释"命令，将该行标注性文字移动到注释行，调整行高和列宽，显示所有文字，将A（X）设置为A（Y）列，结果如图7-14所示。

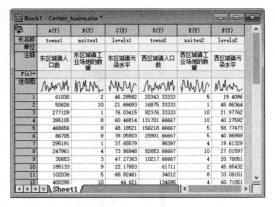

图7-13 导入数据   图7-14 整理数据

（3）在工作表中选中A（Y）、D（Y）列，选择菜单栏中"绘图"→"统计图"→"直方图"命令，或单击"2D图形"工具栏中的"直方图"按钮，在图形窗口Graph1中绘制统计直方图，显示不同人口区间对应的城镇数量，它显示出变量数据组的频率分布，如图7-15所示。

（4）选择右上角图例，在浮动工具栏中单击"水平排列"按钮，将垂直排列的图例转换为水平排列，将其放置到图表下方，如图7-15所示。后面图形同样执行该操作，具体步骤不再赘述。

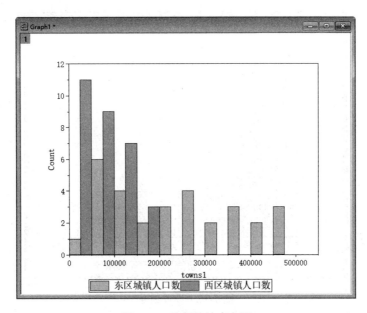

图7-15 绘制统计直方图

从图7-15可以很直观地看出以下信息：0~100000和100000~200000之间的城镇数量最多。

（5）在工作表中选中 A（X）列、D（Y）列，选择菜单栏中"绘图"→"统计图"→"带标签的直方图"命令，在图形窗口 Graph2 中绘制带标签的统计直方图，在直方图中显示根据人口数据分段的计数值，如图 7-16 所示。

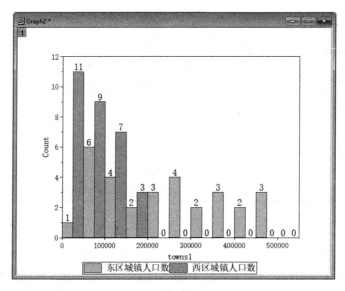

图 7-16　带标签统计直方图

（6）双击图形窗口 X 轴，弹出"X 坐标轴 - 图层 1"对话框，打开"刻度"选项卡，在"主刻度"→"值"文本框内输入刻度增量 50000。单击"确定"按钮，关闭对话框，返回图形窗口 Graph2，为避免压字，逆时针旋转刻度标签，结果如图 7-17 所示。

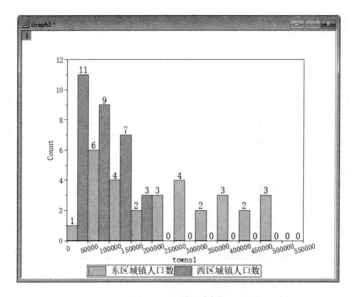

图 7-17　设置刻度

（7）在工作表中选中 A（X）列、D（Y）列，选择菜单栏中"绘图"→"统计图"→"堆叠直方图"命令，在图形窗口 Graph3 中绘制堆叠统计直方图，如图 7-18 所示。

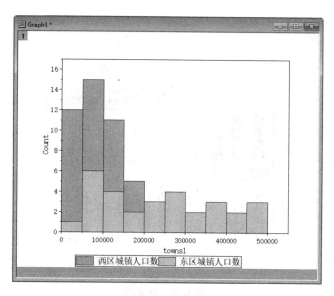

图 7-18 堆叠直方图

（8）在工作表中选中 A（X）列、D（Y）列，选择菜单栏中"绘图"→"统计图"→"直方图 + 轴须"命令，在图形窗口 Graph4 中绘制加轴须的统计直方图，如图 7-19 所示。

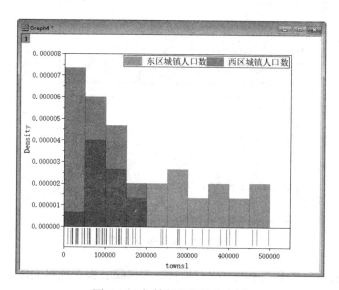

图 7-19 加轴须的统计直方图

（9）在工作表中选中 A（X）列、D（Y）列，选择菜单栏中"绘图"→"统计图"→"分布图"命令，在图形窗口 Graph5 中绘制统计直方图 + 正态概率曲线的分布图，该图表右上方显示正态分布的均值和标准差表，如图 7-20 所示。

（10）在工作表中选中 A（X）列、D（Y）列，选择菜单栏中"绘图"→"统计图"→"多面板直方图"命令，在图形窗口 Graph6 中绘制上下分布的两个区的城镇人口 - 镇个数直方图，如图 7-21 所示。

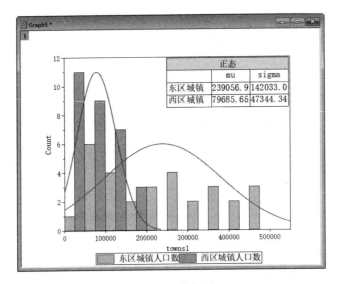

图 7-20　分布图

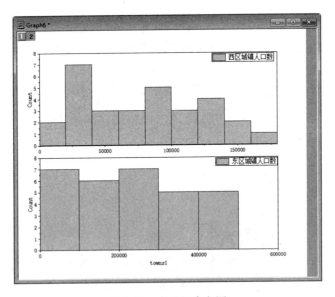

图 7-21　多面板直方图

（11）单击"标准"工具栏上的"保存项目"按钮![]，保存项目文件为"两区城镇人口数统计直方图分析 .opju"。

实例——月收入数据分析图表

现有一组某市月收入抽样统计数据：

男：2500，2550，2050，2300，1900，2400，2550，2250，2600，2900

女：2200，2300，1900，2000，1800，2000，2150，2050，2260，2500

本节利用箱线图、区间图和条形图等图表显示男、女月收入的情况。

操作步骤

（1）启动 Origin 2023，单击"标准"工具栏中的"新建项目"按钮，创建一个新的项目，默认包含一个工作簿文件 Book1，在 Sheet1 中输入数据，如图 7-22 所示。

（2）选择菜单栏中"绘图"→"统计图"→"箱线图"命令，在图形窗口 Graph1 中绘制箱线图，显示男、女月收入的情况，如图 7-23 所示。从箱线图可以看出，女性收入的中位数低，表示平均水平较低；中位数靠近箱子的下边，数据呈右偏分布。女性收入的箱子短，表示数据集中。

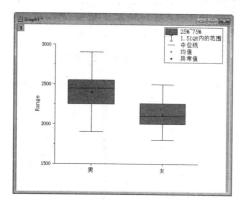

图 7-22　输入数据　　　　　　　　　图 7-23　箱线图

（3）选择菜单栏中"绘图"→"统计图"→"区间图"命令，在图形窗口 Graph2 中绘制区间图，显示男、女月收入的平均值情况，如图 7-24 所示。

（4）选择菜单栏中"绘图"→"统计图"→"条形图"命令，在图形窗口 Graph3 中绘制统计条形图，显示男、女月收入的情况，如图 7-25 所示。

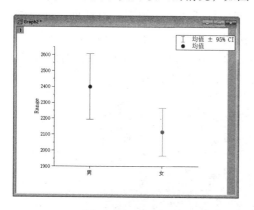
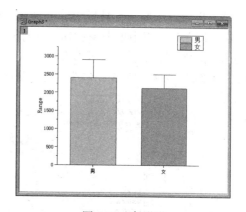

图 7-24　区间图　　　　　　　　　　图 7-25　条形图

（5）选择菜单栏中"绘图"→"统计图"→"箱线图 + 点重叠"命令，在图形窗口 Graph4 中绘制箱线图 + 散点图，显示男、女月收入的分布情况，如图 7-26 所示。

（6）选择菜单栏中"绘图"→"统计图"→"箱线图 + 正态曲线"命令，在图形窗口 Graph5 中绘制箱线图 + 正态曲线，显示男、女月收入的正态分布情况，如图 7-27 所示。

（7）选择菜单栏中"绘图"→"统计图"→"散点间距"命令，在图形窗口 Graph6 中绘制散点图，显示男、女月收入的均值和分布情况，如图 7-28 所示。

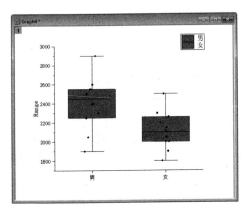

图 7-26　点重叠箱线图

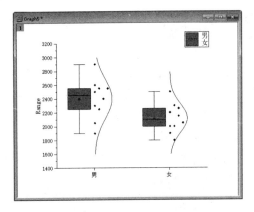

图 7-27　正态曲线箱线图

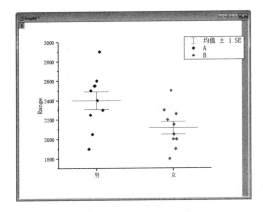

图 7-28　散点间距图

（8）单击"图形"工具栏中的"合并"按钮，打开"合并图表"对话框，进行参数设置。在"图"选项组中单击▶按钮，在打开的下拉列表中选择"当前文件夹中的所有项"；默认勾选"保留原图"选项、"重新调整布局"选项；在"排列设置"选项下设置网格的"行数"为 2、网格的"列数"为 3；勾选"自动预览"复选框，如图 7-29 所示。

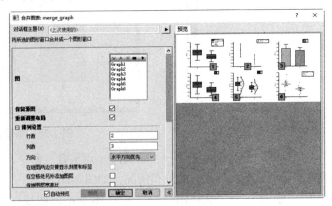

图 7-29　"合并图表"对话框

（9）设置完毕单击"确定"按钮，即可生成多图形，如图 7-30 所示。

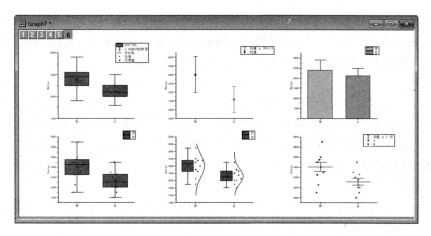

图 7-30 多图形布局

（10）单击"标准"工具栏上的"保存项目"按钮 📥，保存项目文件为"月收入数据分析图表 .opju"。

7.3 等高线图

7.3.1 等高线图绘图模板

在"等高线图"图形模板中提供了很多等高线图形模板，如图 7-31 所示。

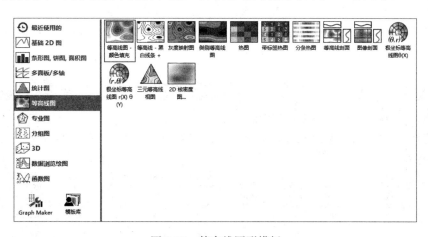

图 7-31 等高线图形模板

7.3.2 等高线图类型

1. 等高线图

等高线图在军事、地理等学科中经常会用到，在 Origin 中有黑白线条等高线图和颜色填充等高线图。

Origin 除了通过填充对三维图形修改图形颜色外，还可以使用颜色映射（colormap）的方式。填充颜色只能选择单色，而颜色映射（colormap）是一系列颜色，从起始颜色渐变到结束颜色。在可视化图形分析中，颜色映射用于突出数据变化的规律。

2. 热力图

热力图最开始时是以矩形色块加上颜色编码，后经多年演变，现在是经过平滑模糊过渡的热力图谱的，以特殊高亮的形式显示访客热衷的页面区域和访客所在的地理区域的图示。"热力图"一词最初是由软件设计师 Cormac Kinney 于 1991 年提出并创造的，用来描述一个 2D 显示实时金融市场信息。热力图非常关注分布，可以不需要坐标轴，其背景通常是图片或者地图，一般使用彩虹色系做展示。

热力图适合进行数据的预测统计，热力图可以很直观地传达出用户的喜好偏爱，可以在图片上直接展示热度。例如，可以用热力图展示城市打车热度情况。

热力图使用场景比较有限，一般适用于用户热衷点击或者到达的地方，其他并不适用。热力图是用不同颜色的区块叠加在地图上实时描述人群分布、密度和变化趋势的一个产品，是基于百度大数据的一个便民出行服务。

实例——在岗职工平均工资统计图表分析

现有在岗职工平均工资统计表，本实例利用箱线图、小提琴图、热力图、等高线图，分析不同城市在岗职工平均工资的情况。

 操作步骤

（1）启动 Origin 2023，打开源文件目录，将"在岗职工平均工资 .xlsx"文件拖放到工作区中，导入数据文件，打开工作表，如图 7-32 所示。

	A(X)	B(Y)	C(Y)	D(Y)	E(Y)	F(Y)	G(Y)	H(Y)	I(Y)
长名称	日期	北京	上海	成都	大连	福州	济南	昆明	厦门
单位									
注释		平均工资	平均工资	平均工资	平均工资	平均工资	平均工资	平均工资	平均工资
F(x)=									
迷你图									
1	2020年	185026	174678	104463	98812	96478	108391	2304	108554
2	2019年	173205	151772	97519	95442	88952	100593	94063	97779
3	2018年	149843	142983	88011	87592	83175	91651	80253	85166
4	2017年	134994	130765	79292	81884	75133	84645	76350	75452
5	2016年	122749	120503	74408	73764	67630	77012	68375	69218
6	2015年	113073	109279	69123	69390	62478	68997	62033	66930
7	2014年	103400	100623	63201	63609	58838	62323	58153	63062
8	2013年	93997	91477	56581	58946	53420	55840	51119	61754
9	2012年	85306	80191	48302	54821	48088	48829	45094	52673
10	2011年	75835	77031	42363	49728	42240	44004	41645	46414
11	2010年	65683	71874	38603	44615	34805	37854	32022	40283
12	2009年	58140	63549	34195	38765	30704	35661	29889	36455
13									
14									
15									

Book1 - 在岗职工平均工资.xlsx *

Sheet1 / StackCols1 /

图 7-32 导入数据

（2）在工作表中选中 B（Y）~I（Y）列，选择菜单栏中"绘图"→"统计图"→"箱线图"命令，在图形窗口 Graph1 中绘制箱线图，如图 7-33 所示。

（3）在工作表中选中 B（Y）~I（Y）列，选择菜单栏中"绘图"→"统计图"→"小提琴图"命令，在图形窗口 Graph2 中绘制小提琴图，如图 7-34 所示。

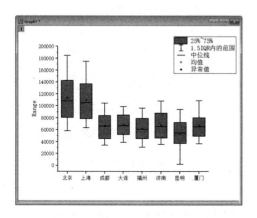

图 7-33 　箱线图

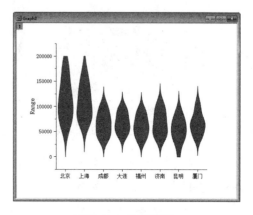

图 7-34 　小提琴图

（4）在工作表中选中 B（Y）~I（Y）列，选择菜单栏中"绘图"→"等高线图"→"热图"命令，在图形窗口 Graph3 中绘制热力图，如图 7-35 所示。热力图可显性、直观地将不同城市工资数据分布通过不同颜色区块呈现。

（5）在工作表中选中 B（Y）~I（Y）列，选择菜单栏中"绘图"→"等高线图"→"带标签热图"命令，在图形窗口 Graph4 中绘制带标签热图，如图 7-36 所示。带标签热图通过数据与颜色呈现工资数据分布。

（6）在工作表中选中 B（Y）~I（Y）列，选择菜单栏中"绘图"→"等高线图"→"等高线图　颜色填充"命令，在图形窗口 Graph5 中绘制加颜色填充的等高线图，如图 7-37 所示。

（7）在工作表中选中 B（Y）~I（Y）列，选择菜单栏中"绘图"→"等高线图"→"等高线图 - 黑白线条 + 标签"命令，在图形窗口 Graph6 中绘制加数字标签的等高线图，如图 7-38 所示。

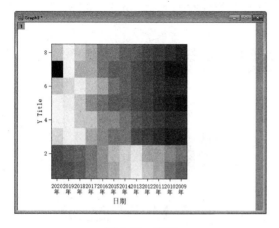

图 7-35 　热图

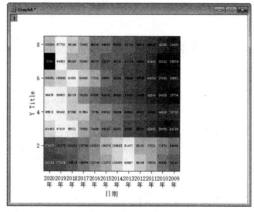

图 7-36 　带标签热图

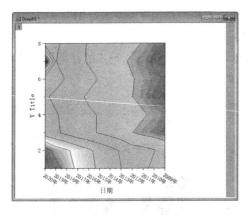

图 7-37　加颜色填充的等高线图

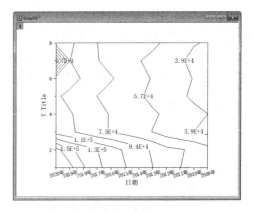

图 7-38　加数字标签的等高线图

（8）单击"图形"工具栏中的"合并"按钮，弹出"合并图表"对话框，合并图表 Graph1、Graph2，如图 7-39 所示。

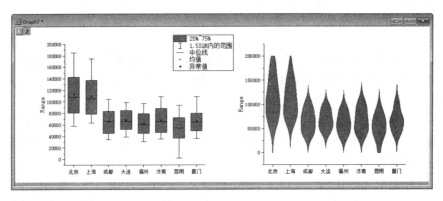

图 7-39　合并图表

（9）在坐标区上方空白处单击鼠标右键，在弹出的快捷菜单中选择"添加文本"命令，在布局图上方添加图表标题，输入标题为"在岗职工平均工资离群分析 - 箱线图 - 小提琴图"，利用"格式"工具栏，设置字体样式为黑体，字体大小为 36，字体加粗，颜色为红色，如图 7-40 所示。

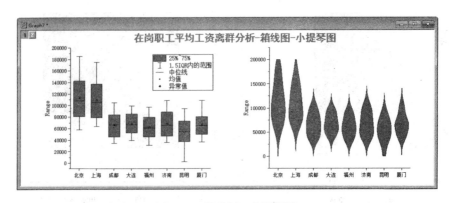

图 7-40　箱线图 - 小提琴图

（10）单击"图形"工具栏中的"合并"按钮▒，弹出"合并图表"对话框，合并图表 Graph3、Graph4，添加图表标题，标题名称为"在岗职工平均工资离群分析 - 热图"，如图 7-41 所示。

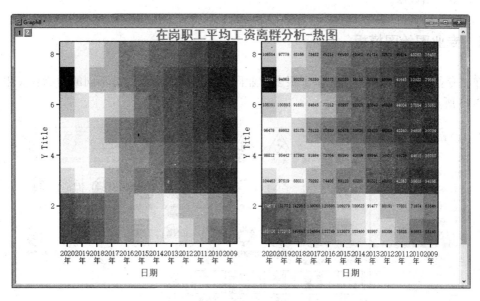

图 7-41　合并热图图形

（11）单击"图形"工具栏中的"合并"按钮▒，弹出"合并图表"对话框，合并图表 Graph5、Graph6，添加图表标题，标题名称为"在岗职工平均工资离群分析 - 等高线图"，如图 7-42 所示。

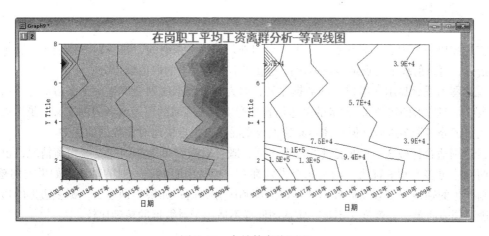

图 7-42　合并等高线图形

（12）单击"标准"工具栏上的"保存项目"按钮▒，保存项目文件为"在岗职工平均工资统计图表分析 .opju"。

7.4 专业图

专业图表通常用来方便理解大量数据，以及数据之间的关系，人们透过视觉化的符号，更快速地读取原始数据。

7.4.1 专业图绘图模板

在"专业图"图形模板中提供了很多专业图形，不同的专业图有不同的功能和应用范围，如图 7-43 所示。

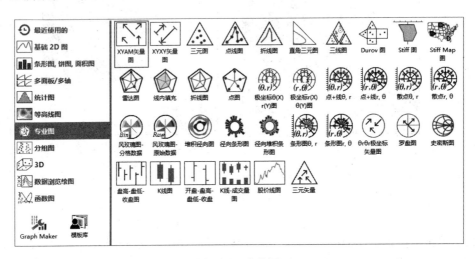

图 7-43 专业图

7.4.2 雷达图

雷达图以一个中心点为起点，从中心点向外延伸出多条射线，每条射线代表一个特定的变量或指标，每条射线上的点或线段表示该变量在不同维度上的取值或得分。

雷达图不适合显示三组以上的数据序列，因为一个数据序列会产生一个多边形（数据对象的维数就是多边形的边数），大量的多边形容易产生填充区域的覆盖或者边的交叉。虽然可以使用颜色来区分多个多边形，但总体容易让人视觉混乱，很难快速对比数据的优劣。

雷达图适合比较 3～6 维变量的数据序列，既可以查看单个类别的发展均衡情况，也可以对比两个或更多类别的优劣。因为每个类别都有一根从中心向外发射的轴线，如果类别超过 6 个，则产生的轴线太多容易导致用户难以阅读和区分数据；如果类别过少，则多边形的边数过于稀少，图表简单，美观度又不足。雷达图同样不适用于对数据的精确比较。

实例——医院病例数据分布统计图表分析

某市三家医院月度收诊病例统计数据见表 7-1，利用脊线图、蜂群图和雷达图，显示三家医院收诊病例的分布情况。

表 7-1　医院月度收诊病例

月份 / 医院	医大一院	医大二院	医大三院
1 月	5679	6653	9869
2 月	6949	5569	8972
3 月	6329	4569	9642
4 月	6526	5562	8992
5 月	6573	6012	9626
6 月	7296	7259	8596
7 月	6398	8629	7996
8 月	8275	7956	8279
9 月	9632	8969	9326
10 月	10056	9972	9972
11 月	11326	9196	9156
12 月	12096	10231	9008

 操作步骤

（1）启动 Origin 2023，单击"标准"工具栏中的"新建项目"按钮，创建一个新的项目，默认包含一个工作簿文件 Book1，在 Sheet1 中输入数据，如图 7-44 所示。

（2）选中 B（Y）、C（Y）、D（Y）列，选择菜单栏中"绘图"→"统计图"→"脊线图"命令，在图形窗口 Graph1 中绘制脊线图，显示三家医院病例的分布情况，如图 7-45 所示。

图 7-44　输入数据

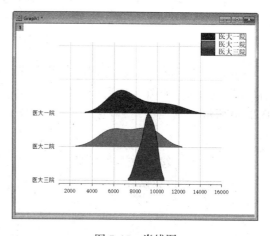

图 7-45　脊线图

（3）选择菜单栏中"绘图"→"统计图"→"蜂群图"命令，在图形窗口 Graph2 中绘制蜂群图，显示三家医院不同月份病例的分布情况，如图 7-46 所示。

（4）选择菜单栏中"绘图"→"专业图"→"雷达图"命令，在图形窗口 Graph3 中绘制雷达图，比较三家医院病例的分布情况，如图 7-47 所示。

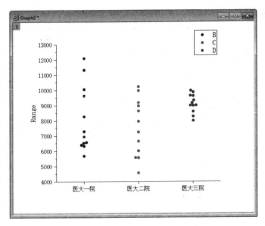

图 7-46　蜂群图

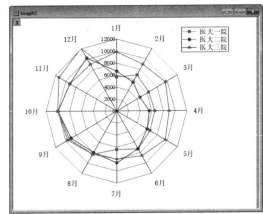

图 7-47　雷达图

（5）单击"图形"工具栏中的"合并"按钮🔳，弹出"合并图表"对话框，合并图表 Graph1、Graph2、Graph3，如图 7-48 所示。

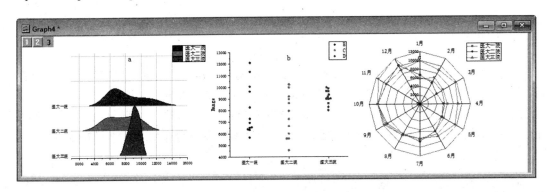

图 7-48　合并图表

（6）双击图表绘图区，弹出"绘图细节 - 页面属性"对话框，设置页面"宽度"为 600、"高度"为 300，如图 7-49 所示。单击"确定"按钮，关闭该对话框，页面大小设置结果如图 7-50 所示。

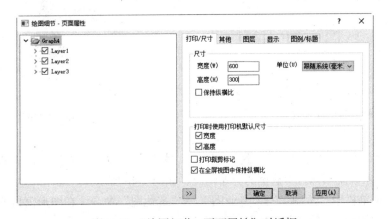

图 7-49　"绘图细节 - 页面属性"对话框

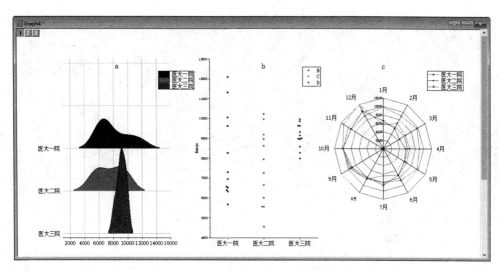

图 7-50　页面大小设置结果

（7）双击绘图区，弹出"绘图细节 - 页面属性"对话框，选中"Graph4"，打开"显示"选项卡，在"模式"选项中选中"更多颜色"选项，选中"调色板"颜色，如图 7-51 所示，单击"确定"按钮，设置页面背景颜色，效果如图 7-52 所示。

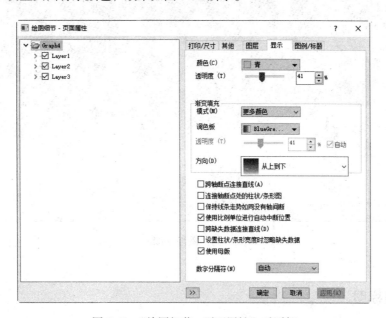

图 7-51　"绘图细节 - 页面属性"对话框

（8）在坐标区上方空白处单击鼠标右键，在弹出的快捷菜单中选择"添加文本"命令，在布局图上方添加图表标题，输入标题为"医院病例数据分布统计图表分析"，利用"格式"工具栏按钮，设置字体样式为华文彩云，字体大小为 48，字体加粗，颜色为红色，结果如图 7-53 所示。

（9）单击"标准"工具栏上的"保存项目"按钮 ，保存项目文件为"医院病例数据分布统计图表分析 .opju"。

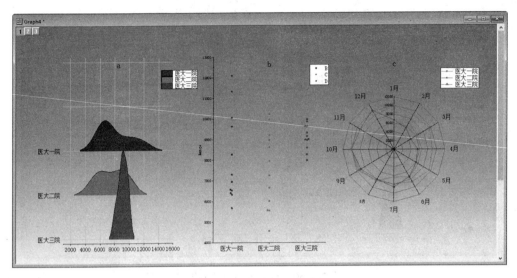

图 7-52　设置页面背景色

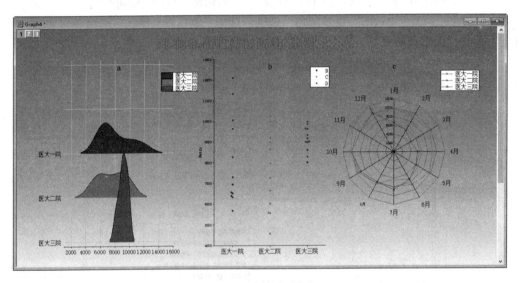

图 7-53　添加标题图

7.4.3　极坐标图

极坐标图可以直观地展现多维数据集，查看哪些变量具有相似的值、变量之间是否有异常值。可以查看哪些变量在数据集内得分较高或较低，很好地展示性能和优势，特别适合展现某个数据集的多个关键特征，或者展现某个数据集的多个关键特征和标准值的比对。一般适用于比较多条数据在多个维度上的取值。

极坐标图不适合种类太多的数据，会造成变形过多，使整体图形过于混乱。特别是有颜色填充的多边形的情况，上层会遮挡覆盖下层多边形，同时如果变量过多也会造成可读性下降。

7.4.4　三元图

三元图又称三元相图（Ternary plot），有三个坐标轴，与直角坐标系不同，它的三个坐标轴"首尾相接"成夹角为 60° 的等边三角形。

三元图主要用来展示不同样本的三种成分的比例，在物理化学中比较常见，如合金中不同组分的比例等。三元图数据的特点是三种成分比例的和必须为一定值（常见为 1）。

（1）三元图：选择 XYZ 列以在等边三角形三元坐标系中绘制散点图。

（2）点线图：选择 XYZ 列以在等边三角形三元坐标系中绘制点线图。

（3）折线图：选择 XYZ 列以在等边三角形三元坐标系中绘制折线图。

（4）直角三元图：选择 XYZ 列以在直角三角形三元坐标系中绘制折线图。

7.4.5　矢量图

由于物理等学科的需要，在实际中有时需要绘制一些带方向的图形，即矢量图。矢量图（Vector Graph）用于表示风、水、电场、磁场等多维信息，包括起始位置、方向（Direction）、量纲（Magnitude）等信息。对于这种图形的绘制，Origin 中也有相关的命令，本节就来学一下几个常用的命令。

（1）XYAM 矢量图：选择 XYYY 列以创建矢量图，第 2 个 Y 表示角度，第 3 个 Y 表示幅度。

（2）XYXY 矢量图：选择 XYXY 列来创建矢量图，第 1 个 X 定义起点，第 2 个 X 定义终点。

（3）θxθy 极坐标矢量图：选择 XYXY 列以在极坐标中创建矢量图，第 1 个 θ（x）θ（Y）定义起点，第 2 个 θ（x）θ（Y）定义终点。

（4）罗盘图：罗盘图即起点为坐标原点的二维或三维向量，选择 θ（x）θ（Y）列以在极坐标中创建矢量图，还可以在坐标系中显示圆形的分隔线。

（5）流线图：流线图在军事、农业上应用广泛。选择具有两个矩阵对象（速度场 u.v）的矩阵以创建流线图。

7.4.6　金融图

在 Origin 中，提供了一些关于股市及期货市场中的金融图，围绕开盘价、最高价、最低价、收盘价，反映大势的状况和价格信息。

（1）盘高 - 盘低收盘图：选择 XYYY 列以创建盘高 - 盘低 - 收盘图，每个 Y 代表给定时期的最高价、最低价和收盘价。

（2）K 线图：K 线图以每个分析周期的开盘价、最高价、最低价和收盘价绘制而成。选择 XYYYY 列创建 K 线图，每个 Y 代表给定时期的开盘价、最高价、最低价和收盘价。

（3）开盘 - 盘高 - 盘低 - 收盘图：选择 XYYYY 列创建开盘 - 盘高 - 盘低 - 收盘图，每个 Y 代表给定期间的开盘价、最高价、最低价和收盘价。

（4）K 线 - 成交量图：选择 XYYYYY 以同时创建堆叠的 K 线图和成交量条形图。每个 Y

代表给定时期的开盘价、最高价、最低收盘价和交易量。

（5）股价线图：选择带有至少一个 Y 的 X 列以绘制股价线图。X 应该是日期列。非交易日期将在轴中自动跳过。

实例——鸢尾花萼片长度统计图分析

本实例利用矢量图分析鸢尾花萼片的长度数据。

 操作步骤

（1）启动 Origin 2023，打开源文件目录，将"fisheriris.csv"文件拖放到工作区中，导入数据文件。

（2）激活工作表 Sheet1，选中 B（Y）列，选择菜单栏中的"工作表"→"拆分堆叠列"命令，弹出"拆分堆叠列"对话框，采用默认设置，如图 7-54 所示。

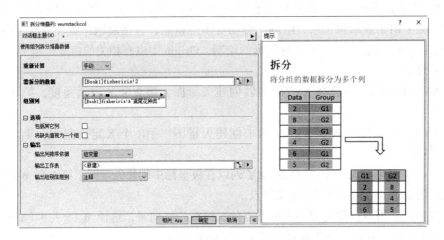

图 7-54 "拆分堆叠列"对话框

（3）单击"确定"按钮，创建命名为 UnstackCols1 的拆分堆叠工作表，如图 7-55 所示。

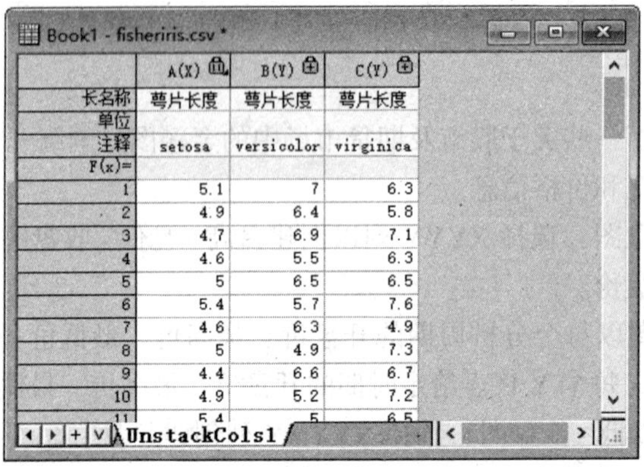

图 7-55 创建 UnstackCols1 的工作表

（4）单击浮动工具栏中的"设置为 Z"按钮 **Z**，将 C 列设置为 C（Z）列，单击"设置为 X"按钮 **X**，将 A 列设置为 A（X）列，如图 7-56 所示。

（5）在工作表中单击左上角空白单元格，选中所有数据列。选择菜单栏中的"绘图"→"专业图"→"三元图"命令，在图形窗口 Graph1 中绘制的三元图，如图 7-57 所示。

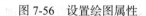

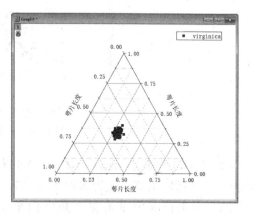

图 7-56 设置绘图属性 　　　　　　　　　　图 7-57 三元图

（6）双击三元图坐标轴，弹出"X 坐标轴 - 图层 1"对话框，打开"刻度"选项卡，设置"起始"刻度为 0.25，"结束"刻度为 0.5，如图 7-58 所示。同样方法，将 Y 轴和 Z 轴的刻度范围设置为 0.25 ~ 0.5，单击"确定"按钮，关闭该对话框。三元图刻度设置结果如图 7-59 所示。

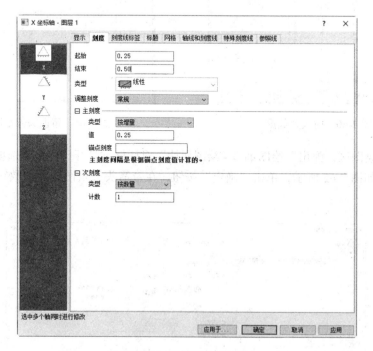

图 7-58 "刻度"选项卡

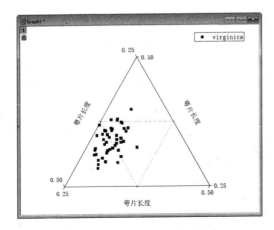

图 7-59　三元图刻度设置结果

（7）返回工作表 UnstackCols1，在 A 列左侧插入 X 列，在该列填充行号。然后选中列，利用浮动工具栏将工作表设置为 XYYY 工作表，结果如图 7-60 所示。

（8）在工作表中单击左上角空白单元格，选中所有数据列。选择菜单栏中的"绘图"→"专业图"→"XYAM 矢量"命令，在图形窗口 Graph2 中绘制带箭头矢量图，如图 7-61 所示。

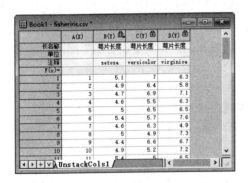

图 7-60　插入列数据

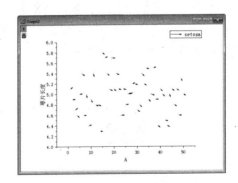

图 7-61　带箭头矢量图

（9）双击绘图区，弹出"绘图细节 - 绘图属性"对话框，打开"标签"选项卡，勾选"启用"复选框，如图 7-62 所示，单击"确定"按钮，在带箭头矢量图中添加数字标签，结果如图 7-63 所示。

图 7-62　"标签"选项卡

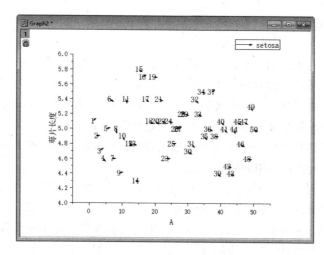

图 7-63　添加数字标签

（10）单击"标准"工具栏上的"保存项目"按钮，保存项目文件为"鸢尾花萼片长度统计图分析 .opju"。

7.5　分组图

Origin 提供了丰富的图表类型，每种图表类型还包含一种或多种子类型。分组图是各种显示多类别数据的图形的总和。

7.5.1　分组图模板

在 Origin 中，提供了一些用于分析多组相关数据的一类图。在"分组图"图形模板中提供了很多分组图形，如图 7-64 所示。

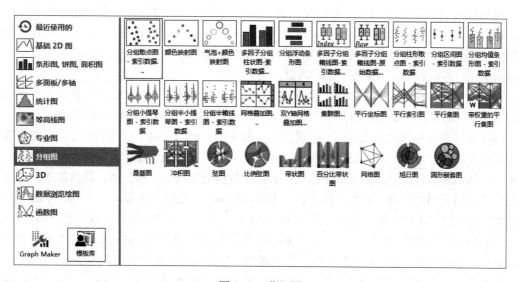

图 7-64　分组图

7.5.2 分组图类型

（1）分组散点图是能最为直观地表达研究中数据的一类图形。每个研究对象在图中都以一个点出现，从散点图里往往能看出这指标的大致分布。经典的散点图通常用于表达两个指标之间的关系。在一个二维平面上，一个 X 轴，一个 Y 轴，每个点都通过 x 和 y 来定位。分组散点图比较两组或多组连续分布数据的检验，具体用散点图表示出来。

（2）网格叠加图选择至少一个 Y 列作为输入数据，并准备至少一个类别列以在单独的面板中绘制每个组。每个面板共享相同的 XY 刻度。

（3）集群图是一种用于表示包含与被包含关系的图表。选择至少一个 Y 列作为输入数据，并准备至少一个类别列以在单独的面板中绘制每个组。每个面板都有不同的 XY 刻度。

（4）平行坐标图是一种通常的可视化方法，用于对高维几何和多元数据的可视化。选择至少两个数值列来创建平行坐标图，线条颜色映射到第一个数值列。

（5）桑基图是一种特定类型的流程图，也叫桑基能量平衡图，用于描述一组值到另一组值的流向。桑基图最明显的特征就是，始末端的分支宽度总和相等，即所有主支宽度的总和与所有分出去的分支宽度的总和相等，保持能量的平衡。桑基图广泛应用于能源、材料成分、金融等数据的可视化分析。适合用于展示数据的流向。桑基图需要保持能量守恒，不能在中间过程创造出流量，流失的流量应流向表示损耗的节点，所以每条边的宽度是保持不变的，需要改变边的宽度的数据推荐使用弦图。

（6）弦图类似极化的桑基图，主要用于展示多个对象之间的关系，连接圆上任意两点的线段叫做弦，弦（两点之间的连线）就代表着两者之间的关联关系。

弦图虽然看起来有点眼花缭乱，但是它却非常适合分析复杂数据的关联关系，特别是双向关系以及数据的流动情况等。

（7）网络图又叫雷达图、蜘蛛图、星图、蜘蛛网图、不规则多边形、极坐标图或 Kiviat 图，它相当于平行坐标图，轴径向排列。网络图可以将多维数据进行展示，但是点的相对位置和坐标轴之间的夹角是没有任何信息量的。

网络图可以直观地展现多维数据集，查看哪些变量具有相似的值、变量之间是否有异常值，适合用于查看哪些变量在数据集内得分较高或较低，可以很好的展示性能和优势，特别适合展现某个数据集的多个关键特征，或者展现某个数据集的多个关键特征和标准值的比对，一般适用于比较多条数据在多个维度上的取值。

网络图不适合种类太多的数据，会造成变形过多，使整体图形过于混乱。特别是有颜色填充的多边形的情况，上层会遮挡覆盖下层多边形，同时如果变量过多也会造成可读性下降。

（8）旭日图又被称之为太阳图，是饼图的一种变体，相当于多个饼图的组合，饼图只能体现一层数据的比例情况，而旭日图不仅可以体现数据比例，还能体现数据层级之间的关系。旭日图是在饼图表示占比关系的基础上，增加表达了数据的层级和归属关系，能清晰地表达具有父子层次结构类型的数据。在旭日图中，一个圆环代表一个层级的数据，一个圆环上的分工代表该数据在该层级中的比例，最内层的圆环级别最高，越往外，级别越低，且分类越细。

旭日图不仅有饼图的优点，而且还能展示数据层级之间的关系，通过矩形的面积、颜色和排列来显示数据关系，它超越了传统的饼图和环图。旭日图适合用于展示不同层级的数据。

旭日图不适合用于数据分类过多、有负值、有零值的数据展示。当数据的比例相差比较接近时，人眼判别有难度的，则建议用其他图形。

（9）圆形嵌套图是一种用多个圆形来表示数据大小的图形，它可以将一组组圆形互相嵌套起来，以显示数据的层次关系。

实例——鸢尾花萼片长度分组分析

本实例按照鸢尾花种类对分析鸢尾花萼片的长度进行分组比较。

操作步骤

（1）启动 Origin 2023，打开源文件目录，将"fisheriris.csv"文件拖放到工作区中，导入数据文件。

（2）激活工作表 fisheriris，选择菜单栏中的"绘图"→"分组图"→"分组散点图"命令，弹出"Plotting:plot_gindexed"对话框，数据列选择 B（Y）列，子组列选择 A（X）列，绘图类型为散点图，如图 7-65 所示。

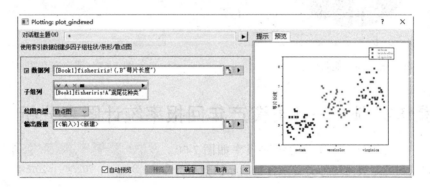

图 7-65 "Plotting:plot_gindexed"对话框

（3）单击"确定"按钮，在图形窗口 Graph1 中绘制分组散点图，按照鸢尾花种类进行分组绘制的萼片的长度分布情况，如图 7-66 所示。同时新建"输出数据"工作表包含分组数据，如图 7-67 所示。

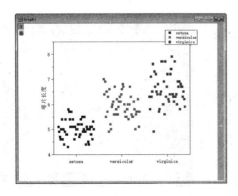

图 7-66 分组散点图

图 7-67 输出数据工作表

（4）在工作表中选中所有 A、B 列，选择菜单栏中的"绘图"→"分组图"→"旭日图"命令，在图形窗口 Graph2 中绘制按照鸢尾花种类进行分组的旭日图，显示三种萼片的长度占比情况，如图 7-68 所示。为方便显示，设置图表中文本字体大小为 22。

（5）在工作表中选中所有 A、B 列，选择菜单栏中的"绘图"→"分组图"→"圆形嵌套图"命令，在图形窗口 Graph3 中绘制三种鸢尾花的圆形嵌套图，显示三种画的嵌套关系，如图 7-69 所示。为方便显示，设置图表中文本字体大小为 28。

（6）单击"标准"工具栏上的"保存项目"按钮，保存项目文件为"鸢尾花萼片长度分组分析 .opju"。

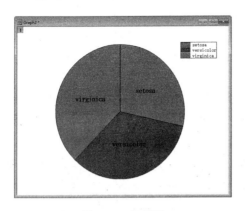

图 7-68　旭日图

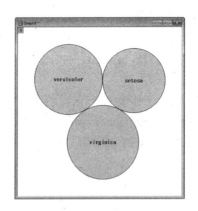

图 7-69　圆形嵌套图

7.6　操作实例——各类资产年回报率统计图表分析

2017 年～2019 年各类资产的年回报率如图 7-70 所示，本实例利用图表比较各类资产各年的年回报率。

 操作步骤

	A	B	C	D
1	分类	2017年	2018年	2019年
2	债券	-0.3	8.9	5
3	房价	5.6	10.7	6.5
4	沪深300	21.8	-25.3	36.1
5	货币基金	2.9	3	2.3
6	黄金	13.3	-1.9	18.6
7	原油	11.9	-24.2	34.8
8				

图 7-70　原始数据

7.6.1　数据分布

使用散点矩阵、箱线图、小提琴图和热力图显示不同年的资产回报率数据的分布情况。

（1）启动 Origin 2023，打开源文件目录，将"资产的年回报率 .xlsx"文件拖放到工作区中，导入数据文件，打开工作表，如图 7-71 所示。

（2）在工作表中选中 B（Y）~D（Y）列，选择菜单栏中"绘图"→"统计图"→"矩阵散点图"命令，在图形窗口 Graph1 中绘制矩阵散点图和散点矩阵 ScatterMatrixPlotData1，如图 7-72 所示。

图 7-71　导入数据

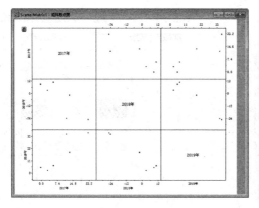

图 7-72　矩阵散点图和散点矩阵

（3）在工作表中选中 B（Y）~D（Y）列，选择菜单栏中"绘图"→"统计图"→"箱线图"命令，在图形窗口 Graph1 中绘制箱线图，如图 7-73 所示。

从箱线图可以得出下面的结论：

1）2018 年均值最低，2018 年各类资产的年回报率最低，2019 年最高。

2）2017 年中位数靠近箱子中间，数据呈正态分布；2018 年中位数靠近箱子的上边，数据呈左偏分布。2019 年中位数靠近箱子的下边，数据呈右偏分布。

3）2017 年箱子最短，表示 2017 年各类资产的年回报率数据集中。

（4）在工作表中选中 B（Y）~D（Y）列，选择菜单栏中"绘图"→"统计图"→"带箱体的小提琴图"命令，在图形窗口 Graph2 中绘制带箱体的小提琴图，如图 7-74 所示。小提琴图的内部是箱线图（中位数用白点表示），外部包裹的就是核密度图，某区域图形面积越大，某个值附近分布的概率越大。

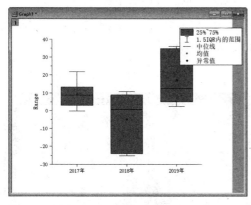

图 7-73　箱线图

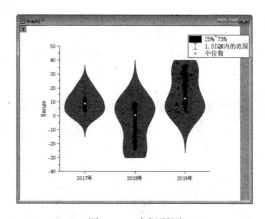

图 7-74　小提琴图

（5）在工作表中选中 B（Y）~D（Y）列，选择菜单栏中"绘图"→"等高线图"→"带标签热图"命令，在图形窗口 Graph3 中绘制带标签的热力图，如图 7-75 所示。

（6）在工作表中选中 B（Y）~D（Y）列，选择菜单栏中"绘图"→"等高线图"→"分条热图"命令，在图形窗口 Graph4 中绘制横向分类的分条热力图，如图 7-76 所示。在热力图中根据颜色和数据，显示各类资产回报率的高低变化。

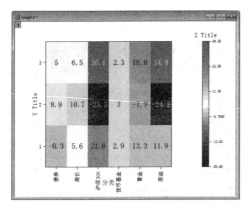

图 7-75　带标签的热力图

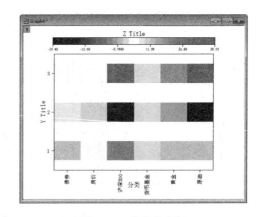

图 7-76　分条热力图

7.6.2　数据对比

使用桥图（瀑布图）和雷达图对比不同年的资产回报率。

（1）在桥图（瀑布图）采用绝对值与相对值结合的方式，适用于表达数个特定数值之间的数量变化关系。当想表达两个数据点之间数量的演变过程时，即可使用桥图（瀑布图）。

（2）在工作表中选中 B（Y）～D（Y）列，选择菜单栏中"绘图"→"统计图"→"桥图"命令，在图形窗口 Graph5 中绘制桥图，如图 7-77 所示。

雷达图是一种显示多变量数据的图形方法。通常从同一中心点开始等角度间隔地射出三个以上的轴，每个轴代表一个定量变量，各轴上的点依次连接成线或几何图形。雷达图可以用来在变量间进行对比，或者查看变量中有没有异常值。在将数据映射到这些轴上时，需要注意预先对数值进行标准化处理，保证各个轴之间的数值比例能够做同级别的比较。

在工作表中选中 B（Y）～D（Y）列，选择菜单栏中"绘图"→"专业图"→"线内填充"命令，在图形窗口 Graph6 中绘制线内填充的雷达图，如图 7-78 所示。

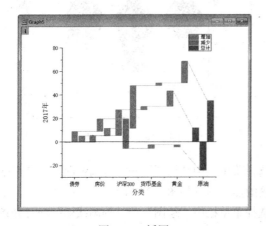

图 7-77　桥图

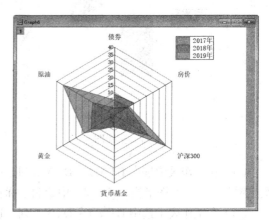

图 7-78　线内填充的雷达图

7.6.3　数据可视化

使用 3D 图显示数据的三维可视情况。

（1）在工作表中选中 B（Y）~D（Y）列，选择菜单栏中"绘图"→"3D"→"3D 并排条状图"命令，在图形窗口 Graph7 中根据类别列创建并排条状图，如图 7-79 所示。

（2）在工作表中选中 B（Y）~D（Y）列，选择菜单栏中"绘图"→"3D"→"Y 数据颜色映射 3D 瀑布图"命令，在图形窗口 Graph8 中绘制瀑布图，如图 7-80 所示。

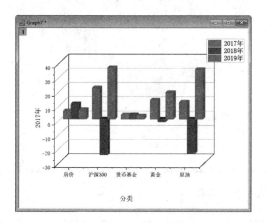

图 7-79　XYY 3D 并排条状图

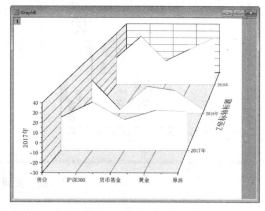

图 7-80　Y 数据颜色映射 3D 瀑布图

（3）单击"图形"工具栏中的"合并"按钮🔡，弹出"合并图表"对话框，合并图表 Graph2、Graph3、Graph5、Graph6，如图 7-81 所示。

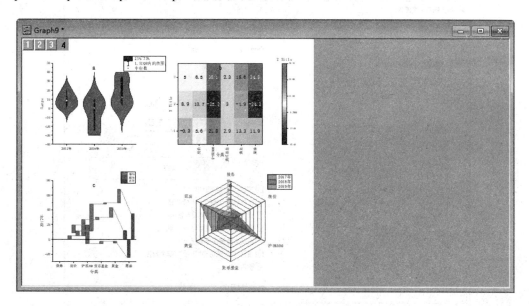

图 7-81　合并图表

（4）双击图表绘图区，弹出"绘图细节 - 页面属性"对话框，设置页面宽度为 700，高度为 400，单击"确定"按钮，关闭该对话框，页面大小设置结果如图 7-82 所示。

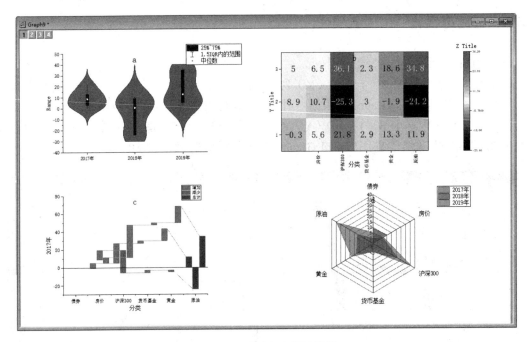

图 7-82　页面大小设置结果

（5）双击绘图区，弹出"绘图细节 - 页面属性"对话框，选中"Graph9"，打开"显示"选项卡，在"模式"选项中选中"更多颜色"，选中调色板颜色，如图 7-83 所示，单击"确定"按钮，设置页面背景颜色，效果如图 7-84 所示。

图 7-83　"绘图细节 - 页面属性"对话框

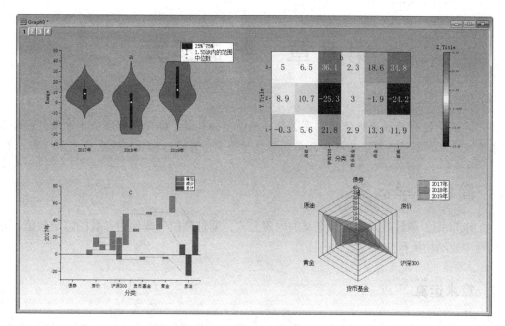

图 7-84　设置页面背景色

（6）在坐标区上方空白处单击鼠标右键，在弹出的快捷菜单中选择"添加文本"命令，在布局图上方添加图表标题，输入标题为"各类资产年回报率统计图表分析"，利用"格式"工具栏，设置字体样式为华文新魏，字体大小为 72，字体加粗，颜色为红色，结果如图 7-85 所示。

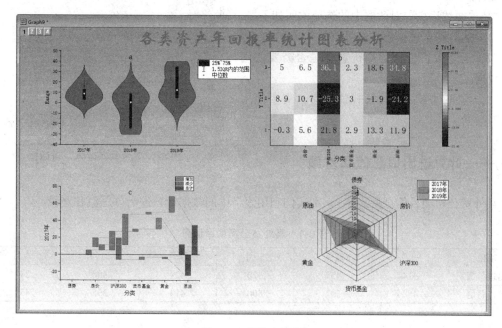

图 7-85　添加标题图

（7）单击"标准"工具栏上的"保存项目"按钮，保存项目文件为"各类资产年回报率统计图表分析 .opju"。

第 8 章　数据运算

工程实践中进行数据分析经常需要进行一些繁琐的计算，Origin 提供了非常强大的计算功能，本章通过简单数学运算、曲线运算和高等数学运算，自动根据数据源更新计算结果。

8.1　简单数学运算

在 Origin 中，函数就是系统预定义的内置公式，通过使用一些称为参数的特定数值，并按特定的顺序或结构执行简单或复杂的计算。

8.1.1　算术运算

在 Origin 中，算术运算除了基本的加、减、乘、除及幂运算，还可以通过输入公式对 XY 数据进行运算。选择菜单栏中的"分析"→"数学"→"简单列运算"命令，弹出如图 8-1 所示的"简单曲线运算"对话框，对 XY 数据进行简单的算术运算。

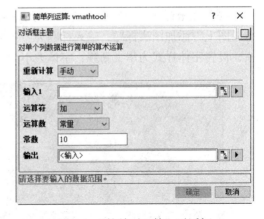

"简单曲线运算"对话框中的选项说明如下：

（1）运算符：选择算术运算符。

（2）运算数：根据运算符选择是否需要使用参考数据。

（3）参照数据：进行公式计算时，需要使用的辅助数据。

图 8-1　"简单列运算"对话框

实例——计算进出口总值和差额

某外贸公司项目信息见表 8-1，本实例利用表格中的数据计算进出口总值和差额。

表 8-1　某外贸公司项目信息

项目	一月	二月	三月	四月	五月	六月
出口总值	314	457	320	429	300	240
进口总值	458	242	500	414	295	450

 操作步骤

（1）启动 Origin 2023，单击"标准"工具栏中的"新建项目"按钮，创建一个新的项

280

目,默认包含一个工作簿文件 Book1。

（2）复制"外贸进出口年中数据分析表 .xlsx"中的数据,粘贴到工作表 Sheet1 中,如图 8-2 所示。

（3）选中所有列,选择菜单栏中的"工作表"→"转置"命令,在工作表 Sheet1 中显示转置后的数据,如图 8-3 所示。

（4）选中第一行,单击鼠标右键,在弹出的快捷菜单中选择"设置为长名称"命令,将该行数据剪贴到在工作表 Sheet1"长名称"行。

（5）在工作区空白处单击鼠标右键,在弹出的快捷菜单中选择"添加新列"命令,添加 D（Y）、E（Y）列,分别输入两列数据长名称为进出口总额、进出口差额,结果如图 8-4 所示。

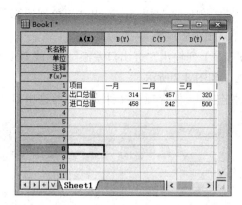

图 8-2 导入数据

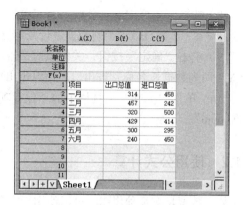

图 8-3 数据转置

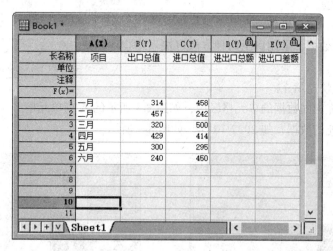

图 8-4 数据整理

（6）选择菜单栏中的"分析"→"数学"→"简单列运算"命令,弹出如图 8-5 所示的"简单列运算"对话框,对 C（Y）、B（Y）列数据进行加运算,输出到 D（Y）列。

（7）单击"确定"按钮,关闭该对话框,在 D（Y）列输出"进出口总值",如图 8-6 所示。

图 8-5 "简单列运算"对话框

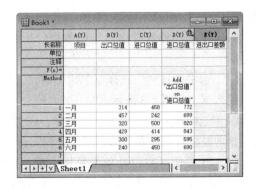

图 8-6 计算进出口总值

（8）选择菜单栏中的"分析"→"数学"→"简单列运算"命令，弹出"简单列运算"对话框，对 C（Y）、B（Y）列数据进行减运算，输出到 E（Y）列。

（9）单击"确定"按钮，关闭该对话框，在 E（Y）列输出"进出口差额"。修改 D（Y）、E（Y）两列数据长名称：进出口总额、进出口差额，如图 8-7 所示。

（10）单击"标准"工具栏上的"保存项目"按钮 🔲，保存项目文件为"外贸进出口年中数据 .opju"。

8.1.2　使用公式计算

如果数据具有某种规律，可以使用指定公式计算数据，用来填充单元格。

1.填充相同数据

在实际应用中，用户可能要在某个单元格区域输入大量相同的数据，采用以下两种方法可快速填充单元格区域。

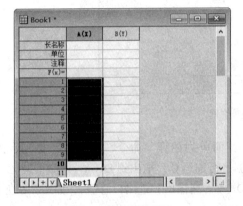

图 8-7 计算进出口差额

（1）使用键盘快速填充。

1）选择要填充相同数据的单元格区域，如图 8-8 所示的 A 列单元格。

2）输入要填充的数据，如 2022/10/24，如图 8-9 所示。

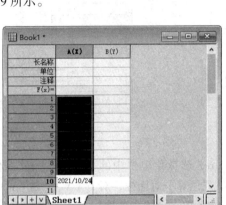

图 8-8 选中单元格　　　　　　　　　　图 8-9 输入数据

3）输入完成后，按 Ctrl + Enter 组合键。选中的单元格都填充了日期"2022/10/24"，如图 8-10 所示。

（2）使用鼠标快速填充。

1）选中包含需要复制数据的单元格，单元格右下角显示一个绿色的方块（称为"填充柄"），将鼠标指针移到绿色方块上，鼠标指标由空心十字形变为黑色十字形+，如图 8-11a 所示。

2）按下鼠标左键并向下拖动，如图 8-11b 所示。选择要填充的单元格区域后释放鼠标左键，即可在选择区域的所有单元格中填充相同的数据，如图 8-11c 所示。

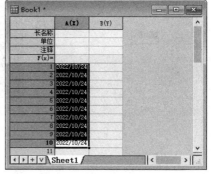

图 8-10　填充相同数据

a）　　　　　　　　　b）　　　　　　　　　c）

图 8-11　填充相同数据

2. 序列填充

有时需要填充数的根据是具有相关信息的集合，称为一个系列，如行号系列、数字系列、文本系列等。使用 Origin 的序列填充功能，可以很便捷地填充有规律的数据。

在工作表中选择整列或单元格区域，选择菜单栏中的"列"→"填充列"命令，弹出如图 8-12 所示子菜单，显示序列填充列命令。

（1）行号：自动填充行号。

（2）均匀随机数：自动填充服从均匀分布的随机数。

（3）正态随机数：自动填充服从正态分布的随机数。

图 8-12　"填充列"菜单命令

（4）一组数字：输入等差序列，相临两项相差一个固定的值，这个值称为增量。

（5）一组日期 / 时间数据：根据设置填入日期，可以设置为以日、工作日、月或年为单位。

（6）任意的数列或文本列：根据制定的序列文本填充文本。

3. 快速填充

如果希望根据已有数据实现数据填充，首先选中这些单元格，将鼠标指针移动到选区右下角，出现"+"光标，如图 8-13a 所示。使用鼠标进行拖放。拖放时按 Ctrl 键则实现单元格区域的复制，如图 8-13b 所示。按"Alt"键则会自动根据数据趋势进行填充，如图 8-13c 所示。

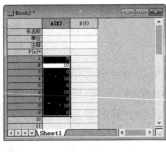
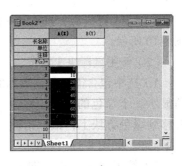

a)   b)   c)

图 8-13 快速填充

8.1.3 归一化运算

归一化是一种无量纲处理手段，使物理系统数值的绝对值变成某种相对值关系，是简化计算缩小量值的有效办法。

选择菜单栏中的"分析"→"数学"→"归一化列"命令，弹出如图 8-14 所示的"归一化列"对话框，对 XY 数据进行归一化运算。

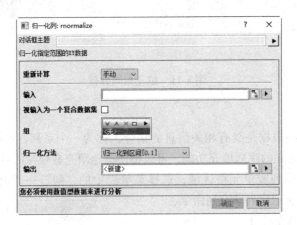

图 8-14 "归一化列"对话框

"归一化列"对话框中的选项说明如下：

（1）输入：输入数据区域。

（2）视输入为一个复合数据集：选择该复选框，将输入数据定义为一个复合数据集。

（3）组：选择数据列。

（4）归一化方法：在其中下拉列表中选择归一化方法。

1）除以给定的值：将输入数据除以一个自定义的值。

2）归一化到区间 [0，1]：将输入数据转换数据在 0~1 区间。

3）归一化到区间 [0，100]：将输入数据转换数据在 0~100 区间。

4）归一化到区间 [v1，v2]：将输入数据转换数据在 v1~v2 区间。

5）Z 分数（标准化为 N（0，1））：将输入数据转换为 0~1 区间的正态分布。

6）除以最大值：除以输入数据中的最大值。

7）除以最小值：除以输入数据中的最小值。

8）除以平均值：除以输入数据中的平均值。

9）除以中位数：除以输入数据中的算术平均值。

10）除以 SD：除以输入数据中的标准偏差。

11）除以范数：除以输入数据中的范数。

12）众数：除以输入数据中的众数。

13）除以总和：除以输入数据中的总和。

14）使用参考列：除以选择参考列中数据的最大值、最小值等参数。

15）除以参考单元格：除以选择参考单元格中数据的最大值、最小值等参数。

（5）输出：选择结果输出区域。

实例——产品组装时间数据

　　某车间比赛两种方法组装某设备，工人考核成绩（单位：分钟）服从均匀分布。为进行统计分析，本实例创建两组随机数据，作为使用两种不同方法产品组装时间数据。

操作步骤

　　（1）启动 Origin 2023，单击"标准"工具栏中的"新建项目"按钮，创建一个新的项目文件，默认包含一个工作簿文件 Book1，如图 8-15 所示。

　　（2）选中 A（X）列，选择菜单栏中的"列"→"填充列"→"均匀随机数"命令，在 A（X）列中数据区填充服从（0~1）正态分布的 32 组随机数据。

　　（3）采用同样的方法，在 B（Y）列中填充均匀正态随机数，结果如图 8-16 所示。

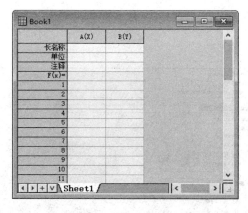

图 8-15　创建工作簿文件

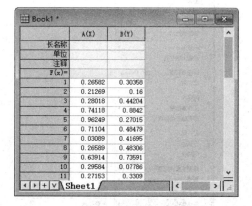

图 8-16　填充数据

　　（4）选中 A（Y）列，单击鼠标右键，在弹出的快捷菜单中选择"设置为"→"Y"命令，如图 8-17 所示，将 A（X）列设置为 A（Y）列，结果如图 8-18 所示。

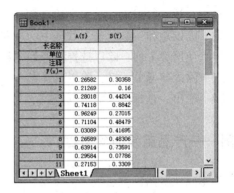

图 8-17　快捷命令　　　　　　　　　　图 8-18　设置绘图属性

（5）在工作表中单击左上角空白单元格，选中所有数据列。单击鼠标右键，在弹出的快捷菜单中选择"条件格式"→"热点图"命令，如图 8-19 所示。弹出"热点图"对话框，选择默认参数，如图 8-20 所示。单击"确定"按钮，将数据按照热点图的形式显示，结果如图 8-21 所示。

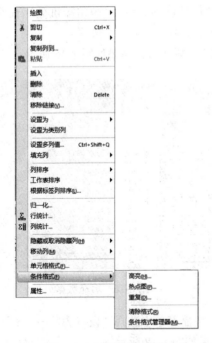

图 8-19　"热点图"命令　　　　　　　　图 8-20　"热点图"对话框

（6）在工作区选择 A（X）列，单击鼠标右键，在弹出的快捷菜单中选择"插入"命令，在该列左侧插入 A（X）列，该列自动变为 A（Y）列，如图 8-22 所示。

（7）在工作区选择 A（Y）列，选择菜单栏中的"列"→"填充列"→"行号"命令，自动在 A（Y）列添加表格数据的行号，结果如图 8-23 所示。

（8）选择菜单栏中的"分析"→"数学"→"归一化列"命令，弹出如图 8-24 所示的"归一化列"对话框，在"输入"选项中选择 B（Y）和 C（Y）列，在"归一化方法"选项下选择"归一化到区间 [V1，V2]"方法，输入 V1 为 10，V2 为 50，在"输出"选项下选择"新建"。单击"确定"按钮，对数据进行归一化运算，将结果输出到新工作表 Sheet2 中，如图 8-25 所示。

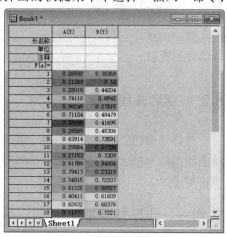

图 8-21　数据热点图

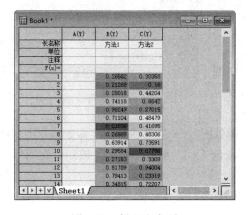

图 8-22　插入空白列

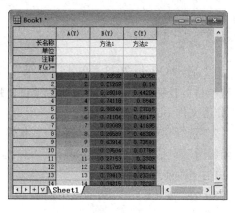

图 8-23　填充行号

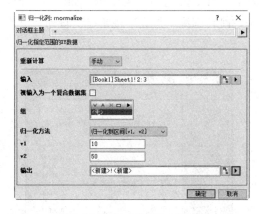

图 8-24　"归一化列"对话框

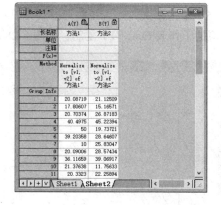

图 8-25　归一化工作表

（9）单击"标准"工具栏上的"保存项目"按钮，保存项目文件为"产品组装时间数据 .opju"。

8.2 曲线运算

在 Origin 中，可以通过数学方法计算 XY 曲线的运算值、平均值，还可以根据数据计算闭合曲线的面积。

8.2.1 XY 曲线计算

选择菜单栏中的"分析"→"数学"→"简单曲线运算"命令，弹出如图 8-26 所示的"简单曲线运算"对话框，该操作与简单列计算类似，这里不再赘述。

实例——计算叠加曲线

本实例绘制函数 $y = \sin x$、$y = \cos x$ 图像，计算叠加曲线数据，并绘制图形。

 操作步骤

（1）启动 Origin 2023，单击"标准"工具栏中的"新建项目"按钮，创建一个新的项目，默认包含一个工作簿文件 Book1。

图 8-26　"简单曲线运算"对话框

（2）选择菜单栏中的"文件"→"新建"→"函数图"→"2D 函数图"命令，弹出"创建 2D 函数图"对话框，在"Y（x）="文本框中输入 cos（x），单击"添加"按钮，在图形窗口 Graph1 中添加余弦曲线。

（3）在"Y（x）="文本框中输入 sin（x），单击"添加"按钮，在图形窗口 Graph1 中添加正弦曲线。

（4）单击"确定"按钮，关闭"创建 2D 函数图"对话框，绘制函数图形，如图 8-27 所示。

（5）单击余弦曲线，在图形浮动工具栏中单击"跳转到源工作表"按钮，自动弹出该曲线对应的工作表 Func1-F1 复制，如图 8-28 所示。

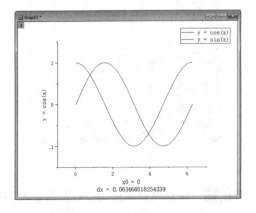

图 8-27　函数图形　　　　　　　　　　　图 8-28　余弦曲线数据

（6）单击正弦曲线，在图形浮动工具栏中单击"跳转到源工作表"按钮 ▸▦，自动弹出该曲线对应的工作表 Func2-F2 复制，如图 8-29 所示。

（7）选择菜单栏中的"工作表"→"合并工作表"命令，弹出"合并工作表"对话框，在"工作表"列表中选择 Func1-F1、Func2-F2，设置输出工作表为"新工作簿"，如图 8-30 所示。单击"确定"按钮，关闭该对话框，在新工作簿 Book2 工作表中显示合并的两条曲线数据，如图 8-31 所示。

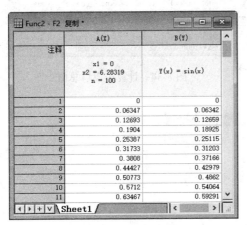

图 8-29　正弦曲线数据

图 8-30　"合并工作表"对话框

（8）在工作区空白处单击鼠标右键，在弹出的快捷菜单中选择"添加新列"命令，添加 E（X3）、F（Y3）列，如图 8-32 所示。

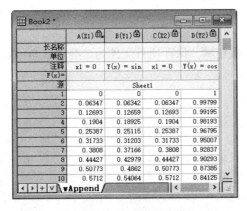

图 8-31　数据合并结果

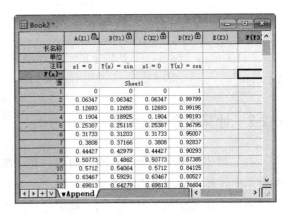

图 8-32　添加列

（9）选择菜单栏中的"分析"→"数学"→"简单曲线运算"命令，弹出"简单曲线运算"对话框，对 B（Y1）、D（Y2）列数据进行加运算，输出到 F（Y）列，如图 8-33 所示。

（10）单击"确定"按钮，关闭该对话框，在 E（X3）、F（Y3）列的加法输出结果，如图 8-34 所示。同时在弹出图形窗口 Graph2 中绘制结果曲线，如图 8-35 所示。

图 8-33　"简单曲线运算"对话框

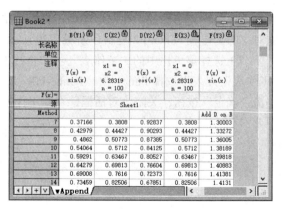

图 8-34　计算进出口总值

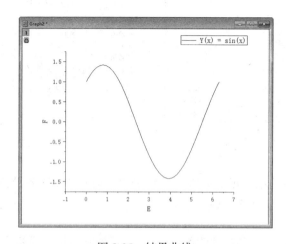

图 8-35　结果曲线

（11）单击"标准"工具栏上的"保存项目"按钮，保存项目文件为"叠加三角函数曲线 .opju"。

8.2.2　计算闭合曲线面积

在二维坐标系中计算闭合曲线面积；在三维坐标系中计算 XYZ 表面面积。

选择菜单栏中的"分析"→"数学"→"闭合曲线面积"命令，弹出如图 8-36 所示的"闭合曲线面积"对话框，计算由 x 数据定义的闭合曲线面积。

图 8-36　"闭合曲线面积"对话框

实例——计算心形线曲线面积

本实例利用函数公式绘制心形线，并计算该曲线所围面积。

操作步骤

（1）启动 Origin 2023，单击"标准"工具栏中的"新建项目"按钮 □，创建一个新的项目，默认包含一个工作簿文件 Book1。

（2）选择菜单栏中的"文件"→"新建"→"函数图"→"2D 参数函数图"命令，弹出"创建 2D 参数函数图"对话框。

（3）在"X（t）="文本框中输入 a*（2*cos（t）-cos（2*t））；在"Y（t）="文本框中输入 a*（2*sin（t）-sin（2*t））；添加参数 a，值为 3，如图 8-37 所示。

（4）单击"确定"按钮，关闭对话框，绘制的函数图形，如图 8-38 所示。

图 8-37 "创建 2D 参数函数图"对话框

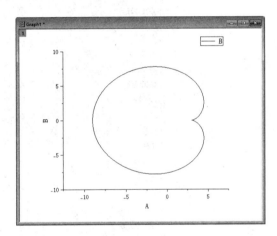

图 8-38 函数图形

（5）将工作表 FUNC 置为当前，选择菜单栏中的"分析"→"数学"→"闭合曲线面积"命令，弹出如图 8-39 所示的对话框，选择计算 B 列数据定义的闭合曲线面积，单击"确定"按钮，弹出"结果日志"窗口，显示计算的面积结果，如图 8-40 所示。

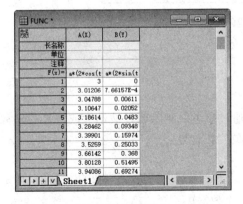

图 8-39 曲线数据

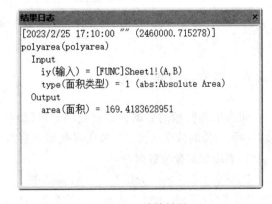

图 8-40 计算结果

（6）单击"标准"工具栏上的"保存项目"按钮 🖫，保存项目文件为"心形线曲线面积 .opju"。

8.2.3 多条曲线平均

多条曲线平均是指计算当前激活的图层内所有数据曲线 Y 值的平均值。

选择菜单栏中的"分析"→"数学"→"多条曲线平均"命令，弹出如图 8-41 所示的"计算多条曲线的均值"对话框，计算多条曲线的平均值（标准差、标准误差、个数、最小值、最大值、两倍 SD、三倍 SD）或连结多条曲线。

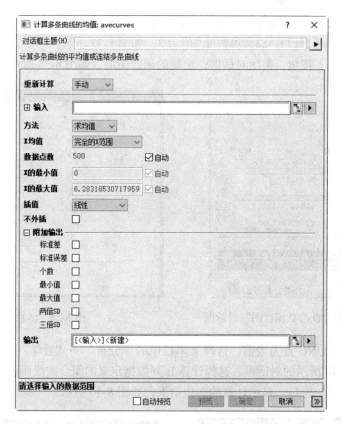

图 8-41 "计算多条曲线的均值"对话框

8.2.4 参考线处理曲线

曲线出现明显的数据异常变化时，可以直接通过参考线删除明显波动大或重复的异常区域，得到所需的数据曲线，可以更准确地观察曲线的变化趋势。

1. 删除指定参考数据

选择菜单栏中的"分析"→"数据操作"→"减去参考数据"命令，弹出如图 8-42 所示的"减去参考数据"对话框，从另一个数据集中减去一个数据集。

2. 删除重复数据

选择菜单栏中的"分析"→"数据操作"→"删减重复数据 X"命令，打开如图 8-43 所示的"删减重复数据 X"对话框，通过替换重复的 X 值来减少 XY 数据。

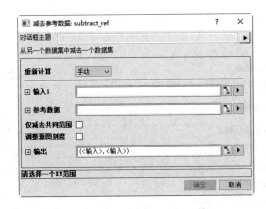

图 8-42　"减去参考数据"对话框

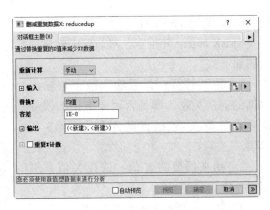

图 8-43　"删减重复数据 X"对话框

8.3　高等数学运算

高等数学是指相对于初等数学，数学对象与计算方法较为复杂的数学计算。高等数学是由微积分学、代数学、几何学交叉内容所形成的一门科学。

8.3.1　插值

实际观测所得到的结果经常不是连续的而是间断的。例如，相隔一定的时间间隔或按某个自变量（如温度）的一定间隔观测一个数值，那么，在相邻观测值之间未经测量的数值是多少？这就需要使用一些数学的方法扩充数据集来满足需求，也就需要用到插值算法来解决这些问题。

增加数据点的依据是原有的数据趋势，可以有多种算法进行选择，实质是根据一定的算法找到新的 X 坐标对应的 Y 值。

选择菜单栏中的"分析"→"数学"命令，显示下面几种插值方法，如图 8-44 所示。插值（内插）是指在当前数据曲线的数据点之间，利用某种算法估算出新的数据点；而外推是指在当前数据曲线的数据点外，利用某种算法估算出新的数据点。

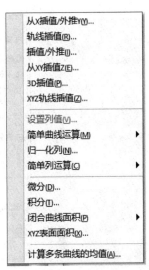

1）从 X 插值 / 外推 Y：利用给定的 X 值集合进行外推 Y 数据。

2）轨线插值：对给定的 XY 值进行内插。

3）插值 / 外推：使用多种方法对 XY 值进行外推。

4）从 XY 插值 Z：利用给定的 XY 值对 Z 进行插值。

5）3D 插值：进行三维插值。

6）XYZ 轨线插值：按照周期进行三维插值。

Origin 中可以实现一维、二维和三维的插值。一维插值指的是给出（x，y）数据，对 y 插值。依次类推，二维插值需要给出（x，y，z）数据，对 z 插值；三维则是给出（x，y，z，f）数值，对 f 进行插值。

选择菜单栏中的"分析"→"数学"→"从 X 插值 / 外推 Y"

图 8-44　插值命令

命令，弹出"从 X 插值 / 外推 Y"对话框，使用外推法计算 Y 的插值，如图 8-45 所示。

"从 X 插值 / 外推 Y"对话框中的选项说明如下：

1）重新计算：设置输入数据与输出数据的连接关系（即是否因原数据的改变而重新计算），包括自动、手动、无 3 个选项。

2）用来插值的 X 值：选择 X 值范围用于插值。

3）输入：要处理的数据区域。

4）方法：插值分析算法，包括线性、三次样条插值、三次 β 样条插值。

5）外推选项：选择对区域外的 Y 值进行的操作，默认为外推计算。

6）插值结果：插值结果输出区域。

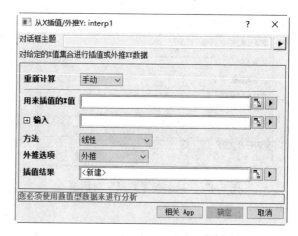

图 8-45　插值命令

8.3.2　微分

导数是数学分析的基础内容之一，在工程应用中用来描述各种各样的变化率。曲线数值微分就是对当前激活的数据曲线进行求导。

选择菜单栏中的"分析"→"数学"→"微分"命令，弹出如图 8-46 所示的"微分"对话框，计算 XY 数据的导数。

图 8-46　"微分"对话框

8.3.3　积分

积分是研究函数整体性的，它在工程中的作用是不言而喻的。曲线数值积分指对当前激活的数据曲线用梯形法则进行数值积分。

选择菜单栏中的"分析"→"数学"→"积分"命令，弹出如图 8-47 所示的"积分"对话框，对 XY 数据进行积分。

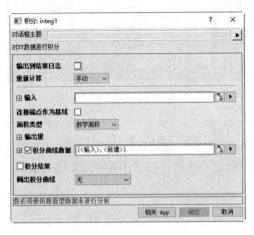

图 8-47　"积分"对话框

8.4　操作实例——地震位移插值分析

在地震预测研究中，总是对某一物理量进行随时间的（等间隔或不等间隔）不断地观测，得到一系列离散的观测值序列。但经常会由于仪器故障或其他原因漏测了一些数据，或由于明显的过失误差或某种突然干扰使一些数据不可靠而无法使用，从而造成数据的不连贯，增加分析工作的困难。

对于上述情况，需要采用一定的方法来求出某两个值之间未经测定的数值，并补上那些空缺的数值。

数据集 earthquake.csv 中包含等间隔时间段（120~122）中的 2000 组数据，本例使用内推法，在时间段（120~122）中得到 3000 组数据；使用外推法在等间隔时间段（120~123）中得到 3000 组数据。

 **操作步骤**

8.4.1　内插分析

内插是根据原数据的趋势，再根据设定的 X 值，计算出适合的 Y 值。

（1）启动 Origin 2023，将源文件下的"earthquake.csv"文件拖放到工作区，导入数据文件，如图 8-48 所示。

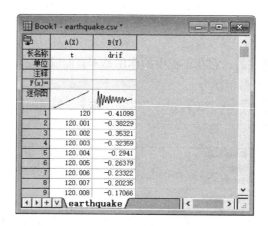

图 8-48 导入数据

（2）选择菜单栏中的"分析"→"数学"→"轨线插值"命令，弹出"轨线插值"对话框，在"点的数量"项中取消"自动"复选框的勾选，输入点的数量为3000，其他采用默认设置，如图 8-49 所示。单击"确定"按钮，在工作表中添加插值数据，如图 8-50 所示。

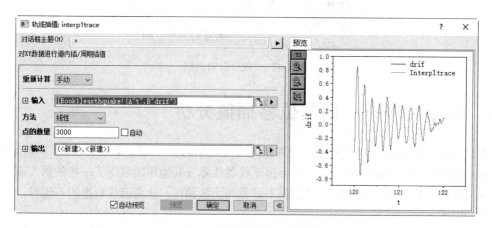

图 8-49 "轨线插值"对话框

（3）在工作表中单击左上角空白单元格，选中所有数据列。单击"2D 图形"工具栏中的"折线图"按钮，在图形窗口 Graph1 中绘制原始数据与插值数据的折线图，如图 8-51 所示。

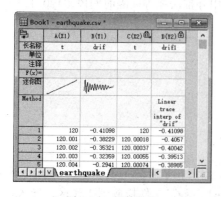

图 8-50 插值数据

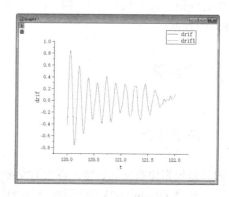

图 8-51 折线图

8.4.2　外推分析

内插法和外推法的目的是一致的，内插法与公式也适用于外推法，由此所得到的外推数值的精度在一定的外推范围内也可与内插结果相比较。在进行外推时，只需将内插公式中的 X 值换成 X 范围外的数值即可。

（1）选择菜单栏中的"分析"→"数学"→"插值 / 外推"命令，弹出"插值 / 外推"对话框，如图 8-52 所示。在"方法"选项下选择"线性"，输入"点的数量"为 3000，输入 X 最大值为 123。

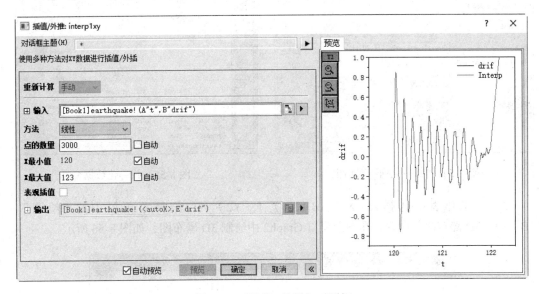

图 8-52　"插值 / 外推"对话框

（2）单击"确定"按钮，在工作表中添加插值数据，如图 8-53 所示。

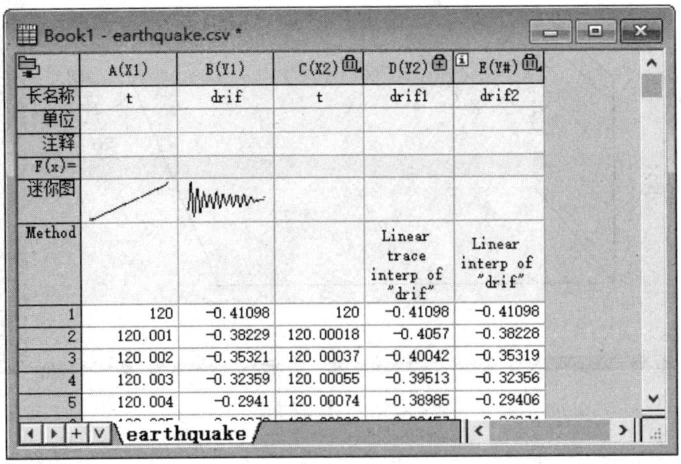

图 8-53　插值数据

8.4.3 归一化计算

（1）选择菜单栏中的"分析"→"数学"→"归一化列"命令，弹出如图 8-54 所示的"归一化列"对话框，在"输入"选项中选择 B（Y）列，在"归一化方法"选项下选择归一化方法"Z 分数（标准化为 N（0，1））"。单击"确定"按钮，对数据进行归一化运算，将结果输出左右侧列中，如图 8-55 所示。

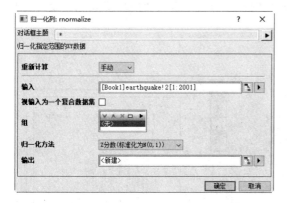

图 8-54 "归一化列"对话框　　　　　　图 8-55 归一化数据

（2）在工作表中选择 A（X1）、B（Y1）、F（Y2）列，选择菜单栏中的"绘图"→"3D"→"3D 瀑布图"命令，在图形窗口 Graph2 中绘制 3D 瀑布图，如图 8-56 所示。

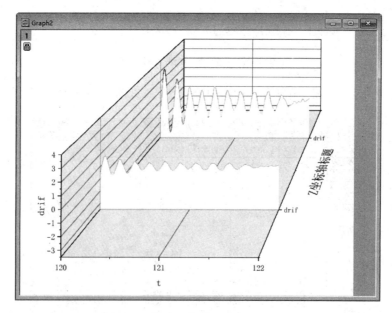

图 8-56 3D 瀑布图

（3）单击图形浮动工具栏中的"填充颜色"按钮，在"按曲线"下拉列表中选择调色板 Fire，按照调色板中的颜色列表为瀑布图填充颜色，结果如图 8-57 所示。

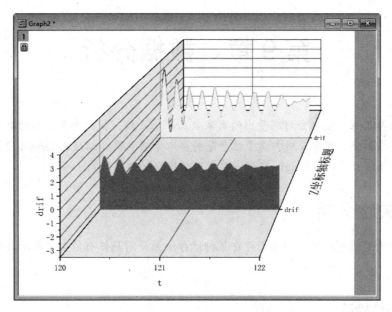

图 8-57　填充颜色

（4）单击"更改绘图类型为"按钮下拉列表的"3D 墙形图"命令，将 3D 瀑布图改为3D 墙形图，如图 8-58 所示。

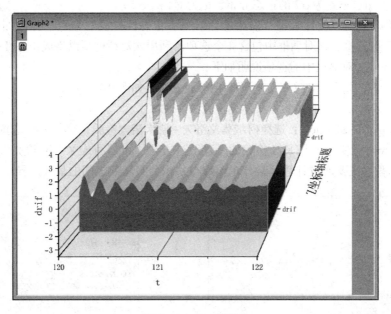

图 8-58　3D 墙形图

（5）单击"标准"工具栏上的"保存项目"按钮，保存项目文件为"地震位移插值分析 .opju"。

第 9 章　数据分析

工程试验与工程测量中会对测量出的离散数据分析处理，找出测量数据的数学规律。相关性的分析、数据拟合、回归分析都属于这个范畴。本章将主要介绍使用 Origin 进行数据分析的方法和技巧，并给出了利用 Origin 实现一些常用数据分析的实例。

9.1　相关性分析

相关性分析是研究现象之间是否存在某种依存关系，对具体有依存关系的现象探讨相关方向及相关程度。

9.1.1　正态性检验

正态性检验是数据分析的第一步，利用观测数据判断总体是否服从正态分布的检验称为正态性检验，它是统计判决中重要的一种特殊的拟合优度假设检验。若随机变量 X 服从一个数学期望（均值）为 μ、方差为 $\sigma 2$ 的正态分布，记为 $N(\mu, \sigma 2)$。

选择菜单栏中的"统计"→"描述统计"→"正态性检验"命令，弹出如图 9-1 所示的"正态性检验"对话框，该对话框中包含 4 个选项。利用该对话框可以生成正态性检验分析表。

"正态性检验"对话框中的选项说明如下：

（1）"要计算的量"选项卡：选择正态性检验方法，如图 9-2 所示。

1）Shapiro-Wilk：选择夏皮罗维尔克检验法。

2）Kolmogorov-Smirnov：选择柯尔莫戈洛夫 - 斯米诺夫检验，简称 K-S 检验。

3）Lilliefors：实际上是 K-S 检验的一种改进方法（可简写成 K-S-L 检验），计算方法比 K-S 更复杂一些，主要通过计算经验分布函数与累积分布函数之间的最大差异来进行检验。

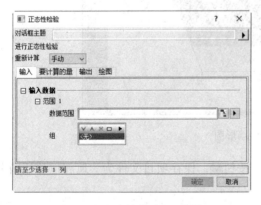

图 9-1　"正态性检验"对话框

图 9-2　"要计算的量"选项卡

4）Anderson-Darling：简称 AD 检验，是一种拟合检验，此检验是将样本数据的经验累积分布函数与假设数据呈正态分布时期望的分布进行比较，如果差异足够大，该检验将否定总体呈正态分布的原假设。

5）D'Agostino-K 平方：通过计算偏度（Skewness）和峰度（Kurtosis）来量化数据分布曲线与标准正态分布曲线之间的差异与不对称性，然后计算这些值与正态分布期望值的之间的不同程度。

6）Chen-Shapiro：在不损失功率的情况下，Shapiro-Wilk 的拓展，是一个相对简单又有效的正态检验方法，和 Shapiro-Wilk test 一样只适用于小样本（<2000）。

7）显著性水平：估计总体参数落在某一区间内可能犯错误的概率，用 α 表示。

（2）"绘图"选项卡：显示输出图形类型。

9.1.2 相关系数分析

要衡量和对比多组数据相关性的密切程度，就需要使用相关系数。相关系数可以用来描述定量数据之间的关系。相关系数的符号（±）表明关系的方向（正相关或负相关），其值的大小表示关系的强弱程度（完全不相关时为 0，完全相关时为 1）。

选择菜单栏中的"统计"→"描述统计"→"相关系数"命令，弹出如图 9-3 所示的"相关系数"对话框，用于生成相关系数分析表和相应的相关性系数工作表和分析报表。

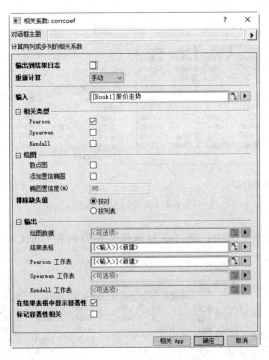

图 9-3 "相关系数"对话框

"相关系数"对话框中的选项说明如下：

（1）"相关类型"选项组：选择相关系数计算方法。

1）Pearson：选择该复选框，计算显示 Pearson 积差相关系数。

Pearson 相关系数是反应两变量之间线性相关程度的统计量，用它来分析正态分布的两个连续型变量之间的相关性。常用于分析自变量之间，以及自变量和因变量之间的相关性。Pearson 相关系数在 −1 ~ +1 之间变化，0 表示没有相关性，−1 或 +1 的相关性暗示着一种精确的线性关系。

2）Spearman：选择该复选框，计算显示 Spearman 秩相关系数。Spearman 等级相关系数主要用于评价顺序变量间的线性相关关系，常用于计算类型变量的相关性。相关系数表示线性相关程度，Correlation 趋近于 1 表示正相关。P 值越小，表示相关程度越显著。

3）Kendall：选择该复选框，计算显示 Kendall 系数。Kendall 相关性系数，又称 Kendall 秩相关系数，它也是一种秩相关系数，不过它所计算的对象是分类变量。

（2）“绘图”选项组：

1）散点图：是否根据数据制作点线图。

2）添加置信椭圆：是否计算输出置信度。

3）椭圆置信度（%）：设置椭圆置信度。

（3）“排除缺失值”选项组：选择排除异常数据的方法，包括“按对”或“按列表”。

（4）“输出”选项组：选择绘图数据分析表和相关系数结果工作表的输出位置（不同的相关系数输出到不同的表格）。

（5）“在结果表格中显示显著性”选项组：选择该复选框，在分析表 CorrCoef 中的相关性结果表格中显示 p 值，如图 9-4 所示。

Pearson相关性

		收盘价	开盘价	最高价	最低价	成交量
收盘价	Pearson 相关	1	0.12084	0.72105	0.88076	0.09931
	p值	—	0.84652	0.16926	0.04854	0.87376
开盘价	Pearson 相关	0.12084	1	−0.01871	0.4337	0.53077
	p值	0.84652	—	0.97618	0.46563	0.35744
最高价	Pearson 相关	0.72105	−0.01871	1	0.43365	−0.20252
	p值	0.16926	0.97618	—	0.46569	0.74391
最低价	Pearson 相关	0.88076	0.4337	0.43365	1	0.15065
	p值	0.04854	0.46563	0.46569	—	0.80892
成交量	Pearson 相关	0.09931	0.53077	−0.20252	0.15065	1
	p值	0.87376	0.35744	0.74391	0.80892	—

使用了双尾显著检验

选择该复选框

Pearson相关性

		收盘价	开盘价	最高价	最低价	成交量
收盘价	Pearson 相关	1	0.12084	0.72105	0.88076	0.09931
开盘价		0.12084	1	−0.01871	0.4337	0.53077
最高价		0.72105	−0.01871	1	0.43365	−0.20252
最低价		0.88076	0.4337	0.43365	1	0.15065
成交量		0.09931	0.53077	−0.20252	0.15065	1

使用了双尾显著检验

不选择该复选框

图 9-4　相关性结果表格

（6）“标记显著性相关”选项：选择该复选框，在分析表 CorrCoef 中的相关性结果表格中显示相关性结果，如图 9-5 所示。

Pearson相关性

		收盘价	开盘价	最高价	最低价	成交量
收盘价	Pearson 相关	1	0.12084	0.72105	0.88076*	0.09931
	p值	—	0.84652	0.16926	0.04854	0.87376
开盘价	Pearson 相关	0.12084	1	−0.01871	0.4337	0.53077
	p值	0.84652	—	0.97618	0.46563	0.35744
最高价	Pearson 相关	0.72105	−0.01871	1	0.43365	−0.20252
	p值	0.16926	0.97618	—	0.46569	0.74391
最低价	Pearson 相关	0.88076*	0.4337	0.43365	1	0.15065
	p值	0.04854	0.46563	0.46569	—	0.80892
成交量	Pearson 相关	0.09931	0.53077	−0.20252	0.15065	1
	p值	0.87376	0.35744	0.74391	0.80892	—

使用了双尾显著检验
*：在0.05的水平下相关性显著

图 9-5　相关性结果表格

实例——葡萄球菌存活时间相关性分析

实验室现有的两个菌种金黄色葡萄球菌，金黄色葡萄球菌暴露在空气中的存活时间约为6h。分别滴相同含量稀释的金黄色葡萄球菌菌液，将样品都放在通风的室温环境中，经过 0h、2h、4h、6h、8h、24h、48h 取出试验样品，通过缓冲液将细菌洗下来，在琼脂培养基中培养12h，每次分别记录细菌数量，实验数据见表 9-1，本实例利用葡萄球菌存活数量进行相关性分析。

表 9-1 葡萄球菌存活数量数据

浸泡时间 /h	0	2	4	6	8	24	48
细菌 1 数量	1005	1100	1200	2356	1436	2986	2233
细菌 2 数量	1505	1500	1800	2006	1400	1986	1505

 操作步骤

（1）启动 Origin 2023，单击"标准"工具栏中的"新建项目"按钮，创建一个新的项目，默认包含一个工作簿文件 Book1，根据表格数据输入数据，如图 9-6 所示。

（2）在工作表中选中数据列 B（Y）、C（Y），选择菜单栏中的"统计"→"描述统计"→"正态性检验"命令，弹出"正态性检验"对话框，如图 9-7 所示。打开"要计算的量"选项卡，选择"Shapiro-Wilk"（夏皮罗维尔克检验法），打开"绘图"选项卡，勾选"直方图"复选框。单击"确定"按钮，生成叙述统计分析报表 NormalityTest1，如图 9-8 所示。

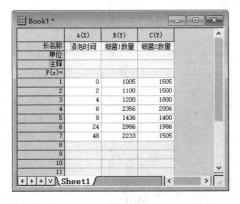

图 9-6 输入数据

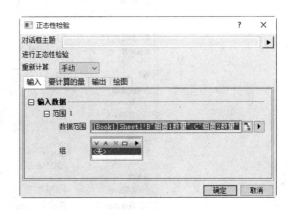

图 9-7 "正态性检验"对话框

根据表中所示，正态检验性表分析结论：在 0.05 水平下，两组细菌数量数据显著地来自正态分布总体。

（3）选中 B（Y）、C（Y）列，选择菜单栏中的"统计"→"描述统计"→"相关系数"命令，弹出如图 9-9 所示的"相关系数"对话框，采用默认设置，单击"确定"按钮，生成相关系数分析表和相应的相关性系数工作表和分析报表，如图 9-10 所示。

从工作表中可以看到，相关系数（Pearson、Spearman、Kendall）远小于 1，两种细菌的数量不相关。

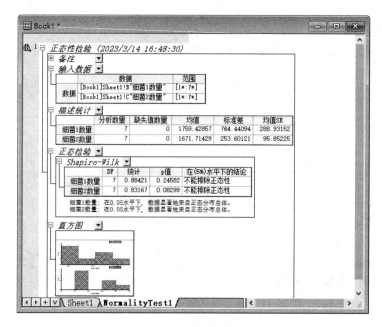

图 9-8　分析报表

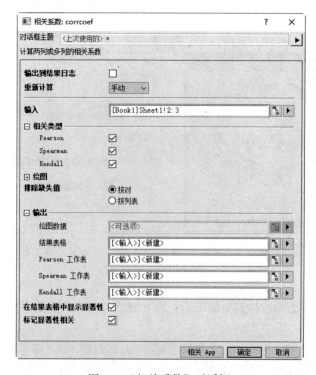

图 9-9　"相关系数"对话框

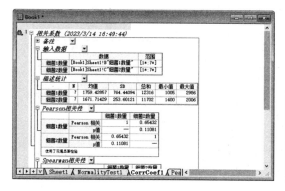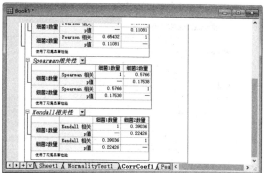

图 9-10　系数分析表

（4）单击"标准"工具栏上的"保存项目"按钮，保存项目文件为"葡萄球菌存活时间相关性分析 .opju"。

9.2　曲线拟合

工程实践中，只能通过测量得到一些离散的数据，然后利用这些数据得到一个光滑的曲线来反映某些工程参数的规律。这就是一个曲线拟合的过程。本节将介绍 Origin 的曲线拟合命令。

9.2.1　曲线拟合

曲线拟合就是计算出两组数据之间的一种函数关系，由此可描绘其变化曲线（拟合曲线）及估计非采集数据对应的变量信息。

选择菜单栏中的"分析"→"拟合"→"拟合曲线模拟"命令，弹出如图 9-11 所示的"拟合曲线模拟"对话框，该对话框将指定的拟合函数生成拟合曲线。

"拟合曲线模拟"对话框中的选项说明如下：

（1）"函数"在下拉列表中选择函数种类。

（2）"参数"选项组：在"参数"选项组中显示拟合函数中的参数，默认函数为 Gauss，高斯拟合函数表达式为

$$y = y_0 + Ae^{-\frac{(x-x_0)^2}{2w^2}}$$

式中，A 表示峰值，x_0 表示均值（即中心位置），w 表示标准差（即宽度）。通过调整这三个参数的取值，就可以得到不同形状的高斯曲线。

（3）在"X 数据类型"选项组中设置数据 X 数据的刻度值。

（4）在"噪音水平"选项组设置降噪程度。在实际应用中，通常会遇到一些带有噪声或误差的数据。此时，需要使用降噪来对这些数据进行拟合。

（5）"输出"：选择拟合曲线和拟合数据的输出位置。

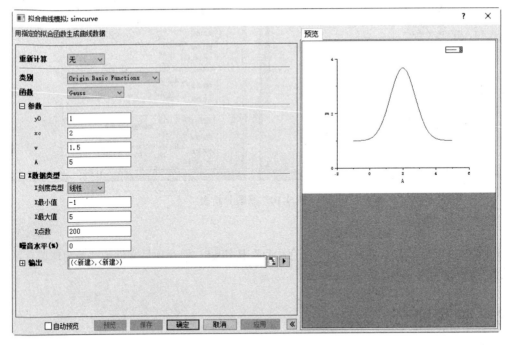

图 9-11 "拟合曲线模拟"对话框

9.2.2 多项式拟合

多项式的一般形式：$y = a_0 + a_1 x + \cdots + a_{n-1} x^{n-1} + a_n x^n$，多项式拟合的目的是为了找到一组系数向量 $p = [a_0, a_1, \cdots, a_{n-1}, a_n]$，使得拟合预测值尽可能地与实际样本数据相符合。

选择菜单栏中的"分析"→"拟合"→"多项式拟合"命令，弹出如图 9-12 所示的"多项式拟合"对话框，执行多项式拟合分析。

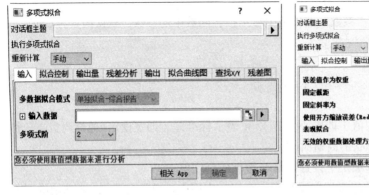

"输入"选项卡

"拟合控制"选项卡

图 9-12 "多项式拟合"对话框

下面介绍该对话框中的选项：

1. **"输入"选项卡：**

（1）多数据拟合模式：选择多组数据进行拟合时，拟合结果分析报告的显示模式。

（2）输入数据：选择进行分析的数据范围。

1）范围 1：选择进行分析的第一组数据范围。

2）X：选择进行分析的自变量 X 数据列。

3）Y：选择进行分析的因变量 Y 数据列。

4）Y 误差：选择进行分析的 Y 误差数据列，用于绘制误差棒型 Y 误差图。若需要绘制误差棒型 X 误差图，选择"带 X 误差的线性拟合"命令进行线性拟合。

5）行：选择进行分析的数据行范围，默认情况下选择整列（所有行）数据。

（3）"多项式阶"在该选项右侧选择多项式阶数，多项式阶数及公式见表 9-2。

表 9-2　多项式阶数及公式

阶数	公式
1	$Y = p1*x + p0$
2	$Y = p1*x + p2*x^2 + p0$
3	$Y = p1*x + p2*x^2 + \cdots + p0$
9	$Y = p1*x + p2*x^2 + \cdots p9*x^9 + p0$

2. **"拟合控制"选项卡：**

（1）误差值作为权重：指定选误差权重。

（2）固定截距：选择该选项，在"固定截距"选项中输入指定的截距 b_0，默认截距为 0，表示拟合曲线通过原点。

（3）固定斜率：选择该选项，在"固定斜率为"选项中输入指定的斜率 b_1，默认斜率为 1。

（4）使用开方缩放误差（Reduced Chi-Sqr）：将随机误差进行开方计算，作为新的参考数据，用于揭示误差情况。

（5）表观拟合：选择该选项，将数据转换为对数坐标，再进行拟合。

（6）无效的权重数据处理方式：当权重数据无效时，系统的处理方式有视为无效、替换为自定义值两种。

3. **"输出量"选项卡：对拟合输出的参数、统计量进行选择和设置。**

（1）拟合参数：拟合参数项。

（2）拟合统计量：拟合统计项。

（3）拟合汇总：拟合摘要项。

（4）方差分析：是否进行方差分析。

（5）失拟检验：是否进行失拟检验。"失拟"检验解决当前模型中是否有足够信息或是否需要更复杂的项的问题。该检验有时称为拟合优度检验。

（6）协方差矩阵：是否产生协方差矩阵。

（7）相关矩阵：是否显示相关性矩阵。

（8）异常值：是否显示异常值。

（9）X 轴截距：是否显示 X 轴截距。

4. "残差分析"选项卡："残差"是指实际观察值与估计值（拟合值）之间的差，残差表中包含四列数据，包含下面四类残差 Raw。

（1）常规：普通残差的公式为

$$r_i = y_i - \overline{y}_i$$

（2）标准化：标准化残差的公式为

$$st_i = \frac{r_i}{\sqrt{MSE(1 - h_{ii})}}$$

式中，h_{ii} 是高杠杆值。

（3）学生化：学生化内残差的公式为

$$sr_i = \frac{r_i}{MSE\sqrt{(1 - h_{ii})}}$$

（4）学生化删除后：学生化外残差的公式为

$$st_i = \frac{r_i}{MSE_{(i)}\sqrt{(1 - h_{ii})}}$$

式中，$MSE_{(i)}$ 是删除观测值后的均方误差。

5. "输出"选项卡：选择在"图形"选项组中选择输出分析报告表，还可以设置拟合曲线、拟合残差图形位置。

（1）结果表：选择是否在拟合的图形上显示拟合结果表格。

（2）排列图形成列：选择是否将输出图形排列成列。

（3）整合同类图形于同一图中：选择是否将同类图形在同一图中显示。

（4）整合残差图于同一图中：选择是否将所有残差图在同一图中显示。

6. "拟合曲线图"选项卡：设置关于拟合曲线的显示相关参数。

（1）拟合曲线图：选择是否绘制拟合曲线。

（2）输出到报告表中：选择在报告表中绘制拟合曲线。

（3）在源图上添加：在原图上作拟合曲线的方式。

（4）与残差 s.自变量图堆叠：在同一张图中绘制叠加显示的残差图和自变量图。

（5）更新源图上的图例：更新原图上的图例。

（6）多个绘图时使用源图颜色：使用源图形颜色绘制多层曲线。

（7）X 数据类型：设置 X 列的数据类型，包括：数据点数目和数据显显示范围。

（8）置信带：显示置信区间。

（9）预测带：显示预计区间。

（10）曲线的置信度（%）：设置曲线的置信度。

7. "查找 X/Y"选项卡：设置是否产生一个表格，显示 Y 列或 X 列中寻找另一列所对应的数据。只有在 X 和 Y 建立了一定函数关系之后，才可以使用这种方式。

8. "残差图"选项卡：选择绘制的叠加残差图：残差 s.自变量图、残差的直方图、残差 s.预测值图、残差 s.数据序列图、残差 - 滞后图、残差的正态概率图。

实例——某产品销售额曲线拟合分析

现有某产品销售额的统计数据如图 9-13 所示，根据前 11 个月的销售绘制最贴合的拟合曲线，用来预测 12 月的营业额。

操作步骤

（1）启动 Origin 2023，打开源文件目录，将“产品销售额 .xlsx”文件拖放到工作表中，导入数据文件，如图 9-14 所示。

某产品销售额统计表	
月 份	销售额(万元)
1	30
2	34
3	35
4	38
5	40
6	40
7	33
8	36
9	42
10	44
11	46
12	

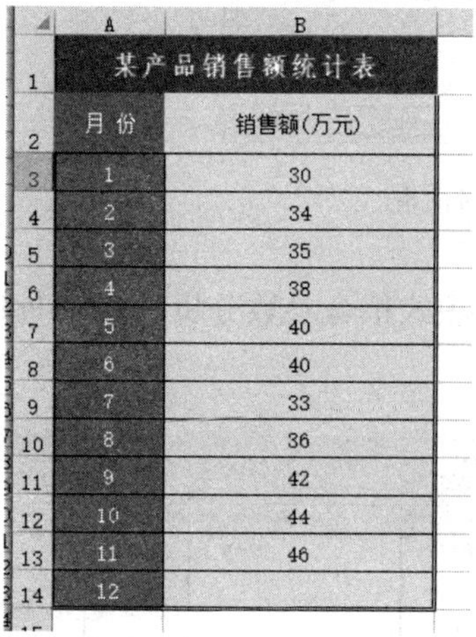

图 9-13　原始数据

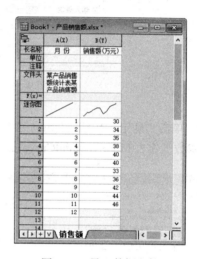

图 9-14　导入数据文件

（2）选择菜单栏中的“绘图”→“基础 2D 图”→“散点图”命令，在图形窗口 Graph1 中绘制 F（Y）列销售额的散点图，如图 9-15 所示。

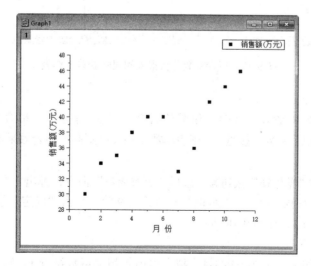

图 9-15　绘制散点图

（3）选择菜单栏中的"分析"→"拟合"→"多项式拟合"命令，弹出如图 9-16 所示的"多项式拟合"对话框。在"输入数据"选项选择"B（Y）"列，在"多项式阶"选项右侧选择 2（表示拟合多项式为二阶，公式为：$Y = B1*x^2 + B2*x + B3$）。

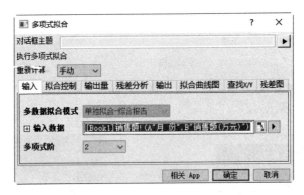

图 9-16　"多项式拟合"对话框

（4）单击"确定"按钮，Origin 会自动创建一个多项式拟合参数分析报表 FitPolynomial1 和回归参数工作表 FitPolynomialCurve1，如图 9-17 所示。

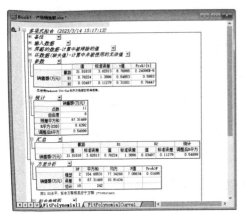

图 9-17　拟合参数分析报表和回归参数工作表

拟合分析结果如下：

在统计表中根据 R 平方（COD）和调整后 R 平方进行分析。拟合多项式相关系数为 0.6392，拟合多项式相关系数不接近 1，则表示数据相关度不高，拟合效果不好，需要修改拟合函数。

（5）单击左上角"操作锁"按钮，选择"更改参数"命令，弹出"多项式拟合"对话框，在"多项式阶"选项右侧选择 9，表示拟合多项式为 9 阶，单击"确定"按钮，更新拟合参数分析报表 FitPolynomial1，如图 9-18 所示。

拟合分析结果如下：

1）拟合多项式相关系数为 0.98311，拟合多项式相关系数接近 1，则表示数据相关度高，拟合效果好，可以反映试验数据的离散程度。

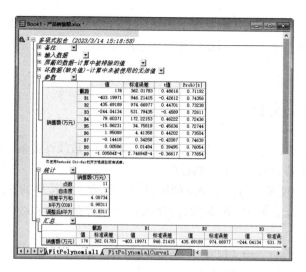

图 9-18 更新拟合参数分析报表 FitPolynomial1

2）在参数表中显示多项式的系数：斜率（B1~B9）、截距和系数的标准差。

多项式方程如下：Y = 截距 + B1*x + B2*x^2 + B3*x^3 + B4*x^4 + B5*x^5 + B6*x^6 + B7*x^7+ B8*x^8 + B9*x^9

（6）双击拟合曲线，在图形窗口显示拟合曲线，对比线性拟合直线，多项式拟合曲线和原始数据点，如图 9-19 所示。

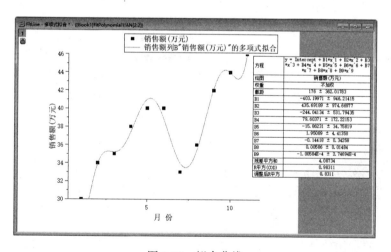

图 9-19 拟合曲线

（7）单击"标准"工具栏上的"保存项目"按钮，保存项目文件为"某产品销售额曲线拟合分析 .opju"。

9.3 回归分析

在客观世界中，变量之间的关系可以分为两种：确定性函数关系与不确定性统计关系。统计分析是研究统计关系的一种数学方法，可以由一个变量的值去估计另外一个变量的值。无论是在经济管理、社会科学还是在工程技术或医学、生物学中，回归分析都是一种普遍应用的统计分析和预测技术。本节主要针对目前应用最普遍的部分最小回归，进行一元线性回归、多元线性回归。

9.3.1 一元线性回归分析

一组数据 $[x_1, x_2, \cdots, x_n]$ 和 $[y, y_2, \cdots, y_n]$，已知 x 和 y 成线性关系，即 $y = kx + b$，对该直线进行拟合，就是求出待定系数 k 和 b 的过程。

如果在总体中，因变量 y 与自变量 x 的统计关系符合一元线性的正态误差模型，即对给定的 x_i 有 $y_i = b_0 + b_1 x_i + \varepsilon_i$，其中，$b_0$ 是拟合直线的截距，b_1 是拟合直线的斜率，ε 是随机误差，$E(\varepsilon) = 0$。

选择菜单栏中的"分析"→"拟合"→"线性拟合"命令，弹出如图 9-20 所示的"线性拟合"对话框，该对话框执行线性拟合分析。

"输入"选项卡

"拟合控制"选项卡

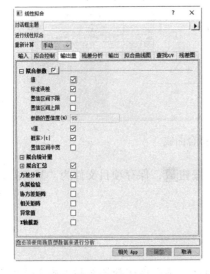

"输出量"选项卡

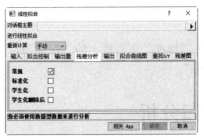

"残差分析"选项卡

图 9-20 "线性拟合"对话框

"输出"选项卡

"拟合曲线图"选项卡

"查找 X/Y"选项卡　　　　　"残差图"选项卡

图 9-20　"线性拟合"对话框（续）

9.3.2　多元线性回归

在大量的社会、经济、工程问题中，对于因变量 y 的全面解释往往需要多个自变量的共同作用。当有 p 个自变量 x_1, x_2, $\cdots$, x_p 时，多元线性回归的理论模型为

$$y = \beta_0 + \beta_1 x_1 + \cdots + \beta_p x_p + \varepsilon$$

式中，ε 是随机误差，$E(\varepsilon)=0$。

选择菜单栏中的"分析"→"拟合"→"多元线性回归"命令，弹出如图 9-21 所示的"多元回归"对话框，该对话框执行多元线性回归分析。

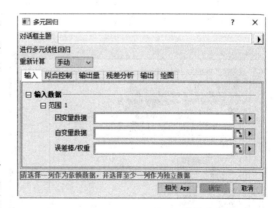

图 9-21　"多元回归"对话框

9.4　操作实例——客运量统计数据线性回归分析

现有客运量统计表数据。试利用客运量数据对公路、民用航空进行线性拟合。

操作步骤

（1）启动 Origin 2023，打开源文件目录，将"客运量统计表 .xlsx"文件拖放到工作表中，导入数据文件，如图 9-22 所示。

（2）选择菜单栏中的"分析"→"拟合"→"线性拟合"命令，弹出如图 9-23 所示的"线性拟合"对话框，在"X"选项右侧单击 ▶ 按钮，选择"A（X）"列，在"Y"选项右侧单击 ▶ 按钮，选择"B（Y）"列，如图 9-23 所示。

图 9-22　导入数据

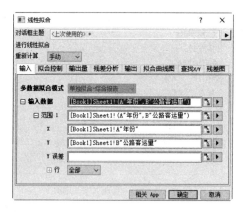

图 9-23　"线性拟合"对话框

（3）单击"确定"按钮，Origin 会自动创建一个拟合参数分析报表 FitLinear1，在图形窗口显示拟合曲线和残差图，如图 9-24 所示。创建一个工作表 FitLinearCurve1，用于存放输出回归参数的结果，如图 9-25 所示。

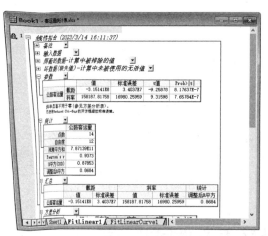

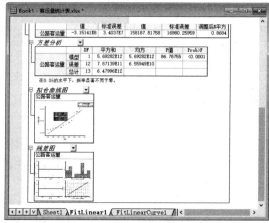

图 9-24　拟合参数分析报表

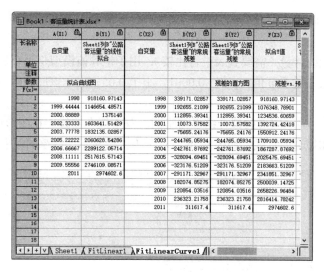

图 9-25　拟合数据工作表

拟合参数分析报表 FitLinear1 分析公路客运量拟合结果如下：

1）备注：主要是记录一些信息，如用户、使用时间、拟合方程式等。

2）输入数据：显示输入数据的来源。

3）屏蔽的数据：计算中被排除的值，如屏蔽数据、输出的计算数值。

4）坏数据（缺失值）：计算中未被使用的无效值，如缺失数据、在绘图过程中丢失的数据、输出图表。

5）参数：显示斜率、截距和标准差。

- 值：根据截距和斜率得到拟合直线方程：$y = -3.1514E8 + 158187.81758x$。

- 标准误差：SE 表示对参数精确性和可靠性的估计。SE 值越大，表示回归方程中的系数 k 和 b 的波动程度越大，即回归方程越不稳定。

- t 值：每个系数的 t- 统计量，$tStat$ =回归系数 / 系数标准误差=$\dfrac{Estimate}{SE}$，假设检验时用于与临界值相比，越大越好。

- 概率 >|t|：假设检验的 t 统计量的 p 值，首先判断该假设检验验证对应系数是否等于零。x 的 t 检验 p 值小于 0.05，该项在 5% 显著性水平上不显著。

6）统计：显示一些统计数据，如数据点个数等。

- 点数：观测值数目，观测值中剔除缺失值的行数。

- 自由度：误差自由度，n（观测值数目）-p（模型中系数的数目，包括截距）= 14 - 2 = 12

- 残差平方和：误差平方和 SSE，用于估计误差分布的标准差，反映出测量的精密度。

- Pearson's r：皮埃尔确定性系数 R^2 = 0.9373，值越接近 1，变量的线性相关性越强。通常将 R^2 乘以 100% 来表示回归方程解释 Y 变化的百分比。

- R 平方（COD）：判定系数（拟合优度），越接近 ±1 则表示数据相关度越高，拟合越好，可以反映试验数据的离散程度。本例为 0.87853。

- 调整后 R 平方：调整后的判定系数。

7）汇总：显示一些摘要信息，按照分组（斜率、截距和统计）整合了上面几个表格中的数据。

8）方差分析：显示方差分析的结果，检验回归模型和误差的统计量，如 DF（自由度）、平方和均方。

- F 值：F 检验统计量（需要查表进行比较），用于检验该模型是否有显著的线性关系。

- 概率值＞F：F 检验 p 值，p 值 <0.0001，小于 0.05，表示该回归模型在 5% 显著性水平上是显著的。

9）拟合曲线图：显示图形的拟合结果缩略图。双击拟合曲线，在图形窗口显示拟合曲线，在数据散点图中添加拟合的直线，如图 9-26 所示（为方便显示，调整图例中文字大小）。

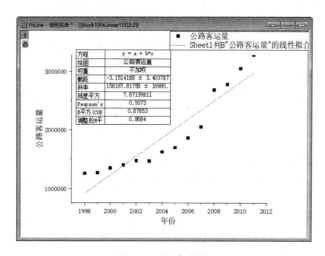

图 9-26　拟合曲线

10）残差图：不同的残差分析图形可以给用户提供模型假设是否正确，提供如何改善模型等有用信息。在"残差图"选项卡下可以设置显示的残差图参数，如图 9-27 所示。

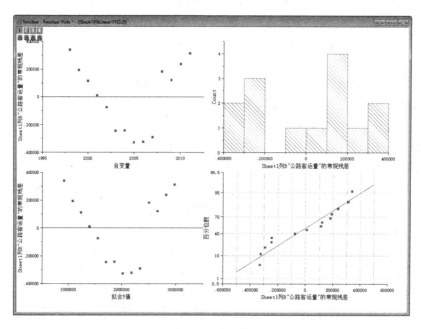

图 9-27　残差图

（4）选择菜单栏中的"分析"→"拟合"→"多元线性回归"命令，弹出的"多元回归"对话框，在"因变量数据"选项右侧单击▶按钮，选择"B（Y）"列，在"自变量数据"选项右侧单击▶按钮，选择"D（Y）"列，如图9-28所示。

图 9-28　"多元回归"对话框

（5）单击"确定"按钮，Origin会自动创建一个多元回归参数分析报表MR1，在图形窗口显示残差图，如图9-29所示。创建一个工作表MRCurve1，用于存放输出回归参数的结果，如图9-30所示。

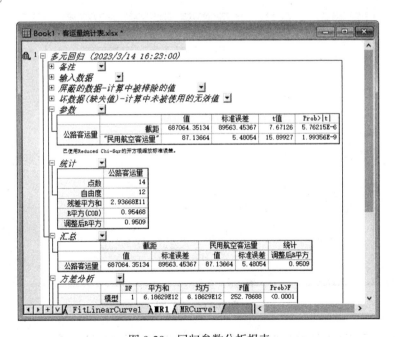

图 9-29　回归参数分析报表

回归参数分析报表MR1分析公路（x）和民用航空（y）客运量回归结果如下：

1）根据参数表截距和斜率得到回归直线方程：y = 687064.35134 + 87.13664x，式中，x 表示公路客运量，y 表示民用航空客运量。

2）根据统计表中年 R 平方（COD）= 0.95468，接近 1，表示数据相关度高。

3）残差图分析图形可以给用户提供模型假设是否正确，如图 9-31 所示。

长名称	A(X1)	B(Y1)	C(Y1)	D(Y1)	E(X2)	F(Y2)
	自变量	因变量	Sheet1列B"公路客运量"的多元回归	Sheet1列B"公路客运量"的常规残差	自变量 1	Sheet1列B"公路客运量"的常规残差
单位						
注释						
参数			拟合曲线图		残差vs.自变量图	
F(x)=						
1	5755	1257332	1188535.73085	68796.26915	5755	68796.26915
2	6094	1269004	1218075.05277	50928.94723	6094	50928.94723
3	6722	1347392	1272796.86447	74595.13553	6722	74595.13553
4	7524	1402798	1342680.45202	60117.54798	7524	60117.54798
5	8594	1475257	1435916.65985	39340.34015	8594	39340.34015
6	8759	1464335	1450294.20592	14040.79408	8759	14040.79408
7	12123	1624526	1743421.87242	-118895.87242	12123	-118895.87242
8	13827	1697381	1891902.71181	-194521.71181	13827	-194521.71181
9	15968	1860487	2078462.26411	-217975.26411	15968	-217975.26411
10	18576	2050680	2305714.62862	-255034.62862	18576	-255034.62862
11	19251	2682114	2364531.86254	317582.13746	19251	317582.13746
12	23052	2779081	2695738.24195	83342.75805	23052	83342.75805
13	26769	3052738	3019625.14337	33112.85663	26769	33112.85663
14	29317	3286220	3241649.30931	44570.69069	29317	44570.69069
15						
16						
17						
18						

图 9-30　回归数据工作表

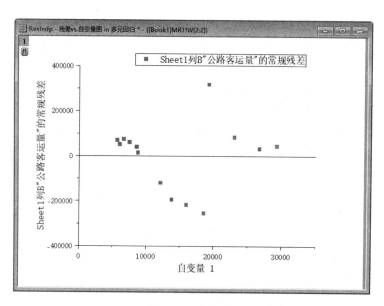

图 9-31　残差图

（6）单击"标准"工具栏上的"保存项目"按钮 ，保存项目文件为"客运量统计数据线性回归分析 .opju"。